远　见　成　就　未　来

建 投 书 店 投 资 有 限 公 司

More than books

亨利·卡文迪什（1731—1810），英国化学家、物理学家，伦敦皇家学会成员，被誉为“分离氢的第一人”“把氢和氧化合成水的第一人”以及“第一个称量地球的人”。

图片来源:《亨利·卡文迪什的一生》卷首插画（乔治·威尔逊绘，1851）

伦敦克拉珀姆的卡文迪什庄园。

图片来源：*Biographies of Scientific Men*（1912）

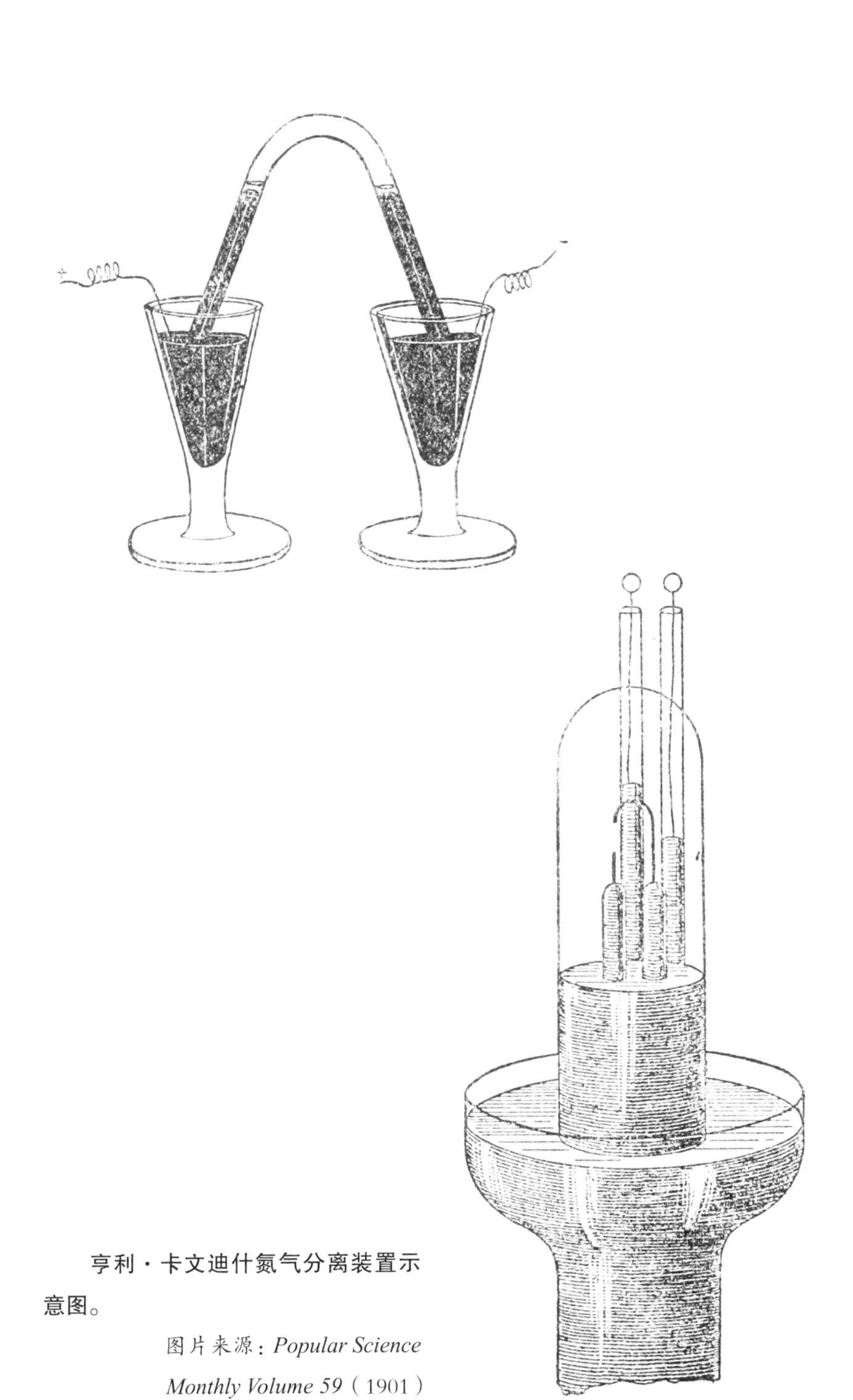

亨利·卡文迪什氮气分离装置示意图。

图片来源：*Popular Science Monthly Volume 59*（1901）

尤利乌斯·罗伯特·冯·迈尔（1814—1878），德国物理学家、能量守恒定律发现者之一，热力学和生物物理学先驱。

图片来源：*Popular Science Monthly Volume 15*（1879）

罗伯特·布朗（1773—1858），英国植物学家，主要考察、研究澳洲植物，发现了布朗运动，命名“细胞核”。

图片来源：英国国家肖像美术画廊 ©Maull & Polyblank（1855）

罗伯特·威廉·本生（1811—1899），德国化学家，制成了本生电池、本生灯等化学仪器，与基尔霍夫联合发明的光谱分析法被称为“化学家的神奇眼睛”。

图片来源：美国国立医学图书馆 © CH Jeens

古斯塔夫·基尔霍夫（左，1824—1887），德国物理学家，对电路、光谱学的基本原理有重要贡献，制成光谱仪，1862 年创造了“黑体”一词；罗伯特·威廉·本生（右）。

图片来源：宾夕法尼亚大学图书馆（约 1850）

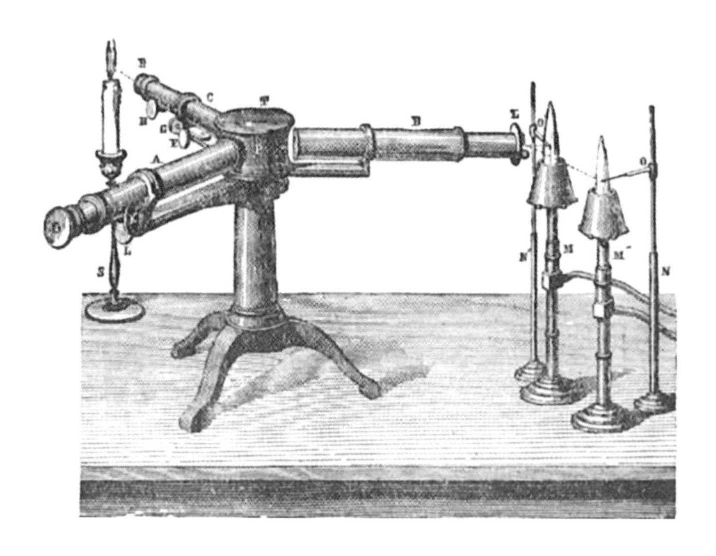

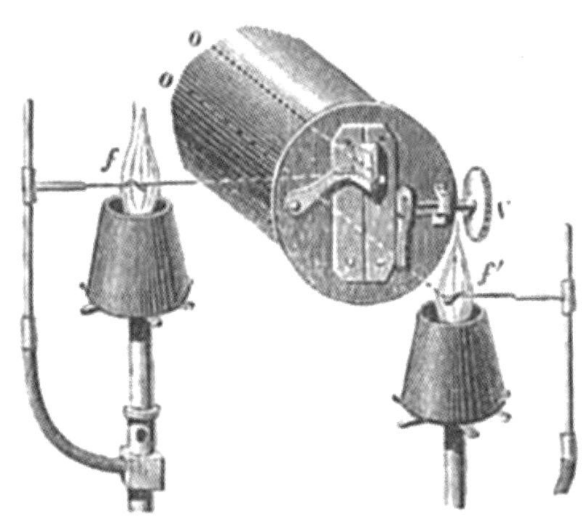

罗伯特・威廉・本生和古斯塔夫・基尔霍夫合作设计的第一台光谱仪。

图片来源：*Précis de Toxicologie clinique & médico-légale*（1907）

马克斯·普朗克（1858—1947），德国著名物理学家，量子力学的重要创始人之一，1918 年获诺贝尔物理学奖。他与爱因斯坦被并称为“20 世纪最重要的两位物理学家”。

图片来源：国会图书馆·贝恩新闻社（1900）

马克斯·普朗克 10 岁时的笔记。

图片来源：马克斯·普朗克学会（2005）

阿尔伯特·亚伯拉罕·迈克尔逊 (1852—1931)，波兰裔美国籍物理学家、法国科学院院士、伦敦皇家学会会员，发明了精密光学仪器并在光谱学和度量学研究中作出突出贡献，于 1907 年获得诺贝尔物理学奖。

图片来源：美国国会图书馆 © Harris & Ewing

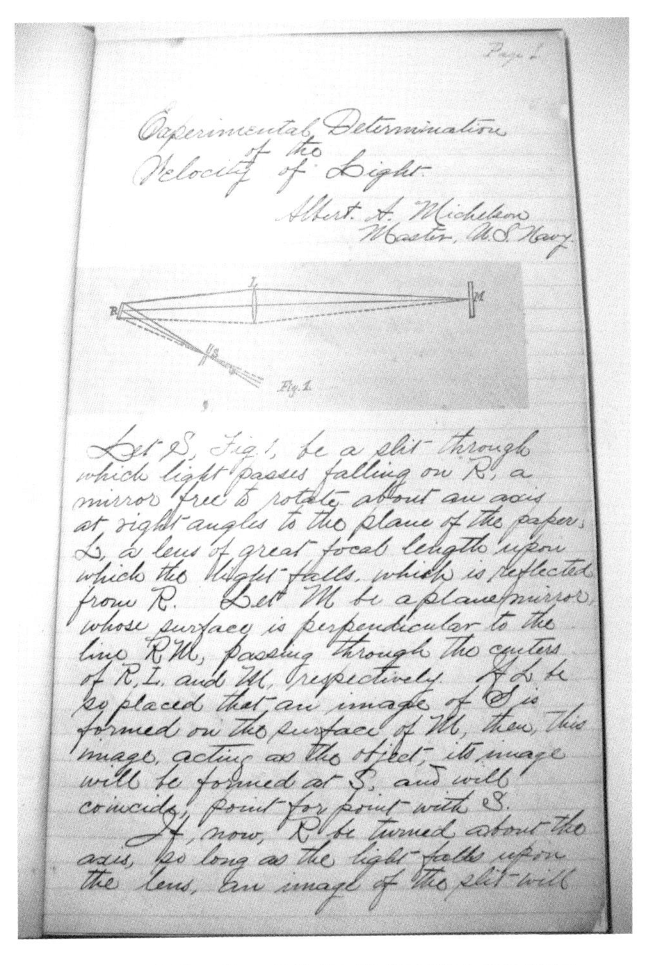

Page 1.

Experimental Determination
of the
Velocity of Light.

Albert A. Michelson
Master, U.S. Navy.

Let S, Fig. 1, be a slit through which light passes falling on R, a mirror free to rotate about an axis at right angles to the plane of the paper. L, a lens of great focal length upon which the light falls, which is reflected from R. Let M be a plane mirror whose surface is perpendicular to the line RM, passing through the centers of R, L, and M, respectively. If L be so placed that an image of S is formed on the surface of M, then, this image, acting as the object, its image will be formed at S, and will coincide, point for point with S.

If, now, R be turned about the axis, so long as the light falls upon the lens, an image of the slit will

迈克尔逊光速实验的手稿，现收藏于凯斯西储大学物理系。

图片来源：Wikimedia commons © Brain0918（2006）

1921 年，阿尔伯特 · 亚伯拉罕 · 迈克尔逊在布鲁塞尔参加第三届索尔维会议（三排左一）。

图片来源：耶鲁医学院图书馆

瓦尔特·能斯特（1864—1941），德国物理学家、物理化学家和化学史家，1920年诺贝尔化学奖获得者，提出了热力学第三定律和能斯特方程，发明了能斯特灯。

图片来源：史密森尼图书馆

1931 年在柏林举行的晚宴，从左到右依次是能斯特、爱因斯坦、马克斯·普朗克、罗伯特·安德鲁·密立根（Robert A. Millikan）和马克斯·冯·劳厄（Max von Laue）。

图片来源：德国国家档案馆（1931）

马克斯·玻恩（1882—1970），德国犹太裔理论物理学家，量子力学奠基人之一，因对量子力学的基础性研究尤其是对波函数的统计学诠释而获得 1954 年的诺贝尔物理学奖。

图片来源：http://www.owlnet.rice.edu/~mishat/1933-5.html

罗伯特·奥本海默（1904—1967），美籍犹太裔物理学家、加州大学伯克利分校物理学教授，作为“曼哈顿计划”的领导者被誉为“原子弹之父”，2006 年被《大西洋月刊》评为“影响美国的 100 位人物”。

图片来源：*Los Alamos: Beginning of an era*

Der Mann, Der Die Erde Wog

发明家的世界史

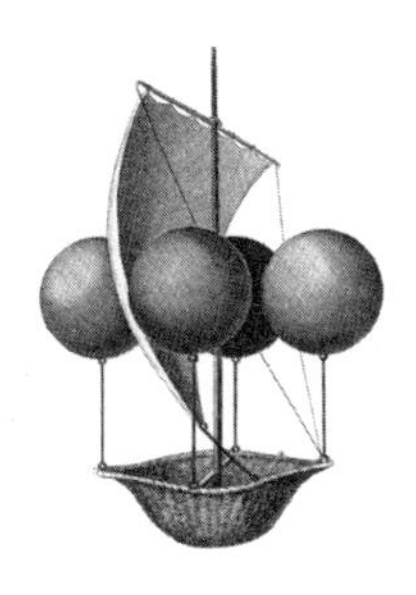

科学狂人如何撬动地球

Richard von Schirach

[德] 理查德 · 冯 · 施拉赫 著

朱刘华 译　　方在庆 审订

中国出版集团
中 译 出 版 社

图书在版编目（CIP）数据

发明家的世界史 /（德）理查德·冯·施拉赫（Richard von Schirach）著；朱刘华译. -- 北京：中译出版社，2021.3

ISBN 978-7-5001-6088-5

Ⅰ. ①发… Ⅱ. ①理… ②朱… Ⅲ. ①创造发明—技术史—世界—普及读物 Ⅳ. ①N091-49

中国版本图书馆CIP数据核字（2019）第278082号

DER MANN, DER DIE ERDE WOG：Geschichten von Menschen, deren Entdeckungen die Welt veränderten

版权登记号：01-2019-6590

发明家的世界史

出版发行：中译出版社

地　　址：北京市西城区车公庄大街甲 4 号物华大厦六层

电　　话：（010）68359101；68359303（发行部）；
68357328；53601537（编辑部）

邮　　编：100044

电子邮箱：book@ctph.com.cn

网　　址：http://www.ctph.com.cn

出 版 人：乔卫兵

特约编辑：任月园　冯丽媛

责任编辑：郭宇佳

封面设计：肖晋兴

排　　版：中文天地

印　　刷：北京中科印刷有限公司

经　　销：新华书店

规　　格：710 毫米 ×1000 毫米　1/16

印　　张：19

字　　数：194 千字

版　　次：2021 年 3 月第 1 版

印　　次：2021 年 3 月第 1 次

ISBN 978-7-5001-6088-5　　**定价**：78.00 元

中 译 出 版 社

献给我的妹妹安格丽卡和弟弟克劳斯

我不知道，

世人怎样看我，

但在我看来，

自己仿佛只是一个

在海边玩耍的孩子，

不时地为发现

一块异常光滑的卵石

或一片异常美丽的贝壳

欢欣鼓舞。

而展现在我面前的，

是那未知的

浩瀚的真理海洋。

——艾萨克·牛顿

牛顿，原谅我吧……

——阿尔伯特·爱因斯坦

真实只是……

一个非常特殊的

狭长片段，

从思想所能包括的

无穷大的范围中剪出。

——马克斯·普朗克

热力学三大定律

第一定律：

能量不能凭空产生，也不能凭空消失，只能从一种形式转化为另一种形式。[①]

第二定律：

能量不能随心所欲地转换为另一种形式。[②]

第三定律：

绝对零度不可能达到。

① 此处补充第一定律的后述内容："或从一个物体转移到另一个物体，在转换和转移的过程中，能量的总量保持不变。"——编者注

② 第二定律有两种等价表述。一、克劳修斯表述："不可能把热量从低温传递到高温而不产生其他影响。"二、开尔文表述："不可能从单一热源吸收热量，使之完全变成有用功而不产生其他影响。"——编者注

目录

发明家的世界史

前言

我们所能经历的最美之事，莫过于神秘未知

> 枢密顾问玻尔兹曼教授昨天被发现死于酒店房间，当时他正带着女儿在杜伊诺避暑。他利用一根短绳在窗棂的十字梃架上自缢身亡。第一个到现场发现其死亡的是他的女儿。

维也纳的《时代周刊》（*Die Zeit*）报道了上述悲剧内容。不论是玻尔兹曼的家人，还是维也纳的普通民众，都料想不到他会走到这一步。

这位物理学家举世闻名，备受尊敬，就连科学界的敌人都对他赞赏不已。他先前向妻子承诺过，要一起在亚得里亚海边度几天假。这对夫妻恩爱有加；阅读他俩的通信，你不能不被打动，是的，你会被深深打动。这次晚夏的海滨疗养，气氛本来是轻松愉快的。在

玻尔兹曼上吊时，他的妻子亨丽埃特和小女儿艾尔莎已经先去游泳，让他稍后跟上。由于他迟迟不来，母亲便打发15岁的艾尔莎返回酒店，去看看是否一切正常。父亲在十字梃架上的最后样子，成为艾尔莎挥之不去的阴影。她以后对此没有再提一字。

以身冒险的男人

玻尔兹曼是一位好斗的预言家，为了让“原子”的概念最终为人们所接受，他一生都在与一批批的反对者和怀疑者战斗。他常常单枪匹马地迎战对手；当事关原子是否真实存在时，他便会像公牛一样暴怒。恩培多克勒和亚里士多德的“四元素说”（认为万物皆由火、水、气、土四大元素构成）替代了德谟克利特的朴素“原子说”（认为万物都由不可再分的原子构成），并主导了西方人的思维整整两千年。直到1808年，一位来自坎伯兰郡的贵格会教徒提出了第一个科学的原子论。他叫约翰·道尔顿（John Dalton），出生于1766年，逝世于1844年——恰逢玻尔兹曼出生的那一年。

反对亚里士多德的权威确实需要斗士般的勇气。在玻尔兹曼看来，科学就是追寻真理。他孜孜不倦地探寻物质的原子结构，为该领域的未来物理学发展奠定了基础。但如今他再没有机会踏上这块应许之地了。

这位科学斗士终生求索的另一个重大课题是熵。马克斯·普朗克（Max Planck）在其著名的“熵方程”中总结了玻尔兹曼在这方面的研究，在玻尔兹曼的墓碑上便刻有他的公式。要是没有“玻尔兹曼常数”k，普朗克的“作用量常数”h将是不可想象的。

作为教师，玻尔兹曼的授课热情生动。他去世后，他的年轻学生莉泽·迈特纳（Lise Meitner）前往柏林去听普朗克讲课。一开始，她大失所望，花了好长时间才学会欣赏普朗克的安静风格。

玻尔兹曼是位有着5个孩子的父亲，在生命的最后20年，他似乎无法抑制一种漂泊的冲动，辗转于多个地方，试图找到最后的幸福和安宁。1890—1902年间，他流转于维也纳、格拉茨、慕尼黑、莱比锡，然后又回到维也纳。1888年，他在作决定是否接受柏林大学的教席时，反复无常的举止透露出他内心的犹疑。他先是修书寄往柏林，表示接受聘任，紧接着又给那里打电报要求无论如何不要拆阅他的信件。隔天，他的另一封电报抵达柏林，说现在可以拆信了。最终，柏林那边不耐烦了，决定聘用第二人选。

玻尔兹曼勤奋有加，发表的论文超过139篇，他还作各种学术报告，参加国际性会议，并写下多才多艺的“普及性文章”。然而，他用功过度，不懂节制。1901年，他的竞争对手兼私人好友恩斯特·马赫（Ernst Mach）退休；玻尔兹曼除了完成自己的课程，还要代马赫讲授自然哲学和科学方法的课程。但讲了几堂课后，他就承受不了而放弃了这份额外负担——这反过来又增强了他挥之不去的一种恐惧：他担心会失去工作。

玻尔兹曼的体质很差，间发性抑郁症也影响到他的精神状态，然而在随后几年，他还是利用假期两次横渡大西洋去美国授课。他过分高估了自己的健康状况，结果身体和精神都超负荷了。有一天，他正在加州大学伯克利分校讲课，突然大脑里一片空白，不到一小时就丧失了身体活动能力。医院给他认真地进行了检查，最后诊断为神经衰弱。

当时，人们不甚了解抑郁症，玻尔兹曼也无法得到医学上的帮助。我们不禁联想到：多次横渡大西洋的他正如在风暴中的船只，冒着随时触礁的危险。倘若他哭喊，天使的序列中，又有谁能听得见他？①

玻尔兹曼决定自救，他来到亚得里亚海的阳光海滨，但此时他已病得很重，无法再对抗越来越将他逼入绝境的黑色抑郁。

两种文化

玻尔兹曼辞世数十年之后，我在慕尼黑读文学专业，有一次偕女友前往的里雅斯特旅行。我们计划逛遍那里的街巷和咖啡馆，追随詹姆斯·乔伊斯（James Joyce）和伊塔洛·斯韦沃②的足迹。我们计划再去杜伊诺转转，因为满脑子里都是里尔克的诗句和他的《杜伊诺哀歌》（*Duineser Elegien*）。我们在大众汽车里朗诵朦胧、神秘的《致俄耳甫斯的十四行诗》（*Sonette an Orpheus*）。那种朦胧吸引着我们，但我们不会因此变得聪明。这也不奇怪，里尔克自己都承认，“它们指这些诗的影响将远胜过我的”。

要是那时有人问我，有没有什么比文学更重要、更深刻、更让人满足，我会不假思索地回答：没有。

杜伊诺是亚得里亚海沿岸风景最美的地方之一。一座巍峨的城堡矗立在小城的高处，它归德拉托雷－塔索家族所有。在里尔克的时代，当时的城堡女主人玛丽·冯·图尔恩－塔克西斯是里尔克的资助人、知己和笔友。

我们无比虔诚地走进修建在悬崖顶上的建筑，在一张大理石桌前停下来，眺望亚得里亚海起伏的蓝色波涛。在里尔克的“梦想之

① 此处作者套用奥地利著名诗人里尔克的《杜伊诺哀歌》第一首哀歌中的第一句话：“倘若我哭喊，天使的序列中，又有谁听得见我？”——编者注

② 伊塔洛·斯韦沃（Italo Svevo，1861—1928），意大利犹太商人兼小说家，笔名为埃托雷·施米茨（Ettore Schmitz）。他大器晚成，60岁后才写出成名作《季诺的意识》（*La Coscienza di Zeno*），被誉为20世纪最出色的小说家之一。——编者注

年”1912年，会不会正是在这里，他将鹅毛笔蘸满墨水，写下了《杜伊诺哀歌》的起首几句？其中第一句实在让人难忘：

> 倘若我哭喊，天使的序列中，又有谁听得见我？

当时我和女友都没有听说过玻尔兹曼。人们的热烈讨论中充斥着施尼茨勒、豪普特曼、尼采、冯塔纳和黑贝尔[①]等名字，但没有人提到他的名字。我们沿着石头铺成的里尔克路缓步下山，走向海边，尚不知道杜伊诺正是玻尔兹曼的辞世之地。玻尔兹曼在弃世时没有留下什么，没有诀别信，也没有遗言。数十年后，那里没有什么能让人忆起他来。直到2006年，在玻尔兹曼去世100年之际，人们才在当年的普莱斯酒店（现在是亚得里亚海联合世界学院）门口设立了一块纪念牌匾。

这次里尔克朝圣之旅后的一两年，我放弃了日耳曼语言文学。我想更多地了解世界，认识其他国家、人民和语言。几年后，我重返德国，又迷上了盎格鲁-撒克逊文学。我被伯特兰·罗素、萧伯纳、弗吉尼亚·伍尔夫和伊夫林·沃[②]吸引。有一天，我发现了一位

---

① 弗里德里希·黑贝尔（Christian Friedrich Hebbel，1813—1863），德国剧作家，诗人。其作品擅长处理复杂的心理问题，代表作有《吉格斯和他的指环》（*Gyges und sein Ring*）。——编者注

② 本名为阿瑟·伊夫林·圣约翰·沃（Arthur Evelyn St. John Waugh，1903—1966），英国作家。伊夫林·沃（Evelyn Waugh）是他的笔名。其最知名的作品包括早期的讽刺小品《衰落与瓦解》（*Decline and Fall*，1928）、《一抔土》（*A Handful of Dust*，1934），长篇小说《重返布莱兹海德庄园》（*Brideshead Revisited*，或译《旧地重游》《故园风雨后》《拾梦记》，1945）以及“二战”题材的长篇三部曲《荣誉之剑》（*Sword of Honour*，1965）。沃是个保守的罗马天主教徒，常能犀利地表达自己的见解，被认为是20世纪最杰出的文体家之一。——编者注

小说家，他见多识广又风趣诙谐，名叫查尔斯·珀西·斯诺。斯诺不仅是一位迷人的作家，还是一位科学家，他曾凭借在光谱学领域的工作获得物理学博士学位。1959年，他作了一次演讲，指出自然科学与人文科学的对立和缺乏交流将导致严重的后果。这次演讲引发了激烈的辩论。

当辩论开始被人们遗忘时，我偶然读到了其中的一段话——它似乎就是直接对我讲的。一直以来，我一听到“热力学”就头疼，更别说其他像“量子力学”之类的概念。斯诺严厉地批评了他在大学生活和活动中一再遇到的一些文学圈成员：

> 当听到科学家说从未读过一部重要的英语文学作品时，他们会发出怜悯的窃笑。他们会斥之为无知的专家，蔑视对方并不予搭理。其实，他们自己的无知和只懂专业知识同样骇人听闻。有很多次，我跟这类人在一起，他们，在常人眼里是受过高等教育的，但却毫不顾忌地表达了自己难以相信科学家们竟然如此无知。有一两次，我忍无可忍，反问他们有多少人能够说出热力学第二定律。他们的反应很冷淡，也答不上来。我问的是最基本的科学常识，就相当于问：你读过一部莎士比亚的作品吗？

斯诺的反问首先指向英国的教育体制：自维多利亚时期以来，它一直重文轻理，强调学习希腊和拉丁文化。斯诺不怕引发争议。他认为，受过文学教育却不知道自然科学为何物的知识分子无异于尼安德特人。就像那位琢磨阳光色谱为什么是彩色的日耳曼语言文学家一样，这位夜里沉湎于《埃达》(*Edda*)的粒子物理学家也未必真实，两种文化论早在写下时就遭到了驳斥，斯诺本人就是最好的证明。

多年之后，我在慕尼黑利奥波德街上的一家旧书店里偶然碰到一本发黄的小册子，里面讲的是我不熟悉的罗伯特·迈尔（Robert Mayer），又让我不禁想起斯诺的那次演讲。册子里有“热力学”这个令人生畏的词，但它还是吸引了我。从此我知道了：热力学讲的不是别的，正是热与运动之间的关系。迈尔的生活，他作为“一个洞悉至高智慧却不为世人所理解的人”发出的绝望呐喊，以及他在疯人院遭受“恐怖浴”的折磨，我将在后面章节中讲到。

我对自然科学的世界原本生疏，懂得不多，但当时我很快产生了兴趣。我在那个世界里结识了个性迥异的各色人物，他们（如此天才、古怪、腰缠万贯或一贫如洗）献身于一个事业，呕心沥血，给我们留下了一份宝贵的遗产：无私与坚持。他们是发现者，其中许多人值得称道：比如罗伯特·本生（Robert Bunsen），他发明了低成本的电池，却放弃申请任何专利，将价值数百万的生意留给了别人；阿尔伯特·迈克尔逊（Albert Michelson）也是如此，他测量了光速并发明了今天普遍使用的干涉仪；还有居里夫妇。不过，随着发明家兼企业家的出现，无私的时代一去不复返。柏林的物理学家瓦尔特·能斯特（Walter Nernst）——诺贝尔奖得主和热力学第三定律的发现者——发明了一种新型电灯，他设法以非常高的价格将“能斯特灯”的专利转让给德国的通用电气公司（AEG）。托马斯·阿尔瓦·爱迪生（Thomas Alva Edison）后来听到能斯特讲述这段经历，他又惊讶又羡慕。能斯特得到了 100 万金马克，爱迪生却没能从白炽灯专利中赚到一块钱。

每一项发现都离不开背后的发现者及其生活，他们的愿景、痛苦和作为常常比留下的科学知识更能打动我们。激情、雄心、错误和失望，伴随着这些人的每一步。他们还具有一个共同的特点：把发现真理作为生活的使命和自己的义务。有些人因此耽误了生活，也有一些人畏于权势而忘记了科学的责任是造福人类。

追寻真理的愿景和激情催生出一些最美妙和最神奇的故事。在乡下漫长、阴暗且相当乏味的冬月里，这些人物陪伴在我身边。我永远不会忘记，伴着桦木块在壁炉里噼啪作响，不善交际的亨利·卡文迪什（Henry Cavendish）如何用他沙哑的声音向我讲述他的生活。18世纪中叶，年届七旬的他决定借助铅球、木棍、丝线和游标卡尺来为地球称重。他花了一年多时间每天测量，最终达到了令人难以置信的精度。从卡文迪什那里，我还了解到他的朋友约翰·米歇尔（John Michell）。米歇尔是剑桥大学的地质学教授，后来隐居乡下，在那里担任牧师。他热衷于制造望远镜。他用最简单的方法制造出的一部望远镜一度是世界上最好的。他还有另一个雄心勃勃的“大望远镜”设计计划，但最终没有完成并在经济上拖垮了他。

每当我想起豪特曼斯，甘蓝叶的腐败气味和手卷烟的冰冷烟气就会钻进我的鼻孔。我蹑手蹑脚地走进墙壁上满是烟熏痕迹的牢房，走向受囚者所在的铁床。唯一的窗户紧闭着，仅在上方留着一道装有隔板的小缝；天花板上挂着一只光溜溜的白炽灯泡，它没日没夜地亮着。物理学家弗里德里希“弗里茨”·格奥尔格·豪特曼斯（Friedrich “Fritz” Georg Houtermans）因偷越国境，已在这个单人牢房里度过了整整3年。他没有书、纸和笔，还得忍受审讯、殴打和折磨，但他的脑子里仍记得欧几里得证明——后者证明了质数的数量是无限的并提出了数论，这给了豪特曼斯勇气和力量。他几乎快要饿死了，但精神和勇气不会屈服。1940年，这位拥有奥地利、德国双重国籍的犹太科学家被苏联人转交给了盖世太保，但这也没有让他绝望。

我还目睹了仿佛出自格林童话的场景。有一回，年少轻狂的罗伯特·奥本海默（Robert Oppenheimer）饰演了一个邪恶反派角色。他在剑桥大学上了一学期课，算是那里有钱的学生，但他未如预期般受到同学们的欢迎。他与自己的导师、未来的诺贝尔奖得主帕特里克·布莱克特（Patrick Blackett）[①]合不来，后者出类拔萃、平易近人且才华横溢，但他就是看不顺眼并决定干掉对方。于是，这位在哈佛大学学过化学、深谙毒性的22岁大学生往一只红苹果里注射氰化物，然后将毒苹果放到布莱克特的讲台上。

有些人英年早逝，也有些人超前于他们的时代，于是他们的声音无法为世人所听到或理解。古斯塔夫·基尔霍夫极具创造性，他在去世前几年[②]不经意间取得了一项发现，该发现引起了所有人的注意，但当时没有人能够理解它的意义。他描述了一种名叫“黑体”的辐射源，其辐射行为引出了许多难以解答的问题。数十年之后，马克斯·普朗克将通过量子理论解释这个现象并推倒旧物理学大厦的根基。普朗克屡遭不幸——就在战争临近结束时，却得知最心爱的儿子被处决了。他当时已88岁高龄，来不及伤心就得逃入山林。他把树叶当床，夜空当被，在森林里度过了将近两个星期。

一个夜晚的童话

“我们所能经历的最美之事，莫过于神秘未知”，爱因斯坦如是说。他说这句话并非针对科学家：“这种情愫是真正的艺术和科学的摇篮。谁要是不了解它，谁要是不再有好奇心，谁要是不再感到惊

---

① 帕特里克·布莱克特（Patrick Blackett，1897—1974），英国物理学家，曾任英国皇家学会会长，1948年诺贝尔物理学奖获得者。——编者注

② 此处作者所述与史实有些出入。1862年基尔霍夫提出“黑体”的概念，1887年去世，之间相差25年而非几年。——编者注

讶，那他就如同死了一般，他的眼睛早就黯淡无光了。”唤醒并体验这种感觉，玛丽·居里（Marie Curie）与皮埃尔·居里（Pierre Curie）夫妇是最好的例子。他们对知识的敬畏和对已有成就的深深满足，孕育出了一个童话般的、令人感动的时刻。

玛丽·居里从不追求名声，也不会因为出名而扬扬得意。她将所有身外之物置之一旁——它们无关紧要。在巴黎读大学的头 3 年，这位来自华沙的女生住在 5 楼的一间斜顶阁楼里，没有暖气，没有水电，但她毫无怨言，默默地接受。只要大学图书馆在冬天足够暖和，能够一直学习到 22 点，其他的就都不重要。她心怀使命——自己的生命要为科学而燃烧。大学毕业后，她开始在一家工业实验室工作，研究钢的磁性。她结识了皮埃尔·居里，巴黎高等物理化工学院的一位教师。他比玛丽年长 8 岁，看上去缺乏雄心壮志：博士论文在家里躺了 10 年，也未将科学研究作为职业[①]。他俩的理想互补。要是没有皮埃尔设计的高精度静电计，玛丽也发现不了她后来研究的神秘射线。他们成为一对传奇佳偶，也成为许多人的榜样。他们代表了这样一种科学家类型：知道科学事业要付出努力、自我实验乃至牺牲，也知道生活将会清贫。1903 年，玛丽·居里荣获诺贝尔物理学奖，她是第一个获此殊荣的女性——再过 60 年，第二位女性才获得诺贝尔物理学奖，她是玛丽亚·格佩特（Maria Göppert），1908 年出生于卡托维茨（Kattowitz）。玛丽·居里与丈夫皮埃尔、自己的博士生导师亨利·贝克勒尔（Henri Becquerel）[②]共同分享了诺贝尔奖。

① 在玛丽的催促下，皮埃尔才完成了有关磁的博士论文。——编者注

② 居里夫人的博士生导师、论文答辩委员会主席为加布里埃尔·李普曼（Gabriel Lippmann，1845—1921）。李普曼出生于卢森堡，因发明制作彩色玻璃照相技术于 1908 年获得诺贝尔物理学奖。此外，他对物理波长的干涉现象亦有深入研究，发表了李普曼干涉定律。——编者注

1906 年，皮埃尔不幸遭一辆出租马车的碾压而身亡。1911 年，玛丽·居里因发现镭元素第二次荣获诺贝尔奖——诺贝尔化学奖。这是历史上首次一个人两获诺贝尔奖。她的许多科研工作，令人得以更清醒地看待。她留给我们的最大遗产或许还在于科研之外，在于她对生活的选择，这点连她自己也许都想不到。

1898 年，玛丽·居里发表了论文《论沥青铀矿中的一种新的放射性物质》，引发了关注。但这种物质（玛丽为它首创了“放射性”一词）很难被找出来。两年多的时间里，居里夫妇尝试从沥青铀矿渣里分离出这种未知元素，历尽艰辛。沥青铀矿渣来自亚希莫夫（现属捷克），是奥地利科学院赠送给他们的礼物——运费则需要由他们支付。原料总计 10 吨，其中的有用物微乎其微，比玛丽想象的少得多——只有 0.037% 是有用的。玛丽经常手握一根一人高的实心铁棒，在一只巨大的圆木桶里不停地搅拌，使放射性强的碎块分离出来。她被有毒的蒸汽包围着，看上去像是一位镭“女巫”。有一回，爱因斯坦就开玩笑地这样称呼她。直到第三年，居里夫妇才请得起一名助手。他俩经年累月地亲密合作，过程艰辛，却有着深深的满足感和始终平和的幸福感。

艾夫·居里为母亲写了一部传记，我们从中可以感受到在 1901—1902 年间，居里夫妇虽然研究工作繁重，家中却是一派亲密温馨。玛丽·居里需要提取出 0.1 克氯化镭，借助它测定镭的原子量，以最终确定镭在元素周期表中的位置。1902 年的一天晚上，居里夫妇回到在凯勒曼街的家里。晚上 9 点，玛丽给 4 岁的女儿伊雷娜（她后来也获得诺贝尔奖）洗完澡，将她抱上床，然后陪在女儿的小床前，直到她睡着——玛丽每晚都陪她。之后，玛丽来到客厅，皮埃尔已经等在那里了。

如果玛丽让皮埃尔等太久，他很快会不耐烦：“（他）在房间里踱来踱去，心神不定。另一边，玛丽在给伊雷娜做的新衫上缝了几针——孩子的所有衣服都是她亲手缝制的。但今天，这份家务也无法转移她的注意力。她猛地站起身来，说道：‘我们过去一下怎么样？’”

她小心地提了出来，皮埃尔心里也一直放不下他们的实验。

他们很快穿上外衣，离开了家门。

“他们是走着去的，臂挽着臂，只聊了很少几句。他们来到目的地，皮埃尔打开门。门‘嘎吱’一响——它已经无数次这样响过了，然后他们走进了‘魔法世界’。

“‘别开灯！’玛丽说，‘你还记得你曾对我说过，你希望它有一种漂亮的颜色吗？’”多年汗水的结晶比曾经的美好愿望还要神奇得多。镭不仅有“漂亮的颜色”，它还会自己发光！在黑暗的仓库中，放在桌子和墙架上的珍贵碎块在玻璃容器里一闪一闪，发出蓝光。玛丽小心地摸索着，找到一张椅子坐下来。

“他们待在静谧和黑暗里，目光紧盯着那无比神秘的光源——镭，他们的镭！玛丽坐在那里，低垂着头，保持着一个小时前坐在孩子床前的同样姿势。她永远不会忘记这天夜里的这则童话。”

为地球称重
——亨利·卡文迪什

1785 年的一天，英国皇家学会会长约瑟夫·班克斯爵士（Sir Joseph Banks）在伦敦市区宅邸外，有一幕吸引了过往行人的注意。班克斯正在举办聚会：房间里除了平时爱参会的皇家学会会员，还有众多的外国客人、学者、探险家、天文学家、极地冒险家以及登山爱好者等，喧嚣声一直传到了街上。

一位年约七旬的老先生来到门前，他颤巍巍地多次试图进门，门却屡屡将他弹开。老先生重新鼓起勇气走过去，试图按下门把，但门把好像突然发烫，吓得他连连后退。当他站定身子，仔细打量这扇无法越过的“魔法门”时，终于发现了身后聚集的看热闹的人群。他冷不丁地朝人群发出尖尖的怪叫声，这让爱看热闹的伦敦人更加兴味盎然。对老先生的古怪着装，人群早就评头论足了一番：他身上的衣服早就过时了；手杖也褪色了，晃荡着，在臀部部位的衣服上留下一道道擦痕；齐膝的紧腰裤也不合身，白袜子也下滑了——究竟是老头太矮还是衣服太大？还有那顶扎了三根辫子的假发上面的帽子就像一只倒扣的煎锅！围观者可能并不知道，哪怕知道了也难以相信——这位衣着过时的老先生的银行账户里存有价值100万英镑的国债，每年还有令人目眩的租金收入，他可谓英国最富有的人之一。

有财、有才与害羞

救星终于来了。皇家学会的一名会员敏捷地跑上台阶，将门打开。“魔法”被破解了，亨利·卡文迪什走了进去。他是查尔斯·卡文迪什勋爵与肯特郡公爵之女安妮·格雷的儿子，是英国著名的自然科学家和“实验科学家”，很有可能也是最有才华、最奇怪神秘的人，他的生平至今仍是一个未解之谜。

这位“尊敬的亨利·卡文迪什”先生没有什么头衔，却在科学圈里广受尊敬。几十年来，他都与皇家学会关系紧密，是学会的活跃分子。他与会长班克斯爵士是朋友，人人都认识他且都跟他保持着距离。这位贵族生性害羞，几近病态，别人每次靠近对他而言几乎都是一场难以克服的挑战。最好是不要跟他攀谈，也不要跟他打招呼。那些克服万难跟这位传奇学者相熟起来的人，最终大多会感到失望。与他交谈时，他们仿佛是对着空气说话。如果他们的议论值得考虑，或许会听到一个嘟嘟囔囔的回复，更多时候只会听到一个尖尖的不耐烦的声音，然后看到他已经缩回到安静的角落。

一位参加过皇家学会聚会的人注意到：当自己发表见解时，卡文迪什与客人们一样专注地听着。但当他们目光偶然相遇时，卡文迪什却会急忙退缩，然后转眼间又悄悄挤进了听众群中。卡文迪什能够抵御很多东西，却无法摒弃他的好奇心。

汉弗莱·戴维（1778—1829）——一位因发明了安全矿灯而值得英国矿工永远感谢的科学家——多年后还记得：当卡文迪什想摆脱陌生面孔的纠缠，艰难地穿过社交聚会的房间时，他会发出不知所措的刺耳声音。卡文迪什的步态和姿势一点也不威严，反倒有些笨拙。戴维形容他的表情温和睿智，但大多时候却紧张兮兮，带点神经质的不安。卡文迪什的讲话方式会让人心生一丝犹疑，但他的洞察力和学识吸引着听众。

对于自己日益严重的害羞性格，卡文迪什完全无能为力。他对知识交流和避免完全孤独一人的渴望，让他尽量克服自身的孤僻，不愿错过皇家学会或“星期一俱乐部”的每周聚会。这些聚会总是先从“乔治与秃鹫”酒吧里的聚餐开始，当卡文迪什抵达时，他总将宽松的大衣挂在同一枚衣帽钩上。如果发现桌旁有陌生面孔，他便沉默不语。

一旦一桌熟人谈起数学，他的眼睛顿时亮了起来，对数学的浓厚兴趣被唤醒了。当谈话转向普通话题或日常政治时，他立刻变得兴味索然，垂头丧气地坐在那里。

卡文迪什的害羞有时表现得较为奇特。当他住在位于克拉珀姆公地（Clapham Commons）的乡村别墅时，有一天，一名来自奥地利的崇拜者突然出现在他面前。那人因邂逅“有史以来最伟大的哲学家”而兴奋不已，满心期盼着能与一个“给时代增彩”的人聊上几句，但卡文迪什惊骇万分：他站在那位不速之客面前，默默地垂下眼帘，转身沿着石子路跑回屋中，并打开后门逃之夭夭。数小时后，他才敢回来。

敢于称重地球

这个庄园的花园里有一架木梯架在一棵大树干上。卡文迪什有时会攀梯上树，晚上坐在树上进行天文、气象和电学观察，有时在夜深人静时独自散步，他的种种奇怪行径背后却隐藏着一种坚定不移、不畏任何艰难的坚韧性格。卡文迪什敢于畅想，他是第一位给自己设下目标要去称重地球并得出一个具体数字的自然科学家。地球在他看来还不够大，宇宙才是他的目标。他的首位传记作家乔治·威尔逊认为，在卡文迪什眼中，宇宙只是由“众多可被称重、编号和测量的物体构成，他自认为肩负的使命就是：在有生之年尽可能多地称重、编号和测量这些物体。这个信念影响了他的所有行动，不论是科学研究还是日常生活琐事”。

卡文迪什坚信：任何自然现象和自然力量都可以通过定律来解释，这些定律又都可以通过数学公式和符号来表示。他从来不认为一切出自上帝之手。在牛顿看来，世界上的秩序和美只可能出自一个全智全能者之手。一个不存在造物主、没有将行星安放在各自运行轨道上的太阳系，在牛顿看来是难以想象的。牛顿曾说，若无任何其他证据证明上帝的存在，光是我们的大拇指就能证明上帝的存在。卡文迪什却从不这样认为，在他的著作中，“上帝”是一个从来不会出现的字眼，他对宇宙的起源既没有期望也没有恐惧——难道这个“最冷静和最冷漠的人”的血管里流淌的真是冰水，而不是血液？

卡文迪什是一位既有大格局又对极小的细节一丝不苟、力求精确的自然科学家。他天生拥有这方面的出色条件：他是数学家，精通电学、天文学、气象学，同时又是化学家，晚年时还是地质学家。他既有原创性又博学多才，但从未写过一本书。

水是如何产生的?

卡文迪什第一次在皇家学会作报告，研究发现的是水的化学结构。这次报告振聋发聩，惊醒了欧洲许多“梦中人”。在巴黎，当时人们热烈地讨论着地球上各处的水是否为同样的。有些曾跟随拿破仑远征埃及的学者否认了尼罗河水可与塞纳河水相比较。人们对水进行了各种研究尝试，但水终究是这样一种东西：人人喝它，人人需要它，却无人知晓其真正本质。从古代到卡文迪什的时代，水一直被视为古典四元素之一。现在，卡文迪什率先证明了水不是一种独立元素，而是由两种元素构成。他发现并分离出了其中一种元素——氢。卡文迪什认识到，这种“可燃气体”跟普通的空气不同。他像往常一样并不畏惧拿自身做实验：用嘴吸进氢气，然后对着一支燃烧的蜡烛吹出，结果发生爆炸，烧光了他脸上的毛发。

1784 年，卡文迪什公开演示水是通过空气中的氢气燃烧产生的。他还发现，水是由两份氢气和一份氧气构成（H_2O）。氧气是卡文迪什的好友约瑟夫·普里斯特利（1733—1804）发现的。

卡文迪什发现氢气具有两个显著特征，其中之一是易燃，并且密度只有空气的约 1/15。受此启发，1783 年，一位巴黎的教授雅克·夏尔在凡尔赛搭乘一只充满氢气的气球，在众目睽睽之下离开了地面。

研究空气的组成时，卡文迪什还有一个重要发现，但他一直未能搞懂。通过放电从普通空气中移除氮气和氧气后，空气中还会有一小部分气体，它不能被氧化为硝酸，这表明其性质迥异。当时无法解释这种奇怪的残余气体有什么用处，但卡文迪什能够精确算出，它占空气的 1/120。直到 100 多年后，人们才发现这种气体是“惰性气体”并取名“氩”。后来，其他稀有气体也被发现了。

卡文迪什也始终关注水和空气的实用层面。1783年，他发表了一篇讨论“气体纯度测定”的论文，介绍了自己研制的一种量气管，它可以测定空气的纯度或“品质”。除了对纯净的空气感兴趣，卡文迪什还研究了伦敦的水质。他检验了水泵抽取的地下水。他的《对拉斯伯恩广场的水所做的实验》一文给出了一些水分析的先进方法，其中有些现在仍然在使用。

电鱼

1771年，卡文迪什在皇家学会的期刊上发表了一篇有关电的数学理论的论文，它跟大多数论文命运相似：人们听说过论文的名字，大体知道论文谈什么，却没有人认真地阅读过它们，更别说理解了。到底有没有人能够理解卡文迪什这篇论文的数学证明和结论呢？论文发表40年后，“还没有人注意到卡文迪什先生的努力，尽管这篇大师级的论文无疑是该主题最重要的论文”之一。很久之后，其他人也得出相同的结论，这篇论文的价值才被人们重新认识。这篇论文还使卡文迪什成为电学领域的权威，使他成为皇家学会一个旨在保护珀弗利特火药库免遭雷击的委员会成员——避雷针的发明者本杰明·富兰克林（1706—1790）也被召入了该委员会。

电现象吸引了广大公众的注意。备受瞩目的是“莱顿瓶”，它是一种原始的电容器，可以存储静电。触碰莱顿瓶的人会受到所谓的“克莱斯特电击”，这一说法得名于该设备的发明者埃瓦尔德·冯·克莱斯特牧师（1700—1748）。据说，巴黎曾举行过一次有900名僧侣参与的集体实验，旨在找出这种电击能否将由一根电线串起的“人链”通电。哥廷根大学的物理学教授兼作家格奥尔格·克里斯托夫·利希滕贝格（1742—1799）在一本教科书中提到了另一件发生在巴黎的滑稽事件。当时，那里谣传性冷淡和不举的人对电击免疫，阿图瓦伯爵（后来的法国国王查理十世）便让人对巴黎歌剧院的阉伶进行了一次电学实验，结论是否定的——所有人都被电击中了。

为莱顿瓶充电的起电设备很常见，在许多医疗诊所都可以找到。公众感兴趣的也是一些实实在在的问题，比如闪电与电之间的关系。卡文迪什的伟大论文虽然没有激起太多波澜，但在不久后，他还是靠一次令人激动的实验引发了公众关注。这一回，卡文迪什证明自己除了具备出色的理论能力，还是一名技术高超的实验科学家。早在路易吉·伽伐尼（1737—1798）的蛙腿实验之前，人们就已经知道有些鱼能够放电。南美洲的电鳗据说能够电死人和马；威力较弱的电鳐在古代就为欧洲人所知并被视为一种难以解释的神奇鱼类，约翰·沃尔什（1726—1795）准备抓几条来探索电的奥秘。沃尔什曾在东印度公司服务，担任罗伯特·克莱武的私人秘书，现在他是英国下议院议员并将兴趣转向了科学。他与许多科学家相熟，参与皇家学会俱乐部的活动，有一次还带了两名因纽特人过去。沃尔什在法国拉罗谢尔的沿海成功地捕捞到一雄一雌两条电鳐，他立即写信给鼓励自己成行的本杰明·富兰克林，说自己发现的电鳐“绝对是带电的”，就像触碰到一只莱顿瓶。电鳐的背部和腹部带有不同类型的电，这颇似莱顿瓶。沃尔什委托解剖学家约翰·亨特解剖了其中一个扁圆身体（长45厘米、宽30厘米、厚5厘米）的样本。结果发现，电鳐的每对发电器官由约470根棱形柱组成，每根细柱由水平的膜（每厘米约有60层）分隔出一个个充满液体的小腔室。这种鱼结构精细，无鳞且无脊椎。亨特后来将自己精心解剖过的这两条雄性和雌性鱼标本赠给了皇家学会。1773年，皇家学会将当年的科普利奖授予沃尔什，以表彰他对电鳐的研究。

然而，那个众说纷纭的问题并未解决：这种动物的电是与“自然的”电一样，还是某种完全不同的电？此外，一条鱼如何能够储存如此可观的电量？它又如何施加高强度的电击而不产生电火花？为了回答这些问题，沃尔什向卡文迪什求助。卡文迪什注意到，莱顿瓶电池产生的电火花长度与莱顿瓶的数量成反比。他相信，电鳐的发电器官类似大量莱顿瓶串联在一起：这些“活的莱顿瓶”只带有很弱的电量，但因数量众多，从而可以储存大量的电量。为了证明这个理论，卡文迪什制作了一个“人工电鳐”：他用“鞋底板”般的厚皮革剪出身体形状，在每面各安一个薄锡片模仿发电器官，然后利用绝缘电线将锡片与一个电池连起来，最后将整个设备用羊皮包裹（代表电鳐的皮肤）并浸入盐水当中——除了手柄部分。他让不同数量的莱顿瓶放电并用手触碰或靠近它们，结果发现自己的感受与人们所说的被电鳐电击的感觉一致。他还比较了“人工电鳐”在水中和水外时的不同效果，结论认为：电鳐身上的电与已知的电是一样的。

一些兴趣盎然的科学家受邀前往卡文迪什的实验室观看演示，其中包括正在伦敦访问的约瑟夫·普利斯特列。卡文迪什的实验仪器有静电计和火花长度测量仪，还有为实验专门制作的共计 7 列、每列 7 个瓶的并联薄壁莱顿瓶。他的演示取得了成功。有位顽固的怀疑者事前声称，除非自己“失去理智”，才会相信鱼类的身体能够储存电击人类的足够电量，不过他受到了一次轻轻的电击后，离开时改变了看法。卡文迪什从未见过或触摸过一条活电鳐，但他计算得出：一条活鱼的电量是人造样本的 14 倍。

卡文迪什有个特点：他尽管演示成功了，还是会提出疑问。他认为与莱顿瓶相关的类比推理有可能错误。也许电的“液体”不是被储存的，而是通过一种类似于小小的“动力”的东西穿过身体及其表面传播的。后来，汉弗莱·戴维爵士和他的学生迈克尔·法拉第（1791—1867）对其他类型电鱼的导电特征进行了总结性研究。

此后20年间，卡文迪什多次对电进行研究，却未发表论文或结论。他将有关电的论文打包在一起，密封并收藏起来。直到百年之后，詹姆斯·克拉克·麦克斯韦才将它们编辑出版。然而，卡文迪什对数学、机械、光学、气象学和天文学的研究论文和观察，至今没有被整理。

1911年的《大英百科全书》（*Encyclopaedia Britannica*）收录了卡文迪什在论文中提到过的大量发现。比如，他描述了欧姆定律和电导率原理，描述了雅克·查理（Jacques Charles，1746—1823）的气体定律、耶利米亚斯·里希特（Jeremias Richter，1762—1807）的定比定律及道尔顿的分压定律等。

除了有关水、空气和电的论文，卡文迪什还有一项重大成就。他的论文《论热》（*On heat*）从全新角度将热量理解为能量的一种形式，从而窥见了获取能量的普遍定律。1785年，卡文迪什拜访了改进蒸汽机[①]的詹姆斯·瓦特（James Watt，1736—1819）。瓦特对将热量和能量转换成功率及其计算兴趣浓厚并付诸实践。两人的交谈孕育了很久后问世的热力学第一定律，热力学的唯一目的就是将“热能”（希腊语：*thermos*）和“动力”（*dynamis*）结合起来。令人费解的是，卡文迪什为什么要收起这篇共37页、本可以付印的论文？这篇论文在他去世很久

① 纽科门（Thomas Newcomen，1663—1729）在瓦特之前就发明了蒸汽机，但耗煤量大且效率低。瓦特将气缸与冷凝器分离，发明了双向气缸，大大提升了蒸汽机的机械效率。——编者注

以后才被发表。

一生献给科学

卡文迪什将一生献给了科学，其他的都无关紧要，包括荣誉——他一再逃避它们。他在同类人物中是最不关注外界评价的。世人渐渐变得对他漠不关心，他也越来越厌倦世人。

卡文迪什生活朴素，无欲无求。他最爱吃羊肉，最好是天天吃。他的生活并不奢侈。裁缝每年过来一回，而且都是在同一个日子，来帮他缝缝补补，帮他量身定做一条新裤子——这样就够了。

卡文迪什对时尚问题漠不关心，也不懂得拿钱去做什么投资。有时候，他花钱也会精打细算，曾跟一位邻居大吵过一回，争执花10英镑修一道新篱笆的事宜。然而，他为了制造仪器大把地花钱，在同时代人当中绝无仅有。

人们津津乐道这个故事：说一位银行家想问问卡文迪什该怎么打理他户头上的8万英镑存款，卡文迪什很久才答复，他轰走银行家并威胁说，如果再拿钱这种事打扰他，他就不存了。

卡文迪什于1731年10月10日——牛顿去世4年后——出生在尼斯（Nizza）。他的少年时代我们知之不详，只知道他的母亲安妮·格雷夫人在尼斯分娩次子时去世了，时年32岁。卡文迪什在牛津大学学习了3年，未正式毕业就离开了。对于一名贵族，这么做也不算新鲜。

卡文迪什的父亲查尔斯·卡文迪什是辉格党的政治家，做过议员，后来全身心地投入到科学爱好中。英国皇家学会曾授予他科普利奖章，以表彰他改进温度计的成就。亨利·卡文迪什退学后跟着父亲做学徒，一起从事科学实验，直到父亲去世。父亲是卡文迪什生命中最重要的人，他一直与父亲生活在一起。父亲去世那年，卡文迪什 52 岁。他是个患有厌女症的单身汉，根本不想结婚或组建家庭。他用父亲留下的巨额财产购买了一套住房，从此独自住在布拉德福德广场旁的宽敞庄园中，由一名男仆、一名女用人和一位厨师照顾着。庄园在皮卡迪利广场（Piccadilly Circus）和皇家学会附近，皇家学会仿佛卡文迪什的另一个家。卡文迪什有几个直系亲属——小他两岁的弟弟弗里德里克（Frederick）、继承人乔治勋爵（Lord George）和一位婶婶——他与他们保持着礼节性关系——每年有固定的拜访日期，每次拜访从不超过 30 分钟。

房屋的室内装饰中，桌、椅、橱、柜都是红木做的，其他东西——窗帘、遮篷、沙发套、百叶窗、炉前护热板——统统是绿色的。

布拉德福德广场慢慢变成了一座独特的科学宫。卡文迪什如饥似渴地追求新知识，对新鲜精神食粮的需求似乎与日俱增。他共有藏书 1.2 万册，卧室早就被书架占去了。这些图书价值昂贵，在主人去世后，它们的估值是房子和地皮价值的两倍。卡文迪什对专业领域感兴趣，钱主要用于购买专业书籍。它们帮助他更好地理解世界，承载了他的愿望，“以他掌握的任何方式推动科学发展”。

卡文迪什的书架上共有 2000 册自然科学图书，还有许多数学书籍，还摆放着 1100 册戏剧书及很多诗集——这颇令人意外，但历史书很少。图书室是“半开放式的”，卡文迪什想将它提供给所有科学家使用。它全年开放，管理严格，就连主人借书也得打借条。卡文迪什雇用了一名图书管理员，此人也负责守护贵族大人的私人领域。1790 年，21 岁的亚历山大·冯·洪堡（Alexander von Humboldt）抵达伦敦，请求使用这个图书室，他的请求得到了满足。洪堡喜欢跟人讲话，但他事先被提醒：如果偶遇房东，千万不要主动讲话或打招呼。这两位自然科学家如果相遇，肯定会“富有成果”：卡文迪什曾发明一种“量气管”，并认为这位德国客人的相关测量大错特错。

房子里除了书架和触目皆是的图书，其他空间塞满了显微镜、望远镜、象限仪、罗盘、钟、气压计、温度计、检流计、秤和各色各样的莱顿瓶。那个时代制造的仪器富有艺术品位和美感，令后世望尘莫及。各行各业的大师们都自视为艺术家，竞相守护着他们的艺术秘密。从国王的仪器制造师到普通中级工匠，他们的名字都为人所知，人们在信中提及他们时也满怀敬意。没有他们，那个时代就不可能靠最精确的测量取得伟大的科学成就。卡文迪什的发明很少，只有“量气管”或“温度记录仪”，他的强项来自实践的启发。在制造天文学仪器时，谁也比不上英国的制造者，因为大英帝国的贸易和军事优势依托于航海能力，人们也愿意为航海辅助工具多付钱。早在 1714 年，英国议会就悬赏 2 万英镑——相当于今天的 280 万英镑——征求一种能够精确测定经度的仪器或工艺。数十年的官司之后，这份奖金被约翰 · 哈里森（John Harrison，1693—1776）获得，他发明了一种准确度和可靠性无与伦比的航海钟。当时，这只精密钟的价格占到一艘船的购置费的 30% 左右。哈里森自学成才，后来成为大名鼎鼎的钟表设计师，他也曾为卡文迪什制造过 18 世纪最早用于实验的精密度量衡。只有拉瓦锡（Lavoisier）的天平能与之一较高低，据说，它的测量精度可以达到四十万分之一。

卡文迪什测量精确，成为所处时代最杰出的实验人员。他不仅拥有一流的实验工具，在应用规范方法和努力制定人人能操作的实验程序方面也树立了榜样。

在秩序和孤独的保护下

卡文迪什渐渐成为一个渴望孤独的怪人，任何打扰都可能让他恐慌，尤其是见到女人时。有一天，他在伦敦住宅的大台阶上冷不防遇到了一名手拿扫帚和水桶的女用人，即刻下令在屋后另建台阶供服务人员使用。

卡文迪什也难以忍受来图书馆的客人。他希望他们站着挑选图书，将图书借走一段时间，避免多逗留。为了避开访客，他甚至提议将他们想借的书送到他们家里。他沉默寡言，更喜欢书面写出愿望，下达指令。

日常生活中，卡文迪什十分重视井然有序、有条不紊——从一天里投向温度计的第一道目光，到总是插在同一只鞋里的拐杖，直至皇家学会每星期的例会，会议最后结束于“王冠与锚”或“猫与风笛”饭馆。他将一切东西测量、编号和称重，甚至认真地计算过一根烛芯燃烧的秒数并记录在笔记本里，并且是按照在空气和氮气混合物中燃烧以及在空气和二氧化碳混合物中燃烧分别作记录。他在马车轮辐上安装里程计（way wiser），测量行驶过的路程。他把折尺、秤和对数表总是放在身边可以随时拿取的地方。他甚至大胆超脱地想计算自己的死亡时辰，就像天文学家画圈测定彗星的飞行轨道一样。

1760—1780年，卡文迪什先后做过多种地质考察。估计他是受到好友约翰·米歇尔的启发。米歇尔曾担任剑桥大学的地质学教授，他对矿层形成和层系构造的专业兴趣难以掩饰，对风景的魅力却视若无睹。卡文迪什的助手查尔斯·布拉格登（Charles Blagden，1748—1820）是地质考察活动的灵魂人物和组织者，他与米歇尔也很要好。卡文迪什和布拉格登都很拘谨，但他俩之间还是逐渐形成了一种近乎友谊的关系。

卡文迪什去世时，布拉格登忍不住承认这消息让他“很震惊”。布拉格登的人生看起来倒霉透顶，他在剑桥学医，多次想开个诊所无果，后来迫不得已加入北美的英军部队任军医，再后来又被伦敦医院聘做医生，最后谋到一份皇家学会的秘书职位。他过着捉襟见肘的生活，多次尝试去别处谋生，却都落得竹篮打水一场空，一次次像丧家之犬一般回到原处。他在现任职位上干了十多年，希望早已经破灭了。他曾经计划好的婚姻也泡汤了，因为钱不够成家立业。科学兴趣将卡文迪什和布拉格登联系在了一起，但一道深深的社会鸿沟——尤其是经济鸿沟——又将他们隔开了。他俩私下有个约定：卡文迪什带这位珍惜友谊、随机应变的“交际家”布拉格登进入伦敦科学团体的沙龙，后者帮他挡开世界的纠缠。布拉格登担任卡文迪什的助手、信使、联络员和情报员；他是卡文迪什较为正式地聘请的总管，但心里怀有一个没有说出口的期望——期待卡文迪什每年支付他一份薪水。布拉格登所谓最后一次“哲学之旅”，将帮助卡文迪什进行他最伟大的实验并让他的名字永垂不朽。

未获赞美的最伟大的科学家

沉默寡言是卡文迪什家族的特点，这一天性在亨利・卡文迪什的身上表现得尤为明显：他从未对谁私人表白过，但旅行日志就像心理节目似的透露出他完全以观察和分析为主。他的旅行始于1785年，他想至少绘制一张岛屿岩层的通用草图——这既耗时又费力，还需要很多耐心。他在图中将风景名胜作为地形标记下来，用气压计反复测定地表突地，仔细测量喷泉温度，准确绘下岩石的岩层厚度、坡度、矿层和物理形状。他还搜集特色矿物样本，以备深入分析。矿物和地质学不可分割。理查德·柯万（Richard Kirwan，1733—1811）曾经说过：矿物是字母，可用来阅读僻静大自然的神秘巨著。湖区（Lake District）的魅力和特点无法诱引卡文迪什开口说话，他宁可与气压计喁喁私语。工业化正在英国乡下兴起，其迹象处处可见。卡文迪什平心静气、电报似的作记录——旅行途经大水车推动的采掘矿石的磨坊；隆隆的蒸汽机抽空矿层，将矿石运送到地面上。途经焦岩厂、石灰厂、烧陶厂、铸铜厂，一次次经过钢铁厂——那里将铁和钢加工成钉子、刀、纽扣和船用锚，加工锡、铅和明矾板岩的地方，磨、辊、吊车、12 余米高的高炉和锻工车间……这些组成一幅幅神奇的画面从眼前掠过。

卡文迪什一边记工作日志，一边为詹姆斯·瓦特的最新成果绘制简图。瓦特为自己改进的蒸汽机申请了专利，现如今蒸汽机已可以将其动力转变为持续旋转运动了。

当布拉格登观察着锻工车间里满身灰尘的工人时，一位德国博物学家兼诗人正怀着类似的使命奔走在路上。

身为主管部长，歌德的任务是让伊尔梅瑙（Ilmenau）停产的银矿和金矿恢复生产，他对“地质现象”越来越感兴趣。1774 年，他在哈尔茨山（Harz）开始了一场冒险旅行，骑马加徒步前往布洛肯山峰（Brocken）。1783 年和 1784 年，他又两次攀登布洛肯山。不久后，他与卡尔·奥古斯特（Carl August）公爵一起，拜访了身在瑞士日内瓦的地质学和物理学教授霍勒斯-本尼迪克特·德·索绪尔（Horace-Bénédict de Saussure，1740—1799）。索绪尔是登山运动的早期先驱之一，是第三个登上勃朗峰（Montblanc）的人，他刚刚写完《阿尔卑斯山之旅》（*Reise in den Alpen*）的第一册。这本书让歌德学会了观察岩石、地形和环境，卡文迪什也是该书最早的读者之一。

卡文迪什比歌德年长 18 岁。这两位学者的兴趣截然不同。卡文迪什用冷静的目光寻找普遍定律，痴迷于既不能体验又无法感觉的自然魔力。与他相反，35 岁的歌德感情丰富，激情洋溢。卡文迪什已经对岩石类型、周边的矿物学和地质学构造、地球发展史及地质学问题作出了重要研究。歌德则常常手舞足蹈，滔滔不绝，从美学角度探究岩石。

这些研究很快就成了独特的“创世史”的基本组成部分。“原始花岗岩”由长石、石英和云母三者完美地结合而成，成为一种永恒的秩序象征。歌德狂热地赞美了这令人敬畏的花岗岩。这位新的“大地之友”想探索“地球内部”，已在计划创作一部有关太空的长篇小说，对岩石知识进行整理和总结（歌德的这一设想很快就被证明是错的。1810年人们就发掘出了更多的岩石，证明了花岗岩不是最古老的岩石类型）。

布拉格登和卡文迪什进行科学巡游，前者有一回称之为“哲学之旅”。1785年，他们原计划第一站去桑希尔（Thornhill），约克郡（Yorkshire）利兹（Leeds）附近的一个偏僻地方，有二三百名居民。约翰·米歇尔教士在那里担任乡村牧师。一个普通地方，一个普通职位，可米歇尔是多么了不起的一个人啊！他没有留下任何照片，除了人们谈起他时形容他“个子矮小，肤色黧黑，体型肥胖”的几句话。米歇尔发表的作品很少，只有一本 80 页的论磁和磁石的小书——书中首次介绍了生产人造磁石的工艺、一篇有关地质学的文章、两篇有关天文学的文章和其他论文。今天，米歇尔被形容为“有史以来未获赞美的最伟大的科学家之一”。谁敢否认他是 18 世纪所有英国自然科学家中最多才多艺的那一位呢？他住所旁的一块纪念碑上写着“天文学家和地质学家”，但这只是他的一个侧面。

米歇尔的研究涉猎很广，上至天文和地球结构，下至物质最基本的“微粒”。

此外，米歇尔还是一位杰出的数学家和所处时代倍率最大的望远镜的主要设计师。

直至19世纪，米歇尔都仅被认为是著名的地质学家。1755年，里斯本地震震惊了欧洲，5年后，他发表了《对地震现象起因的推测和观察》（*Vermutungen betreffend die Ursachen und Beobachtungen von Erdbebenphänomen*）。在他那个时代，有关地震成因众说纷纭，离奇至极。剑桥有名学者认为，地球内脏里有团火，每当火焰无法扩散，无法通过火山喷发释放，就会搅动地下水域形成剧烈运动，炸开地壳的盖子，从而引发地震。又有人杜撰出地下空洞，洞里充满气体，每当火花点着气体就会发生爆炸；或者磷和铁之间自动“发酵”，强行夺路向上。还有人说地心里存在着危险的火药室，被黄铁矿点燃了。所有这些说法实质上都摆脱不了对火山喷发的想象。皇家学会另一位“现代派”研究人员将地震归因于电击——电击时电力以剧烈颤抖的形态表现出来。

里斯本地震之后，谬论俯拾皆是，这凸显出米歇尔对地震现象“推测”的杰出意义和科学进步。他率先推测认为地震呈波状在地球上扩散，并且相当准确地猜测其速度为每小时1900公里。他第一次计算了震中位置和深度，猜测岩层里的断裂和壕沟。这一认识距离大陆板块的想象已经不远了。总之，在科学史学家艾萨克·阿西莫夫（Isaac Asimov）眼里，米歇尔是“地震学之父”。

1760年，米歇尔因这篇论文当选为皇家学会会员，卡文迪什也于同年当选。当时他35岁，卡文迪什比他年轻7岁。

原计划于1785年开展的旅行最后被迫推迟。当时，布拉格登向米歇尔了解桑希尔的住宿情况，得到的答复是米歇尔不久前刚招待过许多大人物，包括本杰明·富兰克林博士、约翰·普利斯特列博士和一位哲学家夫妇，他“有能力提供足够的空床位，两位客人同时过夜不会添麻烦，前提是希望他们（布拉格登和卡文迪什）会喜欢乡村生活、一位乡村牧师的财力所能提供的热烈欢迎及简单娱乐”。

米歇尔兴奋地报告说，他成功地设计出一只望远镜，开口很大，焦距很短。孔的直径有6英寸，“无论肖特先生还是其他人至今都没有达到过”。换句话说，他可以炫耀在桑希尔这个穷乡僻壤，他按自己的设计制造出了世界上最大的望远镜。他不无得意地提到了伟大的詹姆斯·肖特（James Short，1710—1768），这位杰出的天文仪器设计师几年前自杀了，还“出于职业忌妒”毁掉了工具和设计图，要让这门手艺的继承人过得艰难。米歇尔来信中的一句附言预兆不佳，可以窥见他经济拮据。他表示遗憾，不能亲自去伦敦，维护和改进大望远镜的成本不允许他那样做。当时，无论米歇尔还是好奇心勃发的两个伦敦人，谁都没有预料到这只“大望远镜”将毁掉其制造者。

一年后，布拉格登和卡文迪什出现在桑希尔，他们看到牧师的状态不佳，去年的狂热已杳无踪影。其间，牧师发现反射镜不幸地碎裂了，悲剧啊！他重新打磨抛光了内镜，结果还是令人失望。不管怎样，虽然有射入光线的干扰和图像变形，透过望远镜还是能比之前更清晰地看到土星连同其三颗卫星的光环。

反射镜碎裂招致了一系列不幸的失败。米歇尔自怨自艾，不知道能否找到力量从头再来，再熔化毛坯重造一面镜子。然而，只要解决不了镜子内、外侧冷却速度不一的难题，开裂就不可避免。可是，又该如何继续下去呢？

米歇尔在这个项目里投入了数百英镑，却没有找到赞助人。幸好他的兄弟做地产掮客风生水起，否则他根本没能力开展这个野心勃勃的计划。朋友们上书首相罗金汉勋爵（Lord Rockingham），要求支持米歇尔的工作——那可是他全部的希望寄托啊。可是，递交请愿书的当天首相意外亡故，希望瞬间破灭了。

征服天空的双簧管吹奏手

时值冬季，米歇尔想放下一切。他宁愿耐心等待，看看伦敦赫歇尔的望远镜进展如何。赫歇尔也遇到了麻烦，由于天寒地冻，他的镜面也开裂了。弗里德里希·威廉·赫歇尔（Friedrich Wilhelm Herschel，1738—1822）是位天文学神童，米歇尔与他有着共通之处。米歇尔拉小提琴，几年前，由音乐牵线，他结识了作品丰富的作曲家、首席小提琴手和独奏演员赫歇尔——有可能他在巴斯（Bath）亲耳聆听过赫歇尔的一支协奏曲。赫歇尔是 19 岁时与哥哥逃来英国的，两人都是双簧管吹奏手，在被征进一支汉诺威（Hannover）军乐队后当了逃兵。为了在英国事业有成，这位年轻逃兵将乐器全带来了。这位音乐多面手一来就开始学习英语，他不仅是出色的双簧管吹奏手，还是小提琴手、大键琴手和管风琴手。22 岁时，他被聘去桑德兰（Sunderland）担任首席小提琴手，很快就负责指挥达勒姆（Durham）的一支管弦乐队。一年后，他创作了 C 大调第八交响曲，除了许多奏鸣曲、协奏曲和其他作品，他还创作出 16 部交响曲。之后，他在哈利法克斯（Halifax）施洗约翰教堂担任首席管风琴手，转眼又被聘到巴斯担任管风琴手。巴斯是当时最热门的疗养胜地，他在那里还担任露天音乐会的指挥。在管风琴制作期间，他演奏自己创作的曲子，在一场小提琴演奏会、一场双簧管和一场大键琴奏鸣曲演奏会上独奏。他的三位兄弟个个都有音乐天赋，也都是音乐家；他妹妹卡罗琳（Caroline）在亨德尔的《弥赛亚》（*Messias*）里担任女高音独唱歌手——父亲去世后，她也离开汉诺威，与哥哥弗里德里希·威廉一道移居巴斯。与约翰·米歇尔相识后，赫歇尔的生活变得一团糟。他现在自称弗雷德里克·威廉·赫歇尔（Frederick William Herschel），后人叫他威廉·赫歇尔男爵。他完全在一夜之间成为热情的天文学家和望远镜设计师。1767 年，米歇尔发表过有关星星的基础论文，他现在将星星按亮度分类，定义等级，而在当时，人们尚不知道那神秘的星雾背后隐藏着未知的星丛和银河系。

赫歇尔很快迷上了望远镜和夜晚的星空，他把业余时间都花在打磨和抛光自己设计的透镜和反射镜上。在米歇尔的鼓励下，他也开始寻找双星，在接下来的几年里还记载过数千颗天体。但赫歇尔有桩耗时的麻烦事：他每次必须匆匆赶回房间，才能简要地记录下所观测到的情况。他的眼睛要过好几分钟才能重新适应黑暗夜空，以便继续观察——这就浪费了宝贵的时间。他请来妹妹做助手，透过敞开的窗户向她喊话，请她将说明记下来。

卡罗琳·赫歇尔：所处时代最成功的彗星猎手

1781 年 3 月 13 日夜里，赫歇尔在天空中发现了一个圆盘似的目标，他认为那是一颗彗星。观察发现，那颗“彗星”并没有沿着椭圆形环道运行。一般情况下，这种亮度的彗星距离太阳一定很近，移动速度应该比夜幕背景中的其他星星快得多。然而这颗天体目标移动得十分缓慢，让人相信它远离太阳的吸引力，比土星离得还远——是的，在土星环道外面——土星可是当时人们所知的最远行星。这个目标物这么亮又距离这么远，只可能是颗行星而非彗星。疑虑很快就被打消了，这个发现可谓轰动。有史以来，人们只认识五颗行星：水星、金星、火星、木星和土星。这些行星按罗马众神命名，都可以凭肉眼在天空中观测到。现在，赫歇尔借助自己设计的望远镜发现了一颗新行星，成为那个时代第一个发现新行星的天文学家。太空里存在着更多行星，这一认识扩展了人类对太阳系的无限想象。天文学家们感到震惊，社会舆论欢欣鼓舞，赫歇尔一夜之间享誉国际。

赫歇尔请求按国王乔治三世（Georg Ⅲ）的名字给这颗行星命名为乔治星，法国人则不以为然。德国人约翰·艾勒特·波德（Johann Elert Bode，1747—1826）是星座学的幕后人物，他曾经预言和计算出新行星乌拉诺斯（Uranos，天王星）的位置，它位于火星和木星之间，以朱庇特父亲的名字命名。波德的发现被认为是了不起的大事件。1789年，德国化学家马丁·克拉普罗特（Martin Klaproth，1743—1817）发现了一种新元素，他为了纪念波德发现的行星，将元素命名为铀（Uranium）。

赫歇尔获得了应有的尊重，皇家学会选他为会员并颁给他科普利奖章。他有了“皇家天文学家”这个令人尊敬的职位，还被任命为“国王的天文学家”并拿到200英镑的年俸。

赫歇尔望远镜当时已经进入作坊式生产，他的成功让望远镜销量猛增。英国和欧洲大陆售出了60多台，利润颇丰。卡罗琳再没时间演唱亨德尔的花腔了，她夜里站在敞开的窗边做秘书，白天还要打磨透镜。她自己也成了著名的天文学家，不仅是该领域的首位女性，还成了她那个时代最成功的彗星猎手。她先后发现了7颗彗星。乔治三世后来付给她一份50英镑的年俸，使英国破天荒地有了领取官方薪水的女性科学家。

光子和黑星

米歇尔和赫歇尔在制造较大望远镜时遵循的设计原理不同，但米歇尔痛苦地发现，赫歇尔有14名工匠支持他，他们都由国王支付薪水，而自己仅有一两个本地助手且资金不足，只能在乡下勉力对付。可是，谁会甘心自己被埋没在这样的小地方呢？

米歇尔曾经就读于剑桥的女王学院，后来在那里教授课程。他的婚姻，由于教会法规的原因，让他不得不放弃地质学教授的职位。遗憾的是，放弃职位后不到一年，他的妻子就辞世了。再后来，他成了桑希尔的乡村牧师。

卡文迪什和布拉格登在考察旅行结束后，再次拜访了米歇尔，并在他家里待了一星期。米歇尔应该是位活泼健谈的人，满脑子奇思异想。1783 年，他将一篇文章寄给了他很敬重的卡文迪什，后来被收录在皇家学会的丛书里出版。文章名为《论恒星光芒速度减小时测量距离、亮度等的方法》，约翰·米歇尔教士撰写，1783 年 11 月 27 日上呈皇家学会（*Über die Methoden, die Entfernung, Magnitude & c. der Fixsterne in Konsequenz der Verringerung der Geschwindigkeit ihres Lichts zu ermitteln. Verfasst von Rev. John Michell und am 27. November 1783 der Royal Society vorgetragen.*）。

米歇尔在文章中开始思考：在万有引力的作用下，星星发出的光减弱的方式是否不同？星光的初始速度在传向地球的途中是否减小？星星不同的引力对放射光的颜色也有影响吗？换句话说，星光的不同颜色可以回溯到不同速度吗？可以通过颜色差别来测量星星各自距地球的距离吗？

在米歇尔的时代，人们相信，当穿越宇宙这样空洞的空间时，光的速度并非统一恒定。这是受了牛顿的影响——牛顿认为，所有天体都通过自身的引力对光产生影响。关于引力对光的影响，米歇尔多次发表看法。约翰·普利斯特列[①]著有论光学的文章，他

① 应是约瑟夫·普利斯特列，估计是作者的笔误。——译者注。

曾短时间与米歇尔为邻。米歇尔对这篇文章进行过相应的引力计算，也认为光“毫无疑问”是一种物质。能不能通过引力的互相吸引来最简单地解释双星现象呢？米歇尔建议使用棱镜来检测引力引起的“红移”。

米歇尔提出过一个惊人的猜想。他设想的“黑星”（*black stars*）是如此独创，连牛顿都没想到。他认为“黑星”的质量巨大到不仅可以减缓“光子”的速度，还可以留住光子，即自身保持隐身，它们通过自身的引力将附近的星星“不合常规地”引离轨道，从而让人们觉察到它们的存在。米歇尔的“光子”理论让人感觉十分现代，他采用了牛顿的观点，认为光是由最小的粒子组成——马克斯·普朗克直到1900年才在他的量子理论里承认了这一设想。米歇尔是一位杰出的思想家，他的独特认知远远超越了他的时代，很容易被置之不理，遭到遗忘。他跟朋友卡文迪什类似，无意宣传自己发表的作品，于是他的认知发现就成了一捆捆手稿，被搁在阴暗的档案室书架上落满灰尘，等待着重见天日。

米歇尔去世后的150年里，很少有人纪念他——他被遗忘了。直到1979年，人们才在他的遗物里发现了他的“黑星”——它与人们今天所讲的“黑洞”没有什么区别。他的认知让20世纪的科学家感觉如此新颖，“像从一本当代物理书里撕下的几页”。

今天，我们纪念米歇尔不仅仅因为星星。他不仅探索宇宙，还想计算出地球的重量，还要在桑希尔这个穷乡僻壤将地球放上秤盘。多么大胆的想法，多么狂妄！他为此设计了一个奇怪的仪器，卡文迪什在这儿首次看到它。这个仪器由铅球、配衡体、摆、转轴、钢丝绳和细长管形秤形状的魔杖组成，但米歇尔没有意识到，这将让他的名字永垂不朽。

老人和望远镜

让我们再回过头谈谈米歇尔吧。两位旅行者将米歇尔和他的望远镜留在了桑希尔。制造“大望远镜”遭遇的经济困境和技术难题拖垮了米歇尔。赫歇尔遇到的技术麻烦也不小，也为之伤透脑筋，但他至少得到了汉诺威同胞、英国国王[①]的经济支持。布拉格登在造访过桑希尔一年之后，设法鼓励米歇尔重新动手制造望远镜。又一年后，米歇尔向他的信友道谢，感谢对方寄来一批沥青煤，这材料非常适合作磨料。这份友好的礼物清楚地意味着在接下来数月里他将面临抛光和磨削的艰苦工作。米歇尔勇敢地请求再寄 14 磅沥青煤来。数月后，他写信汇报说还没有使用那些沥青煤，信里的语气让人感觉他情绪压抑。星星似乎近在咫尺，触手可及，他的信心却越来越丧失。绝望在弥漫着。

望远镜的工作已经停了一段时间，米歇尔写到，他相当犹豫，不知道该怎么继续下去。他弄不清楚故障的原因，有点束手无策，搞不懂如何不用从头再来就能解决故障。“我不想在这种不完美的状态下使用老镜面继续工作。再加上其他各种技术麻烦，我决定将它搁一搁”。他一筹莫展，希望当年 4 月或 5 月在伦敦与朋友们的交流时能获得帮助。20 多年来他努力制造这样一台望远镜，希望它的非常规的孔能帮他更好地理解星星的运动。他已经花费了许多时间和金钱，已经走了无数的弯路，难道现实将证明他的毕生梦想是永远无法实现的妄想吗？

这是从桑希尔传来的有关望远镜命运的最后消息。

---

① 英国国王乔治三世自 1814 年维也纳会议起也担任汉诺威王国的国王。——译者注。

4年后，赫歇尔来到桑希尔探望被疾病折磨的米歇尔，见到了这台望远镜——它被安装在室外的一个支架上，没有遮盖，青铜部件已经变色，内镜模糊，俨然已被荒废了。

一年后，米歇尔溘然离世。遗物管理人托马斯·特顿（Thomas Turton）是他的女婿，想赶紧摆脱这个畸形怪胎的望远镜。如果找不到买家，他就得将零件当废铁卖掉。罗瑟勒姆（Rotherham）的金属商只肯出26英镑收购所有物品。卡文迪什建议特顿听听赫歇尔的建议。赫歇尔最终出了可怜的30英镑购买这台望远镜，包括另外几只镜片和工具，再支付给包装工1.5个金币，木工0.5个金币。这台伟大的仪器就这样躲过了被拆解的命运，踏上了前往伦敦的旅途。运输过程中，仪器遭损，大镜面出现一道裂纹，两侧也有一小块脱落。赫歇尔像病理学家一样对望远镜进行了检查，一览无遗地看到米歇尔设计的全部秘密。经测量，反射镜直径为28.6英寸，透镜中央通常的孔径为5.92英寸，焦距为10英尺。米歇尔将54只黄铜弹簧排列在两个同心圆里，由此解决了固定大反射镜的麻烦。米歇尔的丰富想象力让赫歇尔吃惊不已。

1795年8月5日：“伟大时刻”

1795年，约翰·米歇尔留下的四只箱子被运到克拉珀姆（Clapham）。箱子是剑桥的杰克逊派教授弗朗西斯·渥拉斯顿（Francis Wollaston）牧师寄来的，米歇尔去世后这些箱子一度由他保管。这位学识渊博的神职人员不知该如何处置它们，最后一股脑儿寄给了卡文迪什。

卡文迪什最后一次造访桑希尔时，米歇尔曾向他演示仪器，也曾在信件中偶尔提及自己打算称重地球——可米歇尔为什么没在遗嘱中将它们赠给卡文迪什呢？这是个不解之谜。是对卡文迪什在自己经济拮据时没有施予援手而感到失望吗？米歇尔去世 5 年后，这些箱子终于在克拉珀姆被开启。毫无疑问，英国没有哪个人选比卡文迪什更适合做这个实验了，他也懂得如何使用这些材料。卡文迪什最终花费了数千个小时来做这个实验。卡文迪什在他著名的论文《测量地球密度的实验》（*Experiments to determine the density of the Earth*）里，专门向亡友约翰·米歇尔、这位实验的精神倡议者致敬，“是他想出了测定地球密度的方法……但直到去世前不久才造出来（实验仪器），尚未动手实验就不幸去世了”。

这堆遗物由大大小小的铅球、丝线、杆子、铁线和一根刻有标记的长管组成，乍一看并非什么了不起的东西。这些材料最多也就值几千克铅的成本，米歇尔却凭借其背后的精神思想树起了一座丰碑。如果像移动车用支架梁和绳索一样吊起重物，这背后隐藏的是秤的概念。可是，如何用一杆秤来为地球称重呢？当阿基米德假设杠杆定律时曾经说道：“给我一个支点，我将撬动整个地球。”此后两千年里，没人再听到用秤称重地球的呼声了。1739 年，米歇尔的首次尝试失败了，他先得想出如何在家里称量地球的方法。

仪器抵达时，部分零件破损严重。卡文迪什必须修复运输中造成的损坏，同时改进和重新设计零件，更改配衡体，扩大原先设计的尺度标准，但他仍然忠于米歇尔的设计方案。

米歇尔和卡文迪什实验的理论基础要追溯到艾萨克·牛顿。1687 年，牛顿发现了万有引力定律，认为所有存在的质量都相互吸引，较大质量对较小质量的吸引力会更大；反之亦然。换言之，牛顿的苹果虽然掉落到地球上，但它对地球也有吸引力，虽然这股吸引力会比地球对它的吸引力小上亿倍。[1]

两种质量的相互吸引力取决于它们（质量 1× 质量 2）之间的距离，以及代表万有引力作用的因素 G。[2] 这个“万有引力常数”无比神秘，全宇宙有效，牛顿靠它发现了宇宙基本力中最弱的力。它出现在他的各种数学方程式里，简称 G。

牛顿当时还不能解释，两个物体，比如一只茶壶和一只松鼠，为什么会相互吸引。“我用万有引力的力解释了天空和海洋的现象。”他在划时代的代表作《数学原理》（*Principia Mathematica*）里解释说，“我至今未能确定万有引力的原因。这种力可以钻透一切，直至太阳和行星的中心，而在这一过程中，力却不会减小。”

牛顿同样也未能计算出常数 G 的数值，米歇尔发明扭秤后才做到了这一步。扭秤状似一根标有记号的长管，在历经 5 年的长途漂泊后，终于被卡文迪什取出了箱子。

当年，为了证明自己的论点，牛顿曾建议在一个倾斜的崖顶安装一根带配衡体的“铅索”。在岩石的牵拉下，一段时间后，绳索就不再是垂直下挂而是离山体更近了。为此，必须找到一座可以从其形状推断其质量的合适的山。一旦能确定山岩与它对铅砣的吸引力之间的关系，就能估算出万有引力最初的数值了。

1738 年，法国人皮埃尔·布格（Pierre Bouguer，1698—1758）率先在钦博拉索山（Chimborazo）做了这种实验。他是法国科学院秘鲁考察队队长，任务是在赤道子午线上测量一个经度的长度，从而更准确地测定凹

① 此处所述违反牛顿第三定律。按照该定律，作用力与反作用力相等，也包括引力在内。——编者注

② 更确切地说，两物体间引力大小取决于物体质量的乘积、彼此距离的平方、万有引力常数 G。——编者注

凸不平的地球的形状。布格既是科学家也是冒险家，还是水文地理学家、土地测量师、数学家、天文学家，15 岁时就成为航海学教授，此外还有许多其他的惊人能力。布格无法摆脱钦博拉索山对他的吸引力，或许使得这次考察为此持续了十年。他想用挂在突崖上的铅锤测量水平方向的万有引力。他与陪同人员从一座基地爬到很高的位置，却发现螺丝被大雪和酷寒死死地冻在设备上，导致行动失败。布格不得不承认，这项任务比他想象的难得多。他只能寄望于科学界能够在世界其他地区找到更合适的山来完成这个实验。

1772 年，皇家学会专门成立了引力委员会来研究山脉的引力。卡文迪什多次以委员会成员的身份现身，给予有价值的提示和鉴定。最后，委员会决定在希哈利恩山（Mount Schiehallion）上做实验，即俗称的“喀里多尼亚女妖山”。它位于苏格兰的珀斯（Perth）附近，海拔 1083 米，坚固的山顶光秃秃的，呈三角形，很容易攀爬。实验由格林尼治天文台台长、皇家宫廷天文学家内维尔·马斯基林（Nevil Maskelyne）领导，参照了布格的方法。他们试图在两个不同位置测量山体对铅砣的引力，得出一个有用的测量值，并通过特定星星的仰角测出垂线偏差。实验反反复复持续了好几个月，最后却败于地质情况，计算所需要的山体质量只能粗略地估算一下。

米歇尔发明了一种惊人的方法来取代在不毛之地钦博拉索山和“喀里多尼亚女妖山”上的无用尝试，使用这种方法都不必离开房屋。他想进行一次实验室实验，在设定条件下使用不同重量的铅球，测量小质量之间的引力作用。借助微小的质量以及微弱的、几乎感觉不到的相互吸引来测出地球的重量，这颠覆了以往的实验。“大”质量是两只各重 8 千克的铅球，“小”质量是两只各重 2 千克、直径 2 英寸的小铅球。只有发明出扭秤后这种实验才能成功，只有使用扭秤才能计算出将小球引离其静止位置的万有引力。另外，当卡文迪什开始实验时，他就明白那是很小很小的值。他估计，两只大球的吸引力不会大于其自身重量的百万分之五十。因此，为了获得更高的测量值，这位经验丰富的实验家用两只 160 千克重的球取代了米歇尔提议的 8 千克重的球，为此也将扭秤延长了很多。

这次实验被视为物理学史上的经典实验，是第一次测定三个基本自然常数之一的引力常数 G。

现在需要极度精确，严控可能影响测量的所有条件，最轻微的气息也必须避免。观察人员不能走近测量仪器。就连体温都可能毁掉一系列的测量成果。第一步是将整个设备搬进一只密封的红木罩子，再用另一只专门的罩子将里面的设备与所有外来影响隔开。扭秤连同小球十分敏感，有一点点压力都会产生反应——可以用一颗螺栓从外面校正和调整扭秤吊在上面的秤杆。立方体红木护罩上为开有小孔的滑车组，一根实心木杠——必须承载两只各 160 千克重的铅球——从孔中穿过，可以（从外面）移动到不同的位置。

罩子上开有玻璃小窗，用聚光棱镜灯将遮暗的空间里的光收作一束，照亮刻度，这样更容易站在安全距离外使用望远镜观察。最后，为了让实验设备保持恒温，卡文迪什还让人在自家花园里建了一个不透光的密封棚，围住红木罩子。

一旦两只球的质量相互吸引，这股力就会影响扭秤，让它轻微地动起来，然后可以从秤的刻度盘上读出这个“扭矩”的影响，计算出引力。刻度盘显示测量值，每走一格是 1/100 英寸，即 0.0254 厘米。

测量并非简单地读取数字。测量时必须随时监测纠正，这需要丰富的经验和敏锐的鉴别力。使用扭秤更是个特殊挑战：一个耗费时间的不稳定因素是扭秤（r）的秤杆是悬空的，余颤时间长。

“假定秤杆处于静止位置，”卡文迪什写道，“然后让配衡体动起来，秤杆不仅会被牵向一侧，还会开始颤动且持续很长时间。”引力和引力扭动秤形成的颤动持续 20 分钟左右。“尽管做了所有预防措施……（秤杆）很少整整一小时保持不动”。因此，必须在秤杆尚未静止下来就先行测量，这本身就会出错。

“我观察一次颤动在一个方向渐次出现的三个极点。”卡文迪什写道，“然后取这些点中第一个和第三个之间的中间值作为一个方向的颤动极点，再取第一个和第二个极点之间的中间值作为静点。”

卡文迪什能使用复杂的公式计算出颤动时长和颤动行为，后者涉及杆长、硬度和重量等参数。此外，作为数学家，他还能将其他尺寸和影响测量的因素转换成数学方程式：大球和较小球的质量、秤的长度、吊球的惯性矩、吸引与被吸引球中心的距离及引力转动秤杆的角度。归根结底，一切都在起作用，就连吊挂扭秤的绳子的牢固度也得考虑到，此外还有红木罩的吸引等更多因素。卡文迪什的论文细致入微、原原本本地描述了这些影响，写了一页又一页的相关公式。

卡文迪什测量一次需要 25 个小时，这真是一场考验耐心的游戏。一年多后测量才结束。最后，卡文迪什将测量地球密度的结果概括成 17 个表格，数值从 4.88 到 5.79。他累加彼此独立的测量链的 17 个结果，得出一个中间值 5.48。他坚信，“地球密度 5.48 的误差范围不可能超过整体的 1/14”，即小于 10%。

1795 年，卡文迪什终于公布了地球平均密度是水密度的 5.48 倍，水密度是 1。听到这个消息，不少人感到安慰，因为这排除了不必要的担心——地球只是一个壳，内部是空的。出人意料的是，卡文迪什在论文里没有提及“震撼世界的”万有引力常数 G 或地球质量。

原因或许在于 1798 年时，人们还没有像现代这样区分重量和力。米制刚刚发明出来，英国科学界尚未使用；质量和力，两者都是用英镑来测量的。直到 1894 年，在米歇尔－卡文迪什实验近百年之后，常数 G 才得到定义。毫无疑问，牛顿方程式和已知的地球半径将所有结果联系在一起，近在眼前，触手可及。

方程式将计算出的地球“密度”、地球的质量，通常被称为重量和神秘的万有引力常数 G，联系在了一起。

那么，如何从地球密度推算出地球的质量呢？从密度和地球半径 R—— 2000 多年前，埃拉托色尼[①]使它为人所熟知——可以计算出地球的质量。地球上的所有物体都受到万有引力的吸引，在地球表面能够体验到引力加速度，这被称作“g”。人们很容易根据下列公式确定这个“加速度”g：

$$S\text{（下降高度）}=1/2\ g\text{（加速度）}\times t\text{（时间）}^2$$

我们让一千克的物体从一米的高度落下，下降时间为（t），得到地球重力产生的加速值始终是 $g=9.81m/s^2$。

鉴于将一个物体朝向地面加速的力与万有引力相同，我们可以

① 又称昔兰尼的埃拉托色尼（Eratosthenes of Cyrene，约公元前 276 年—公元前 194 年），古希腊科学鼎盛时期的学者。他集数学家、地理学家、诗人、天文学家和音乐理论家于一身，最为人所知的是首次计算出地球的周长。他是通过比较中午时分太阳在两个距离已知的南北距离的角度来做到这一点的。他的计算非常准确。他也是第一个计算地球轴倾斜的人，同样具有非凡的准确性。此外，他还可能准确地计算了从地球到太阳的距离并发明了闰日。——编者注

将两个方程式等同视之。

这就是说，按牛顿的说法，我们要计算的是下列力：

$$F\text{（力）}=\frac{G\text{（万有引力常数）}\times \text{质量}1\times \text{质量}2}{R\text{（两个质量的距离）}^2}$$

由于F（力）=m×g，方程式两端都有m出现，因此可以将它去掉。按M（地球的质量）来调整方程式后，就会得出下列公式：$M=gr^2/G$，这样就可以计算出地球的质量。使用$G=6.67428\times10^{-11}\ m^3/kg\times s^2$，$g=9.81\ m/s^2$和$r=6\,370\,000\ m$的值就会算出地球质量为$5.96\times10^{24}\ kg$。（这个结果只是一个估值。引力加速度和地球半径随地点而变化。人们默认地球是一只完美的球，但众所周知，事实并非如此。）

大自然并不着急

卡文迪什早就推算出自己的死期，他79岁那年，这个日期即将来临了。为了这重要的最后几小时，他从尘世退隐，远离所有人。他的传记作者提到，在卡文迪什临终前的房间里很少能找到“酒”的痕迹。这个垂死的人，没有想过去请一位牧师，就连医生待在身边他都无法忍受。

去世前三天的那个晚上，他从皇家学会回家，心情很差。仆人看到主人床单上有血斑，没敢讲出来。接下来的两天，卡文迪什卧床不起。第三天，当他感觉自己正在死去时，在习惯的时间摇铃叫来仆人，示意对方走近床前，镇定、恳切地叮嘱道：

> 请你记住我说的话——我正在死去。等我死后——千万别在那之前，你就去找乔治·卡文迪什勋爵，向他报

告我去世了。走吧!

不久后,他再次按铃叫来仆人,让对方复述自己的交代,然后说出了自己最后的愿望:“给我拿薰衣草水来。”

卡文迪什用一句“现在你走吧!”将最后一个熟悉的人赶出了房间。信仰和人都给不了他安慰。现在,他终于独自一人了。这位深思熟虑的不可知论者,冷静地迎接着死亡。

仆人依令而行。半小时过去了,主人一直未叫他,他走进房间,发现主人躺在床上已经没有了生命迹象。亨利·卡文迪什死于1810年2月24日,和自己的父亲去世时同岁。

就像对待生活、财富和荣誉一样,卡文迪什对待自己的死亡也没有大肆张扬。他将一生无私地奉献给了科学;他和所有同事只是点头之交,在遗嘱里他们全都一无所得。他似乎不仅忘记了他们,也忘记了自己。他漠不关心身后荣誉,没有指示成立一个以自己名字命名的基金会;他的遗物、图书室或珍贵仪器也没有遗赠给任何人;他也没就葬礼或墓地留下多少指示。他和家族中的许多人一样,被安葬在德比(Derby)的万圣教堂,即万圣主教座堂(Cathedral of All Saints)。

令人吃惊的是,卡文迪什赠送给贝兹伯勒伯爵(Earl of Besborough)一笔可观的钱。这位伯爵并非科学人士,卡文迪什解释说,他要为伯爵在皇家学会俱乐部中一起吃饭交谈时带给自己的乐趣致谢。

卡文迪什的财产大部分赠给了上文提到过的乔治·卡文迪什勋爵,剩余部分交给了小他两岁的弟弟弗雷德里克·卡文迪什(Frederick Cavendish)。他这样证明了自己对家庭的忠诚,符合人们对一个枝繁叶茂的贵族家族成员的期望。他还给这个家族的是它曾经委托他管理的百倍。自打诺曼人占领以来,900年里,他那贵族出身的祖父母的重要氏族——肯特家族和卡文迪什家族——就在英国历史上扮演着角色。土地和租金的继承将家族的一代代人维系在一起。乔治勋爵的一位后裔后来曾任剑桥大学校长，他捐资创办了剑桥大学物理系，即今天人们所称的“卡文迪什实验室”。

卡文迪什的特点是做事缜密，为所有测量人员树立了榜样。如此看来，测定地球密度就是一个正在消逝的时代的巅峰实验，通过地球密度称重地球则像是他全部作品的一条注解。

卡文迪什拥有他那个时代最精确的测量仪器。这些精雕细刻、高度精密的设备摆满了一个个房间，但它们只是达到目的的工具。他视精准测量为获取认知的唯一可靠途径。观察、分析、比较和测量是那个时代科学中心的典型特征，卡文迪什则是令人难忘的精确测量的典范。

卡文迪什的持久观察和研究实践并未让他形成地球会随着时间推移而改变和发展的想法。

卡文迪什很少记下研究日期，偶有记录也似乎纯属偶然。他的重要研究成果数十年间会被埋在卧室的手稿堆里。他认为没必要着急，因为他是拿问题直接求教于大自然——而大自然也不急着回答。

是上帝吗?

亨利·卡文迪什、约翰·米歇尔、威廉·赫歇尔和保罗·布格[①]这类博学多才的人类群体，或许是被牛顿派来这世上的。19世纪即将到来，获得更准确、更精确的测量结果不再是鼓舞人心的理想，现在重要的是通过一种新型实验测定各种自然力之间的关系。

① 应为皮埃尔·布格。——译者注

詹姆斯·克拉克·麦克斯韦(James Clerk Maxwell)的才华高深莫测，他的论文直观再现了这些关系的数学发展。他是一位苏格兰物理学家和数学家，1831年出生在爱丁堡(Edinburgh)，1879年逝世，首次揭示出电、磁和光是同一种现象的表现。他将这些力追溯到同一种“物质”(他的说法)，直接引发了对无线电波存在的预言。他的表示电磁学的“麦克斯韦方程组”被称作继牛顿的第一次大统一之后“物理学的第二次大统一”。

如果说卡文迪什代表了18世纪科学研究的某种重要特征，麦克斯韦将成为下一个世纪的主流科学家形象。值得注意的是，麦克斯韦恰恰被聘为新创办的剑桥大学“卡文迪什实验室”的首位教授。他精力充沛，谨慎对待新科研设施；他还整理出版了卡文迪什生前未发表的电学论文。物理学家和诺贝尔奖得主理查德·费曼(Richard Feynman，1918—1988)曾高度评价麦克斯韦，认为他的价值无法超越，“麦克斯韦发现电动力学定律，这将被视作19世纪最重要的事件”。爱因斯坦于1931年也写到，詹姆斯·克拉克·麦克斯韦对物理学现实观念的影响是“自牛顿时代以来物理学所发生的‘最深刻、最富有成果的(转变)’”。世纪之交，英国广播电台就人类史上最重要的一百名科学家进行了一次民意调查，结果发现麦克斯韦排名第三，仅次于爱因斯坦和牛顿。

伟大的维也纳物理学家路德维希·玻尔兹曼在麦克斯韦身后喊出了最优美的诗句。麦克斯韦方程组影响着全世界，面对它们的简单易懂和完美感，玻尔兹曼向惊叹的后人们提问道：

“创造这些符号的是上帝吗？”

一分耕耘一分收获
——尤利乌斯·罗伯特·冯·迈尔

何为疯狂？一个人的理智。

何为理智？许多人的疯狂。

——尤利乌斯·罗伯特·冯·迈尔（Julius Robert von Mayer）

1847 年，柏林出版了一本薄薄的小册子，名为《论力的守恒》（*Über die Erhaltung der Kraft*）。几年后，它将影响到物理学对宇宙的认识——没有这篇论文的推论，将不可能有物理学的大发展和技术思维。作者是一位波茨坦（Potsdam）的军医，22 岁。照片上的他表情严肃，大眼睛，脸形匀称，棱角分明，眼神友善、探询地正视着打量他的人们。早在 5 年前，这位年轻人就凭借有关“显微解剖学”课题的大学毕业论文引起关注，文中介绍了神经节细胞里神经细胞的形成。所有与他打过交道的人很早就感觉到，赫尔曼·路德维希·亥姆霍兹（1821—1894）是个非凡的科学和思想天才。

告别热质

亥姆霍兹的人生道路一开始就取得了意外的成功。他清晰易懂地阐述了力、运动和热能之间的关系。他的思维逻辑性强，让人似乎无法反驳。此前，大多数科学家都认为这些现象各自独立，不少人认为，力是生物物质和有机体自身固有的重要物质。

或者一种热物质——拉瓦锡就发现了一种名叫热质（Calorie）的奇特元素——导致热能的产生。亥姆霍兹借助简单证明认识了所有现象背后的普遍规律："力"——今天我们会说能量——不会消失，它只是按照可以测量的定律转换成了热能或动能。将热能和动能结合起来，孕育出后来的热力学第一定律并对 19 世纪产生了莫大影响。今天，这些基本思想已经成为通识般的公共财富，我们几乎无法恰当地评价这一思想的大胆。力的不可灭定律或能量守恒定律成了第一个普遍适用的现代自然科学定律。

19 世纪前期，物理学刚刚起步。研究和授课都是在私人实验室里进行，它们颇似侯爵的奇珍陈列室。天文学需要固定的大望远镜设备，化学和物理则没有这方面要求。时任皇家学会主席的英国物理学家汉弗莱·戴维（Humphry Davy），因发明防爆矿灯而闻名。当戴维想在旅途中工作时，他就将全部实验室设备装进一只箱子，随身携带。化学家弗里德里希·沃勒（Friedrich Whöler，1800—1882）在柏林的职业学校里实现了他的伟大发现。现今意义上的大学研究所主要在英国、法国和意大利。在德国，物理学"实验"多是在教授的住处进行的。直到 19 世纪中叶，德国才将实验室教育和研究与授课的系统结合引进大学。

科学家们的脑海里也曾经掠过最冒险的想象。比如，人们长期固执地认为，太阳内部早已冷却，只有一层炙热的壳包围着太阳。下列假设也已经讨论很久了：太阳的热能是流星群掉进太阳产生制动形成的。在这种情形下，力的守恒理论也立即招致置疑，那些疑问是传统理论无从解答的。

被低估的发现者

物理学当时被视作不能挣钱糊口的手艺，亥姆霍兹是一个天才的自然科学家，就连他也不得不放弃对物理学的热爱，转学谋生可靠的医学。他的论文虽引起了关注，但并非处处得到认同。读者中有位海尔布隆（Heilbronn）的医生，名叫尤利乌斯・罗伯特・冯・迈尔，他双手哆嗦着拿起亥姆霍兹的论文，比同时代的任何人都备感好奇和紧张。读到的每一行都让他越来越绝望，每个思想都像要夺走一块他的人格，留下失望、痛苦和晕厥。亥姆霍兹论文里的主要思想，难道不是他5年前就在《论力的量和质的测定》（*Über die quantitative und qualitative Bestimmung der Kräfte*）一文中提出过的吗？他的认识多年来不是一直遭遇冷遇、误解和妒忌吗？

1842年，迈尔发表了他的具有开拓性思想的论文，从那以后一直处于“持续的激动状态”。他感觉自己发现了最重要的自然定律。最初他预感到了这个定律，却不能证明。几乎没人听他的；就算有人听，他的能量守恒定律也被否定。现在，在5年的日渐疲惫之后，他在白纸黑字上读到，柏林的一位年轻教授用具有说服力的数学推论简洁明了地阐述了他的论点。但愿这只是一次剽窃！可谈不上剽窃。这篇论文胜过了他的：数学更精确，证据更有力——亥姆霍兹对物理学术语的使用慎重准确，让迈尔再次意识到自己没有接受过物理学教育。

迈尔时年34岁，只比亥姆霍兹大8岁。两人在大学里都学过医学，差不多属于同一代人。他们的生活轨迹刚刚短暂相交，差别就显现出来。没过多久，年轻的医生亥姆霍兹被亚历山大·冯·洪堡从8年军医义务的徭役中解放出来，成了柏林大学的生理学教授，后来任柯尼斯堡（Königsberg）、波恩（Bonn）和海德堡（Heidelberg）大学的教授，最后被聘为柏林物理学教席教授。对亥姆霍兹来说，这篇论文只是他辉煌事业的开始。他所做所想的一切似乎都有直接用处，甚至不可或缺。它们涵括了不同的东西，比如用来生成一个均匀磁场的亥姆霍兹线圈，用来分析声音的亥姆霍兹共振器，有关光学和声学、生理学、医学基础的论文，以及对理论物理学问题的调查和探讨物理学、生理学、心理学和美学之间的联系的论文。他所到之处备受尊重和欢迎。

亥姆霍兹最后一次访问美国时，克利夫兰（Cleveland）总统将他邀请进白宫。几小时之后，施坦威先生（Mister Steinway）又召集了全体员工，感谢公司从亥姆霍兹的声学研究中所学到的一切，又将自己的一架大钢琴赠给了对方。当晚，在刚落成的约翰斯·霍普金斯医院，亥姆霍兹向美国眼科医生协会作了一场具有划时代意义的有关检眼镜的报告。

此时，罗伯特·迈尔已经完成了他最重要的贡献。他还将发表几篇论文，比如《论天体力学》（*Dynamik des Himmels*）、《论发烧》（*Über das Fieber*）、《论营养》（*Über die Ernährung*），但他一生中的重大成就是率先发现了力的守恒定律，就连亥姆霍兹也夺不走他的这一优先权。迈尔把论文翻前翻后，读来读去，可一句也没有提到他。相反，亥姆霍兹说先驱者是卡尔·冯·霍尔茨曼（Carl von Holtzmann，1815—1875），尤其是英国发明家詹姆斯·普雷斯科特·焦耳（James Prescott Joule）。罗伯特·迈尔痛苦地发现，亥姆霍兹一句都没提自己的德国同胞。

迈尔坚信所有人都与他作对，闭口不提他。这种被众人遗弃的感觉深藏于他心底，但失望并未到此为止。他还将面临让他疯狂的“生命中的至暗时刻”。

直觉对分析学

迈尔和亥姆霍兹得出了同样的结果，亥姆霍兹称之为“归纳法”。迈尔是先知，是个直觉敏锐的人，他内心梦游般的预感激励着他。亥姆霍兹是理性的观察者，冷静地思考、权衡，他考虑生活中的所有现象，运用数学方法从中推导出结论；他在生物发酵、腐烂和制造热能的过程中探寻那“不可改变的最终原因”。亥姆霍兹与朋友维尔纳·冯·西门子（Werner von Siemens）和威廉·弗尔斯特（Wilhelm Förster）成立了物理技术帝国研究所（PTR），将计算和发现的一切统一化、标准化。但现在，他的世界还只有波茨坦那所高级中学的图书馆，他的父亲是该校校长。服兵役期间，只要有点空余时间，他就会躲进那里。

罗伯特·迈尔却不是个宅男。迈尔的父亲是位受人尊敬、爱好实验的药剂师。迈尔很早就喜欢走出安逸的小城海尔布隆，去外面的世界闯荡。从蒂宾根大学毕业后，他旅行了一趟，此行成了他一生的冒险，丝毫不比大型发现之旅逊色。迈尔迄今的全部生活，学生时代在父母家花园里所做的研制永动机的实验、氧化铜板的尝试，学医时所做的各种实验以及痛苦的自身实验包括烫伤等，似乎都在为他此行所获得的认识作准备。

忍饥挨饿的随船大夫

受雇于一条船，乘坐它前往南太平洋，这个计划虽然落空了，但背后是否有一个目标明确的本能——想要发现某种将改变自己全部人生的东西呢？1837年10月，迈尔给青年时代的朋友保尔·朗（Paul Lang）写了一封信，提及他的打算：想以医生的身份加入荷兰军队，前往东印度群岛（Ostindien）。1939年6月，他来到阿姆斯特丹（Amsterdam）；1939年9月25日，他被录用为随船军医，为荷兰殖民军服务。在等待上船的日子里，他前往巴黎去听医学课，观看实物演示，直到1840年2月。

1840年2月23日，罗伯特·迈尔乘坐一艘三桅船离开鹿特丹（Rotterdam）港口。那船名叫“爪哇岛”（Java），属于库克轮船公司。此行目的地就是爪哇岛，迈尔要在一年多之后才能回来。

航程中几乎没有分心事。这个年轻的海尔布隆人全身心沉浸在他的思想和图书里。船长塞曼（Zeeman）寡言少语、闷闷不乐，还克扣给养，使得年轻的随船医生有时得饿肚子。迈尔还感觉船长的年轻儿子处处刁难他。船上装载着砖、沥青和一位默默无闻的天才。罗伯特·迈尔在这段时间里天天写日记，记下他的思想、日常生活和信赖他的水手们的全部病情。据记载，“爪哇岛号”于1840年6月11日抵达巴达维亚（Batavia，今天的雅加达），4天后罗伯特·迈尔第一次上岸，23号继续航行前往苏腊巴亚（Surabaya，即泗水）。7月4日，“爪哇岛号”在那里的船坞抛锚。

抵达巴达维亚后，罗伯特·迈尔不得不给船上的多名水手放血。放血时他注意到，在这个纬度，欧洲人的静脉血与土著人的动脉血有类似的红色。他牢记这一发现，还观察到浪尖的温度远远高于平静海面的温度。

两个观察都不新鲜。欧洲人的浅色动脉血现象是沿海医生众所周知的，原因在于炎热。翻滚的波浪比平静的海洋暖和，这在亚里士多德时代就被观测过。天才的迈尔如今显露出他那异乎寻常、近乎“疯狂”的联想能力。当天才和疯狂碰撞时，它能以独特的方式将这些遥远的现象联系起来，得出影响深远的结论。

轮船抵达苏腊巴亚之后，迈尔形成了大量建设性的想法。他注意到血液颜色的变化，分析那是血液氧化的明显迹象[①]。也就是说，每个身体都设法维持恒温，这个迹象一定与体外温度有关。在炎热气候下，身体必须提高的体内温度较少，血液中的含氧量便会增加。所有考虑都围绕着热量、摩擦及其转为机械能之间的关系。迈尔想到了法国化学家安托万·德·拉瓦锡（Antoine de Lavoisier，1743—1794）的思考，拉瓦锡已经将动物热量理解为燃烧过程的结果了。出生于马萨诸塞（Massachusett）沃本（Woburn）的本杰明·汤普森（Benjamin Thompson，1753—1814）几十年前就有过类似想法。逃出美国的汤普森来到欧洲，很快就以拉姆福德伯爵（Graf Rumford）的名字出名了。这位天才总是令人神往，他同时建议在慕尼黑修建英国花园和在英国成立皇家科学院，两件事几乎一样成功。汤普森还曾经试图算出，在一定量的喂食之后，一匹马的工作效率能产生多少热量。

摩擦——迈尔称之为“阻力运动”——产生热量，但如何计算“热量的机械功当量”呢？迈尔的旅行日记里记满了类似思考。最后一个记载日期是 1840 年 8 月 30 日，这一天他去了三宝垄（Semarang）。

① 更准确地讲，是指血液中的含氧量增高。当时欧洲医学家已经认识到血液颜色鲜红，往往表明血中含氧量较高。血液氧化通常是指血液中二价铁离子被空气氧化成三价铁离子。——编者注

然后记录戛然中断了，是划时代的新思想将他征服了吗？

没有任何力会消失

1841年2月，罗伯特·迈尔返回海尔布隆。他后来写道："1841年春天，我从荷属印度殖民地返回，迫不及待地整理和应用我带回的有关动能转化成热能的想法，它们大部分还杂乱无章。我以年轻人的急躁寻找我的新学说……尽快兜售我的想法。当时还有两个主要错误在干扰我的核心思想，不想让我得出有关事物的明确观点……1841年夏天，我将这篇新论文私下给蒂宾根的教授们看了，这个体系里含有许多蠢话和古怪想法，可想而知，是不会留下讨人喜欢的印象的。"但他肯定，世界上的力不会消失或不可能消失，而是每个力都被转化成动能。

迈尔将首篇科学论文《论力的量和质的测定》寄给了出版商波根多夫（Poggendorf），文中存在着缺陷和错误，未能付梓印刷。他多次请求出版商退回手稿也没成功。直到36年后，波根多夫已去世了，这部手稿才在他的办公桌里被人发现，结尾一句是"请看后续"。

1842年，迈尔将修改后的《论无机界的力》（*Über die Kräfte in der unbelebten Natur*）寄给了著名的科学杂志《物理学和药物学年鉴》（*Annalen der Physik und Pharmazie*）。当年5月，迈尔结婚，婚礼期间"年鉴"出版人李比希（Liebig）写了一封亲笔信表示将会发表迈尔的处女作。

迈尔似乎要时来运转了。他满心希望专业领域最终会注意到这些开创性思考，但什么也没有发生。1845年，他又发表了另一篇经过扩充修订的论文，又是无人喝彩，连鼓励的话都没有。迈尔感觉被科学界排斥了。接下来，他将面临5年的恼人纠纷和讨厌的争论、失望和委屈。对这位神经紧绷、易受刺激的医生来说，一点点小事，就连看似带有伤害、威胁或侮辱性的事件都能让他无比激动。

悲伤命运

1847 年 7 月 22 日，市政厅从 6 名申请者中挑选出罗伯特·迈尔担任市立医生。除了自己的病人，他的新任务包括“无偿医治城市低层的公务人员，即护林员、护地员、警察和巡夜员等”。他为此每月获得 150 古尔登的薪水。他感谢这份信任，但这个新职位无法帮他忘记所受的侮辱。多封同时代人的报告都证明了他的精神状况堪忧。迈尔的一位朋友写道：“他的联想能力令人吃惊，每当他幻想出事件的联系和动机，每当他对最近的亲属作出怀疑性的猜测和分析——甚至相信他们会做出最匪夷所思的事情来时，他就坐立不安，穿过家里所有的房间来回奔走，数小时、半天、一夜又一夜，边说边写，几乎不停顿。”迈尔还酗酒，说下流话，让家人忍无可忍。

发作完后，迈尔大多时候是自己安静下来，重新恢复本来面目。最后，他会十分明智，主动或接受亲戚朋友的劝说去一家精神病院。“他从来不是被强迫去这种地方的，以他的性格你也根本强迫不了他。”迈尔自己写道，“他的命运很是悲伤，他丧失了理智，不得不被安顿在一家疯人院里。”

相反，另一位朋友坚信：“如果不是遭到轻视和诋毁，而是能得到某位专家的一句认可和鼓励，他的整个人生或许就会是另一种样子。他能够全神贯注、坚定不移地执着于一个有可能让他出名的事物，这份异禀也成了他不幸的源泉。自娱自乐，赶走脑海里讨厌的东西，通过斥责和抱怨摆脱心理压力，大多数人都有这种能力，而他根本没有。他全部的空余时间以前都交给了自然科学研究，可现在再也没有心情和兴趣那么做了，夜晚也带不来安宁和休息了。我记得他曾经跟我说，要么是他自己的思维不正常，那适合他的地方就是疯人院；要么是他认识到了新颖、重要的真理却未获赞许，反倒饱受嘲讽和羞辱。不存在第三种可能，但两者都同样令人沮丧。”

迈尔的朋友古斯塔夫·冯·吕麦林（Gustav von Rümelin）认为，对是否承认迈尔优先权的争论最终使他的命运发生了悲剧性转折。

其他的命运打击也是一个接一个。

1848年8月，迈尔的两个孩子在六天之内先后夭折。1848—1849年的革命中，迈尔与弟弟起了政治冲突，弟弟很大程度上支持起义者，而罗伯特·迈尔此时已经背弃了他们。最后，迈尔在一次旅途中被起义部队逮捕，被当成奸细，侥幸未被枪杀。

其间，至少有四名蜚声国际的科学家声称自己是力的守恒定律的最早发现者，柏林科学界态度冷漠，这对迈尔的折磨一定更大。最后，迈尔向最高科学机构——巴黎科学院求助，要求承认他最先发现的资格。巴黎科学院没有回复。失望接二连三，一切都在撕扯蚕食着他的神经。这位被低估的发现者转而求助于奥格斯堡（Augsburg）的流行报纸《汇报》（*Allgemeine Zeitung*），要求报社宣布他是第一发现者。几天后，一位不知名的S大夫在一篇文章里冷嘲热讽，痛斥迈尔是半吊子，并取笑他的力与热能有关的想法。

迈尔写信反驳，要求对方赔礼道歉，但报纸出版商科塔（Cotta）不顾迈尔的强烈请求拒绝刊印他的反驳信，李比希的《年鉴》这回也对他态度冷淡。

朋友们安慰迈尔说，新思想开辟道路总是很缓慢的，要他别理睬这件事。“这一切根本没用，他越来越病态。”朋友古斯塔夫·冯·吕麦林报告说，“最后他得了严重的脑炎。他从未有过那种病态的执念——让他丧失正确的自信、对所处环境的认识以及正常的知觉。从声调和话语之间，仍然看得出他的逻辑。‘何为疯狂？一个人的理智。何为理智？许多人的疯狂’……这短短几句话里蕴含着怎样的悲剧啊！罗伯特·迈尔遭遇的可怕命运，他全部的人生道路，都包含在这几句话里。它仿佛是一颗掌握了至高智慧却得不到同时代人理解的生命发出的呐喊。”

这太过分了。一个星期之后，迈尔崩溃了。

在内心烦躁的驱使下，他再也控制不了自己的意识了，厌世又一次发作，他从窗户跳了下去。他自己是这么描述的：

> 1850年5月28日一大早，在一夜无眠之后，我的谵妄突然爆发，我衣服都没穿，就当着刚睡醒的妻子的面，从三楼（9米）高处……跨过窗户跳到了街上。

跳楼后的迈尔幸存了下来，但两条腿摔断了，随后便是痛苦的卧床。不管怎样，他的左脚略跛，会让他终身牢记这个人生低点。

他父亲也死于1850年。

傻瓜迈尔

严重的脑炎一再发作。迈尔不得不寻求帮助，1852年春天，他去的第一家疗养院是埃斯林根（Esslingen）附近的肯嫩堡（Kennenburg）“冷水疗养院”。但疗养院里规矩太严了，他无法忍受，住了一段时间就离开了。有一回他去温嫩登（Winnenden）拜访岳父母，又去找了附近的温宁塔尔“国立精神病院”院长、枢密顾问泽勒（Zeller）博士。迈尔希望找到的是这样一个人：他不指望对方能够帮助他，只希望可以与对方交流他的成果。泽勒显然认为这个古怪的病人是自大狂，但建议他去找自己的大学同学海因里希·兰德勒（Heinrich Landerer），兰德勒正在哥平根（Göppingen）附近将一所从前的洗浴疗养所改建成一家“私人精神病院”。

迈尔称兰德勒是一位“工业”医生。他不喜欢这家医院。希望再次落空，他绝望地前往火车站。“内心的极度焦虑恶化为眩晕”。一位早期的传记作者这样描述当时的情形。医生成功地抓住了刚好失去抵抗能力的迈尔。迈尔反抗，“勃然大怒”；报告里称这是一次“狂暴的谵妄”，迈尔被套上拘束衫。他的妻子匆匆赶来，只了解到他患有“脑炎”，就又离开了，都没能看到他。治疗效果是荒唐的，兰德勒及其助手越是折磨他，“我软弱的性情就越坚定”。是的，尽管部分治疗“毫无意义”，但迈尔摆脱了所有忧郁，从而也摆脱了过度的“基督式谦卑”。

一个季度之后，兰德勒又将穿着拘束衫的病人“拖”回了泽勒。温宁塔尔医院算是进步的，这里对待“捣乱者”和“狂怒者”的方式不同于现已解散的路德维希堡精神病院。这儿的休克式恐吓浴和跌落浴的水疗法很受欢迎。病人有时郁郁不乐，但绝非精神错乱，接下来的 13 个月里，泽勒将对迈尔进行严格管理。于是他继续受到精神和肉体的双重折磨。“我在这家医院待了13个月。”他写道，“遭受了所有能想到的肉体和精神的虐待，直到我成功地迫使他们放我出去。”

直到 1853 年 9 月 1 日，迈尔才重新离开温宁塔尔医院，返回海尔布隆。

没有一位医生能够读懂迈尔，哪怕只是稍微理解他的思想的意义。他徒劳地寻求帮助。尤其严重的是，他的职业生涯被毁掉了。街头的孩子们追着他喊“傻瓜迈尔”——谁会愿意让一位智障者给自己治病呢？迈尔感觉做医生是他的使命，他有一家大诊所，却渐渐失去了所有病人，只剩下家庭成员和好朋友才来找他就诊。诗人尤斯蒂努斯·克纳（Justinus Kerner）是他的好友，曾给他送来一个新病人，让迈尔给其开一种疗效显著的“痛风丸”。可是，就连这种推荐也很少。

温宁塔尔的几个月留下了后遗症。好友吕麦林断定，迈尔的平静性情被破坏掉了：“他认为自己一生都在挨骂和受歧视。”

迈尔的生活中有不少奇事，包括十多年中老有人散布谣言，说他死在了一家疯人院里。他一定觉得人家是想公然活埋他。一家科学报的编辑部坚定地参与其事，将迈尔卷进一场报道，强迫他正式证明他还活着。

发现者姗姗来迟的荣誉

克里斯蒂安·弗里德里希·舍恩拜因（Christian Friedrich Schöenbein，1799—1868）发现了臭氧（1839）和燃料电池（1838），有一天，他从瑞士前来拜访迈尔。这位德瑞双国籍的物理学家和化学家读了迈尔的论文，想向他表达钦佩之情。舍恩拜因出生于梅青根（Metzingen），是巴塞尔（Basel）的荣誉市民，拥有很大影响力的教授。这次鼓舞人心的会晤后不久，迈尔就被聘为巴塞尔自然研究学会通信会员——这是罗伯特·迈尔获得的第一个官方荣誉。

迈尔的生活立刻出现了童话般的转折，舍恩拜因是转折的标志。1854 年，曾经无意之中带给他很大折磨的亥姆霍兹公开向迈尔赔礼道歉，确认了他的领先地位。为亥姆霍兹指明方向的波茨坦高级中学的图书馆里没有迈尔的论文，于是亥姆霍兹在自己的论文再版时撰文说明：

“我是后来才读到（迈尔的）两篇文章，读了之后，再也没有停止思考过……我首先要提到R.迈尔，我要不顾焦耳的朋友们的反对——只要我能代表他们，他们肯定会全盘否认这一点——保护迈尔的权利。”其他人，包括焦耳在内，在别的国家各自独立地作出了相同的发现，之后“做得自然比他更好”，但这丝毫改变不了迈尔的贡献，因为“发明的荣誉归于那个找到新想法的人，之后的实践检验是一种机械得多的成果”。

亥姆霍兹让人刊印出此文时，他回顾了一番。几十年过去了，已经能强烈地感觉到时代进步的速度了，他提醒读者们，“要重新置身于那个时代的思想圈，弄明白此事在当时有多新颖、超前，并非一件易事！”

罗伯特·迈尔的支持者们鼎力相助。约翰·廷德尔（John Tyndall, 1820—1893）是伦敦大学的物理学教授，1862年，他在英国的皇家科学院作了一席报告，无条件地承认罗伯特·迈尔的贡献和先驱地位。最后，在迈尔和英国人詹姆斯·普雷斯科特·焦耳（1818—1889）之间还出现了一场激烈的领先之争。约翰·廷德尔的同胞汤普森和泰特想将这个荣誉给予焦耳，廷德尔在许多出版物里与他俩唱反调，强调是迈尔领先，还请人将迈尔的论文译成了英语。

鲁道夫·克劳修斯（Rudolph Clausius，1822—1888）是热力学第二定律的发现者，他能发现迈尔的论文，间接原因是廷德尔在英国力挺迈尔。廷德尔请求将迈尔的文章寄给他。克劳修斯拿起那篇论文，过了一会儿才翻开，他第一次阅读时曾藐视迈尔的文章。仔细读后，他还是认识到了迈尔思想的根本意义，收回了他对廷德尔表达过的所有藐视评价。后来，恰恰是他发现了热力学第二定律，这让此事弥足珍贵。

迈尔像块磁铁似的，突然引发了漠视他这么久的社会的关注。1858 年，他原先工作的蒂宾根大学授予他荣誉博士，接着众多科学协会也努力争取他成为其会员。1867 年，他还获得了符滕堡（Württemberg）王室颁发的骑士十字勋章，“傻瓜迈尔”就此成为贵族。随后，其他荣誉也纷至沓来。

1871 年，罗伯特 · 迈尔再次住进疗养院。不久，他发现胳膊上出现了一种湿疹，经验丰富的大夫知道他来日不多了——这是肺炎的症状。迈尔在出生地病逝，享年 63 岁。

今天，罗伯特 · 迈尔和他的科学发现对现代自然科学的历史意义已被公认。他在 1842 年提出的能量守恒定律被认为是 19 世纪最重要的自然科学发现之一，一直影响到当代的核物理。

迈尔是第一个敢于提出一个普遍适用、涉及整个大自然及宇宙本身的定律的人，他提出的热力学基本原理至今有效，物理学各领域的解释都离不开其重大贡献。

从塔兰台拉舞[①]到原子
——罗伯特·布朗

苏格兰人罗伯特·布朗（Robert Brown，1773—1858）是他所处时代最伟大的英国植物学家。他在寻找植物新物种的考察途中历经艰险，远远超出一位植物学家所经历的。布朗出生于苏格兰的蒙特罗斯（Montrose），少年时期在阿伯丁（Aberdeen）的一所学院里学习哲学和数学，后来进入爱丁堡（Edinburgh）大学学医。1793年，20岁的罗伯特·布朗放弃学业，去爱尔兰“第五国防军”担任外科医生助手，后靠招募新兵挣钱。但是，自打在苏格兰高原寻找过一回植物样本后，他一生都痴迷于植物。

布朗在伦敦结识了约瑟夫·班克斯，从此生活发生了重大转折。班克斯是位大植物学家，他看出了年轻的布朗对植物的热情，帮他

① 意大利南部一种热烈轻快的民间舞蹈。——译者注

在一艘海军舰船上安排了一个自然科学家的位置。这些考察船是殖民主义的使者，它们驶向陌生的国度和岛屿，测量和探寻新的航线。船长们都不反对带几个这样的“傻瓜”上船，这些傻瓜寻找叫不出名字来的植物、石头、贝类和其他东西。他们当中有的人活泼开朗，学识渊博，为艰苦、单调的船上生活带来活力。值得一提的是陪伴他们的绘图员，他们绘制的植物和鸟类色彩细腻，可谓真正的艺术家。

法国人考虑派遣一支探险队前往南太平洋考察，马修·弗林德斯（Matthew Flinders）说服了班克斯，应该尽快采取行动。英国海军部支持这个决定，安排弗林德斯船长尽快接手指挥“考察者号”，驶向新荷兰（New Holland）。

邀请布朗以植物学家和科学负责人的身份随行，这极大地推动了他的事业。除了植物，他还计划收集矿物、昆虫和鸟类。为了调查新荷兰或者南方之土（Terra Australis），满足心理上的占有欲，王室还给布朗安排了两名艺术家做助手：绘画师威廉·韦斯托尔（William Westall，1781—1850）担任“风景和人物画师”，下奥地利（Niederösterreich）来的斐迪南·鲍尔（Ferdinand Bauer，1760—1826）担任“植物画师”，另外还有园丁彼得·古德（Peter Good）、矿工约翰·艾伦（John Allen）和仆人约翰·波特（John Porter）随行。

乘坐废船考察

鲍尔41岁，是全船中年龄最大的人，其他人都在25岁左右，包括弗林德斯船长。弗林德斯率领的“考察者号”就像是一艘废船。船体不密封，船上永远是湿漉漉的。那是一艘旧船，不知修补过多少回了，甚至不知船体是否会有一块木板是原装的，但海军提供不了其他更好的船了。

布朗年薪420英镑，生活俭朴，他紧跟在自己的资助人兼榜样约瑟夫·班克斯爵士后面起程。班克斯是个具有传奇色彩的人物，他聪明机智，见多识广，热心科学，社会关系广。父亲早逝后，班克斯继承到一大笔财产。1769年，这位后来的皇家学会会长登上了传奇的“奋斗号”。船长是詹姆斯·库克（James Cook），他已经凭这艘“奋斗号”为英王室占领了澳大利亚。班克斯雄心勃勃，想建立全世界最大的植物收藏库。此外海军部还有一些特殊愿望，比如要求库克研究清楚澳大利亚到底由多少岛屿组成。此次考察之旅原计划3年，除了澳大利亚、新西兰和新几内亚，还要去火地岛（Feuerland）和塔希提（Tahiti）等许多神秘且陌生的地方。班克斯的随行人员中有3名绘画师、1名科学助手，以及从自己庄园上带来的2名佃户、2名厨子和至少2名黑人仆人。他私人出资1万英镑资助此次冒险远航，这相当于今天的100万欧元。

考察旅行并不顺利。“奋斗号”先是触礁了，面临沉没的危险。在连续数日排水后，船身勉强漂浮起来，班克斯和库克也参与了救援。随后发生的事情就像数数诗里描述的：考察队员们相继死亡。最终返回时9名成员只剩下3人了：班克斯本人和2名佃户，其他人都被高烧夺去了性命。

多年后，布朗也将亲身感受航行的危险。“考察者号”不密封的缺陷很快就造成了麻烦。潮湿渗透了一切，最后也毁了纸张、绘图和晾干的植物。

抵达好望角（Kap der Guten Hoffnung）之前，旅途一切顺利。他们在西澳大利亚海岸登陆，意外地来到了世界上最丰富的植物带之一。植物种类之繁多，让他们很难逐一取新的名字。他们收获了500多种植物，数量还在继续增加。3天后，他们在幸运海湾（Lucky Bay）发现了 100 多种植物，在新南威尔士州（New South Wales）的南海岸发现了大约 400 种植物。

他们抵达新南威尔士州的杰克逊港（Port Jackson）时，又有 700 多种植物被运上船来。停留数月后，“考察者号”扬帆驶向威尔士王子岛（Prince-of-Wales-Insel），他们测绘了卡奔塔利亚湾（Golf von Carpentaria）。此时，船体已经锈迹斑斑，只要遇上一场较大的风暴就会有沉船的危险。弗林德斯船长终于决定结束海岸考察，经帝汶（Timor）驶回杰克逊港。老鼠的啃咬和潮湿已经毁掉了布朗的大部分绘图。幸好“考察者号”又可以扬帆驶回杰克逊港。弗林德斯起程回国，准备开一艘新船过来，将布朗已经搜集到的植物和种子运回英国去。

8 月 10 日，布朗以旅客身份登上“海豚号”轮船。不幸的是，“海豚号”及其护航舰都触礁了。船上人员大多获救，可布朗的所有绘图和材料都沉到了海底。

弗林德斯再次设法返回英国，1803 年 12 月初，他被毛里求斯的法国政府逮捕，7 年后的 1810 年 10 月才获释。

布朗和斐迪南・鲍尔继续搜集植物。我们得停下来讲述，来向鲍尔的杰出才华和孜孜不倦致敬。旅途中，他绘制和着色了 2000 多种澳大利亚植物。其间，布朗造访了塔斯马尼亚（Tasmanien），他原本只想在那儿待几星期，结果却待了差不多一年。

最终，在不计其数的小型考察之后，他们乘坐重新修好的“考察者号”驶回英国，船上的潮湿却丝毫未减。经过 5 个月令人心烦、并不惬意的航行之后，1805 年 10 月 13 日，“考察者号”抵达了利物浦（Liverpool）。布朗写到，尽管有诸多痛苦，他还是“认为自己运气好，将差不多 3000 个物种带回了家”。他们此行外出了 4 年，其间只有一只袋熊被活着运回了英国。

腼腆的植物之王

那次考察已经过去了 27 年，人们认为布朗取得了植物地理学的开拓性成就，视他为英国最伟大的植物学家。他的《新荷兰的未知植物》（*Prodromus Florae Novae Hollandiae et Insulae Van-Diemen*）包括近 1000 个物种说明，出版后在全欧洲受到热烈欢迎，整整半个世纪都被当作“有史以来最伟大的植物学著作”（约瑟夫·胡克，1859 年）。

成功仅仅是硬币的一面。在植物爱好者和收集者圈子里，也盛行着猜忌和忌妒。比如，布朗是最出色的山龙眼科行家，他在澳大利亚之行后发表的首篇论文就谈这个。有关这个物种，还没人写得出更出色、更全面的专题论文来，他本人在澳大利亚就发现并运回了英国 200 多种。它与 1810 年的其他论文一道使布朗声名远播，成为杰出的植物学家。对植物的细致描述和归类的基础是分类学，即取名，在命名的同时确定每种植物的属、科等。但布朗发现，另一位研究山龙眼科“多年”的植物学家，窃取了自己尚未发表的研究成果，这导致后来两人终生绝交。

布朗，这位植物之王、世界上最大的植物标本馆管理员、班克斯的藏书丰富的图书馆的管理员，在班克斯去世后拒绝接任皇家学会会长一职，却在 1849 年成为林奈学会的会长。班克斯身后将所有收藏赠予了大英博物馆，在他生前，人们经常可以看到布朗坐在他家的客厅里。为了纪念约瑟夫·班克斯爵士，那里的一切都原封不动，像他生前一样：橱板被沉重的图书压弯了，到处都摆满石头、碎矿物和考察旅行的收藏品。在这里，人们可以遇见布朗，他变得越来越腼腆。布朗曾经两次胆怯地试图接近女性，其中一次已经到了申请结婚的地步，最后均未成功。人们很少在街头看到他，每次偶见时，他总是身着破旧的黑衣服，低垂着头——这形象可不怎么吸引人。或许，他也想逃避好奇的目光，不想让人看到他那明显变厚了的下唇吧。

像个踉跄游荡的醉汉？

罗伯特·布朗在1827年的一个观察，其意义盖过了他之前研究和发表的一切。当时他已经54岁了。他观察到，水面漂浮的微细花粉粒一直不会静止，不管经过多长时间。这个观察貌似乏味，却让今天的人们记住了他。

当时，也许只有他能看见这一奇特的行为，别人都没有他这么多使用显微镜的经验。就连查尔斯·达尔文（Charles Darwin）也会数小时坐在布朗身边，看着他用显微镜进行检验。1854年，达尔文为布朗所致的悼词，促使他最终公开发表了自己藏匿几十年的有关物种起源的著作。

一开始，罗伯特·布朗认为那些无规则地来回游动的粒子是微生物。它们最多有1μ，即百万分之一米。伽莫夫后来将它们的动作比作一位醉汉的动作——他不分方向、踉踉跄跄地穿越城市，每当撞到一根灯柱就改变方向。用一台老式放映机照射四下颤动的尘埃，在光柱里也可以观察到这一以布朗名字命名的无规则运动。

布朗猛然醒悟，意识到现象背后蕴含的原理超过了他的理解能力。布朗生性拖拉，出版人和新闻记者越来越不信任他，他什么都往后推，然后拿“天生懒惰”请求理解，说自己也无能为力。但这回他不再浪费时间了，他要发表自己的观察。这篇论文于1828年由私人印刷出版，题为《关于利用显微镜观察的简单描述》（*A Brief Account of Microscopical Observations*）。布朗在文中报告说，在观察了一种落有克拉花花粉的液体里乱动的粒子之后，他检查了其他许多植物的花粉粒，既有活的也有死的，发现了与新鲜花粉十分类似的运动。继续检查有机和无机物质，粉状的或溶于水的，都会发现，那是一种普遍运动。

一年后，在德国海德堡召开的自然科学家大会上，布朗展示了他的成果。不过，当时没人能够理解和解释“布朗运动”。人们得耐心等待，直到伯尔尼联邦专利局一位名不见经传的检验员来解释原因。

爱因斯坦、布朗运动和原子

1905年，阿尔伯特·爱因斯坦发表了关于微粒运动的论文。他从运动热能理论出发，推论液体里的热能运动必定导致显微镜可以看到的悬浮（溶化在液体里的）粒子的运动。

人们很早就认识到，给粒子所在的水加热，温度升高，运动也就加快。简言之：温度越高，运动越多。同时，爱因斯坦估计该运动与布朗运动一致。他将跳塔兰台拉舞的花粉的无规则行为诠释为原子和分子的存在证明。没过多久，让·佩兰（Jean Perrin）就通过实验证明了爱因斯坦的猜测。他肯定，“（能够）用实验证明布朗运动的分子论，这样，要否认分子的客观存在就相当困难了”。

如今，数学家和物理学家们视布朗的观察为原子存在的不可辩驳的最早证据，可以用越来越精确的方法来理解和计算这一无规则运动。

直至1900年前后，人们都拒绝承认原子，“原子论”也普遍遭到排斥。在德国和法国，马克斯·普朗克和著名物理学家亨利·庞加莱（Henri Poincaré，1854—1912）都持反对立场；然而，在英国和荷兰，该学说获得了支持和赞成。

1895年，年轻的物理学家阿诺尔德·索末菲（Arnold Sommerfeld，1868—1951）亲身经历了一场长达两天、精彩绝伦的有关“原子”的激烈辩论。在一次德国自然科学家大会上，反对“原子”观点的“唯能论者”与好斗的单枪匹马勇士路德维希·玻尔兹曼针锋相对。菲力克斯·克莱因（Felix Klein）给维也纳理论物理学教授玻尔兹曼担任助手。唯能论的代表是威廉·奥斯特瓦尔德（Wilhelm Ostwald，1853—1932）和德累斯顿（Dresden）的理论物理学家格奥尔格·赫尔姆（Georg Helm，1851—1923）。恩斯特·马赫不在场，他和玻尔兹曼是奥地利的大学同事，也是终身对手。马赫的立场人人知道，他经常强调，他认为感官无法感觉到的原子是纯粹的思想产物，只是个幻象而已。

索末菲——海森堡和泡利这两位神童的博士生导师认为，威廉·奥斯特瓦尔德和玻尔兹曼的斗争，就像公牛与敏捷的击剑手的斗争。尽管斗牛士身怀剑艺，这回却是公牛战胜了斗牛士。玻尔兹曼的论据更具说服力。当时年轻的数学家们站在玻尔兹曼一方：从一个能量方程式是不可能推算出哪怕一个质点的运动方程式的——这在我们看来是不言自明的。

物质是由原子和分子组成的，人类自身也是如此。当爱因斯坦1905年发表有关“分子运动”的认知时，几乎没再引起关注，人们认为爱因斯坦只不过讲出了一件理所当然的事情。

这里顺带提一下布朗的另一个划时代发现。1831年，借助不断改进的显微镜，布朗第一次看到一个细胞核，他给这个物体取名为“nucleus”，拉丁语相当于“核”的意思。

8年之后，德国的台奥多·施旺（Theodor Schwann，1810—1882）才认识到，细胞是生命的组成部分。还需要再等二三十年，直到路易·巴斯德（Louis Pasteur，1822—1895）的几篇开拓性论文发表之后，下列认识才得到肯定：生命不会自动产生，而总是形成于现存的细胞。这一理念构成了现代生物学的基础。

破解太阳的条形码
——罗伯特·本生和古斯塔夫·基尔霍夫

那俩人看似亲密无间，却又一点儿也不相配。人们每天都能看到他俩在布雷斯劳（Breslau）主街上散步，其中一位是罗伯特·本生，他身高差不多1.9米，肩宽，体胖，给人淡泊、随和的感觉。本生的一张圆脸上长满了胡子，头顶一根黑油油的炉管，被人们取绰号为“大礼帽”。小步奔跑在旁边的那人要年轻得多，至少比本生矮一头，身材小巧、单薄，像个中学生；脸庞线条细腻，其轮廓让人想到席勒（Schiller）；讲话细声细气，显得内向拘谨。1851年，极不相称的两人在布雷斯劳相识，当时罗伯特·本生40岁，古斯塔夫·基尔霍夫27岁。

“蝾螈一样的”本生

在整个欧洲——不仅在德国——的化学家当中，罗伯特·本生

(1811—1899)都是个名人。他攻读过矿物学、化学和数学专业，1831年就获得了博士文凭，当时才20岁。本生是哥廷根大学首席图书馆管理员、后来的现代语文学教授的“四公子”之一，他得到一份助学金，可以进行3年的考察旅行。在德国的“教育旅行”中，他大多时候是徒步完成的。比起乘坐邮政马车这种“累人、快速的旅行”——“以那种方式旅行时，物体从你身旁飞速掠过，你先得习惯切换印象画面，才能稍稍集中注意力而非麻木地忍受它”——徒步方式更经济实惠。

本生参观了许多工厂，包括卡塞尔(Kassel)的亨舍尔公司(Henschel)，那里有德国最早的蒸汽机。在吉森(Gießen)，他结识了尤斯图斯·冯·李比希(Justus von Liebig)，在柏林他与化学教席教授艾尔哈特·米切尔利希(Eilhard Mitscherlich)交上了朋友。费里德利布·斐迪南·龙格(Friedlieb Ferdinand Runge)将因发现苯胺、酚和最早的焦油材料而闻名世界，他给本生留下了特别的印象。本生描述了这位“怪才”生活中的一个美妙画面。他们是在龙格家里相遇的，当时龙格躺在沙发上，穿得像个补鞋的伙计，鬈发披落肩头，“一只手过滤着沉淀物，另一只手翻弄着搁在一盏化学灯上烘烤的几颗土豆。我在他那里看到了许多新鲜有趣的东西”。

本生的旅行经由瑞士前往奥地利和法国。在法国，他在伟大的约瑟夫·路易丝·盖-吕萨克(Joseph Louis Gay-Lussac，1778—1850)的实验室里进进出出。这段遥远的路程他又是徒步完成的。旅程结束后，他先是回到故乡做教师，后于1836年来到卡塞尔中级职业学校接替弗里德里希·沃勒尔(Friedrich Wöhler)任教，再后来成为马堡大学(Marburg)的正教授。不过，这里的“普鲁士气氛”让他感觉不爽。本生是个无畏的“实验主义者”，他不怕在自己身上做实验。

危险一直吸引着他或寻找着他。1836年，一次化学实验时的爆炸炸掉了他的一只眼睛；几年后，他险些在冰岛（Island）被间歇热水喷泉烫伤。他对冰岛间歇热水喷泉和海克拉（Hekla）火山进行了长达6个月的考察，在温度较高的喷泉喷水时提取水样，进行了大量的温度测试。人们将失去知觉的他拖出实验室——这次他又砷中毒了。瞧瞧他的双手都成了什么样子啊，他是怎么伤害它们的啊！他为他的“耐火实验室手”而骄傲，它们满是疤痕，好不容易才能戴上格拉塞手套（Glacé handschuhe）[①]。他喜欢当着学生们的面将他的手指在不发光、炽热的煤气炉火焰上搁几秒钟，直到教室里弥漫着一股角质烧焦的气味。

“诸位，你们看看！”他平静地说，“这个位置的火焰有2000度。”

本生经常亲自吹制实验需要的容器和梨状瓶，迫不及待地用双手抓起烧得红通通的玻璃。他的工作人员，那位英国化学家亨利·罗斯科（Henry Roscoe），对本生抓住烧红管子的“蝾螈一样的力量”颇感惊奇。他的手指常冒着烟，罗斯科连续几年都会闻到“被烘烤的本生”的气味。

“尤尔小亲亲”基尔霍夫和自我怀疑

古斯塔夫·基尔霍夫没有这种疤痕可以展示。他身上毫无冒险气质。相反，他热爱数学，可以用数学公式和符号探究大自然。他代表着一种新型的科学家，数学于他就像一种语言。学生时代，基尔霍夫在柯尼斯堡就有过了不起的发现，以至于他获得了可以抵消

① 一种用柔软的山羊皮或幼山羊皮革制成的、具有轻微光泽并可水洗的白色手套。——编者注

整个考察旅行费用的奖励。在一篇读书报告里他写下了封闭电路电流分路的基本规则。这一认识具有划时代的意义，让他22岁就获得了博士头衔，但在实践当中，这些规则的深远影响很长时间里未能得到认识。还要过上20多年，才有一位法国电报工程师将它们利用起来。它们先被用于加莱–多佛尔（Calais-Dover）海底电缆的铺设，1870年开始就被应用于电报线路的建设了。今天“基尔霍夫定律”每天都在得到应用。成功姗姗来迟。可是，由于身高矮了几厘米和数学成绩不理想，基尔霍夫从青年时代起就饱受自我怀疑的折磨，这一成功也没能消除它。他的母亲嫁给了司法顾问基尔霍夫博士，因为儿子的小巧身材和女性特征，她喜欢叫他“尤尔小亲亲”，可她显然不知道，这么叫对他造成了何种伤害。18岁那年，基尔霍夫向哥哥奥托承认，他的瘦弱身材多么让他烦恼：“我最恼火我的矮小，如果身材与我的年龄一致的话，我在大学里会开心得多。”

另外，基尔霍夫正处于开始怀疑自己所有能力的人生阶段，他不止一次地问自己：“我是否真的要以数学为职业，彻底放弃这个曾给过我许多快乐的学业会不会更好？”

一位同事认为，基尔霍夫成年后也无法完全摆脱缺乏自信。可谁也不应被他轻细、内敛的声音迷惑。在科学辩论中，他凭借清醒的头脑控制场面，却没有表现出他的优越感，也不咄咄逼人。

早期的名声很快消散，基尔霍夫运气不佳。获得博士头衔后，他前往柏林，在那儿的大学里却一事无成。作为无薪讲师的他过着默默无闻的生活，1850年，布雷斯劳大学提供了一个薪水很低的助理教授职位，他感到很高兴。但他的处境仍很绝望。他讲授物理学入门课，其他时间都投入欧姆定律和“电学”研究。他找不到志同道合的同事，似乎没有人注意他。

化学界的梦幻二人组

此时的本生已然是个地位不容忽视的人，正准备成为化学明星。布雷斯劳大学运气好，命运至少将本生安排去了那里三个学期。

本生是在一次常规课堂上认识年轻同事基尔霍夫的。一天下午，也许是出于对认识新人的好奇和礼貌，也许是直觉让这只长着深色胡子的“独眼熊”坐在了第一学期的新生中间，倾听这位年轻教师的讲课。这一相遇诞生了化学界的“梦幻二人组”，赠给我们一次神奇的“唤醒”和一段伟大的男人间的友谊故事。后人将会说，本生最重要的发现就是发现了基尔霍夫。

打这一刻起，这两个男人就形影不离了。直到告别布雷斯劳，本生都没有错过一节基尔霍夫的课。他很快就养成了习惯，听完基尔霍夫的课后与其他教授一起聚餐。也许此时，本生就暗地里给予基尔霍夫经济支持了。基尔霍夫当时的薪水低得让他连喝杯啤酒都困难。想拜访基尔霍夫的人多了起来，但基尔霍夫并不喜欢。想结识基尔霍夫的科学家们请求与他会晤，他既不想老是受人请，又无法自己支付这份花销，便向大学管理委员会递交了一封呈文，申请一小笔费用来支付他的膳食，却遭到了拒绝。

人们每天都可以看到这两个不相称的莫逆之交在一起长时间地散步、看戏或郊游，交谈似乎从不会中断。本生说：“与基尔霍夫散步时，我的思维总是很活跃。”基尔霍夫也朝气蓬勃起来。

1852 年，本生接到了海德堡大学的召唤。聘请谈判时，他证明了自己是个老练的谈判家，不仅成功地谈妥修建一座新化学楼，还得到了所有大学教师里第二高的薪水。但他最大的成功是为支持无名的古斯塔夫·基尔霍夫所走的一着棋。最后，本生告诉留下的朋友一个惊人的消息，他将成为一座独立的、研究不受干涉的物理研究所的所长。

这对基尔霍夫是巨大的一步，他可以就此走出布雷斯劳这所官僚的、狭隘的地方大学，走进一个科学界认可的国际科学中心。基尔霍夫获得了一个正式的教授席位，薪水由在布雷斯劳时的 1050 弗罗林提高到了 1600 弗罗林，另外有 400 弗罗林的住房补助。

1854 年，基尔霍夫动身前往海德堡。两位老朋友终于可以恢复他们原先的生活习惯了，唯一的区别是现在他们每天的郊游变成了去“哲学家小道”（Philosophenweg）或沿内卡河（Neckar）散步。3 年后，基尔霍夫娶了克拉拉·里奇洛（Clara Richelot），他曾经的数学老师的 17 岁的女儿。他上次见到克拉拉还是在她 10 岁的时候，有一回他去故乡柯尼斯堡旅行，这次又与她重逢了。

“递上我的求婚信……真不容易。”他写信告诉至交好友亥姆霍兹说，“因为我只是三天前匆匆地见过她一面。”

热爱生活的克拉拉迅速融入了海德堡的世界，在那里很快就大受欢迎了。他们婚姻美满幸福，生了 4 个孩子。本生则无法忍受结婚的想法。“老天保佑我，不要让我每天夜里回家，然后每级台阶上坐着一个未长大的孩子。”本生可以这么宣布，许多熟悉这个单身汉和他居所的人，一定赞成他的想法，因为他家的两个台阶各有 24 级。

历史学家路德维希·豪斯勒（Ludwig Häußler）是本生的密友之一，他戏称本生是基尔霍夫的“前妻”，可不久，克拉拉就成了联盟里的第三位了。三人全都加入了一个阅读小组，分角色朗诵歌德、席勒和莎士比亚的剧本。圣诞节时，“枢密顾问伯伯”——孩子们这么叫本生——会抱着一捧礼物过来，身后跟着一位抱着其他礼物的研究所工友。

在实验室里，通常有六七十名大学生围坐在本生周围，与他们交往是本生的生活日常。白天他是关怀备至、乐于助人的总管，从一张桌子走向另一张，看看一切是否正常。他帮这位计算量气管校准表，又向另一位指出为什么不能成功地分离锰和铁，再教会第三位一种洗净沉淀物的新方法，演示圆管的制作——然后，他又坐到“吹制桌”旁。本生是一位经验丰富的玻璃吹制工，一次，他制作了一只十分复杂的玻璃仪器，将它递给一位学生。不幸的是，那位学生将仪器掉到了地上。大师一声未吭，开始制作第二只玻璃仪器。当他将它转交给学生时，倒霉的事又发生了。本生眉头都没有皱一下，又开始吹制第三只，再交给那位学生。

本生最爱与人分享丰富的生活乐趣。不仅白天里谁都能找到他，有时他甚至扮演家神（Heinzelmännchen）① 的角色：有些学生晚上中断实验，离开工作台，打算第二天继续干，次日早晨他们会发现，像是有神灵在夜里出手相助，替他们将实验完成了。

“为什么是海德堡？我的天，本生在那里啊！”

多年来，约有 3000 名大学生在海德堡学过化学，许多人是跟着本生学的。他直接和间接的学生中有 20 多人获得了诺贝尔奖。这些学生来自世界各地，包括季米特里·门捷列夫（Dimitri Mendeléev）这样的科学界重量级人物——这个来自西伯利亚北部、具有传奇色彩的卡尔梅克人（Kalmücke）能够预言和描述那些从未有人见过的元素，元素周期表的制定就要归功于他和尤利乌斯·洛塔尔·迈耶尔

① 传说中的家神身材如侏儒，帮助人做事。——编者注

(Julius Lothar Meyer)。

随着岁月的流逝，本生成了学生们尊敬的偶像。他不仅受人尊敬，名望也几乎家喻户晓。比如，在伊凡·屠格涅夫(Ivan Turgenev)的笔下，就有这么个说法：“为什么是海德堡？我的天，本生在那里啊！”[《父与子》(*Väter und Söhne*，1862年)]。

对于海德堡的市民来说，本生是全城皆知、广受欢迎的人物。人们悄悄讲述他的怪僻：这位令人尊敬的“大公爵的枢密顾问”能够提供天才的分析，解释为什么钠经过数百万倍的稀释也能到处分布；日常生活中，他却笨手笨脚，像个孩子。有一回去山里徒步，本生穿了一双超大的鞋，他的解释是自己的右脚拇指比左脚的长得多。如果穿错了鞋——这是常有的事——过上一段时间，脚就会疼得无法忍受。有了这双超大的鞋，麻烦就解决了。

在本生的生活里，秩序这个词只适用于实验室。在家里，收到的信和包裹他拆都不拆，都扔进一个空房间里等待处理，每隔几星期会由一位仆人查看堆积的邮件，挑出重要的再递给他。另一个房间里沿踢脚板收藏着几十双他穿破的鞋。他几乎从没有主动邀请过谁，如果有，那也是极其罕见，以至于系里的一群女人有一回占领了这个单身汉的房子，准备好一切，然后邀请他回自己家。

为了应对这个“光棍汉的杂乱无章”(路德维希·豪斯勒)，他的朋友们想为他找个有文化的女管家。本生表示反对，可大家早就有目标了。人人都在谈拉巴布拉(Rabarbula)，说她不久就会来帮本生创造一个整洁的家，比学舍管理员的家还要整洁。人们已经在赞美她了，却就是不见拉巴布拉露面，只是一直听到有人威胁说：“你尽管等着吧，拉巴布拉快要来了！”

赚钱真恶心

本生是个不知疲倦、不懂得爱惜自己的劳动者，他发表的科学作品之多令人肃然起敬。他拥有跨学科思维，富有创造性，融会贯通地质学、物理学和数学知识。他有一句名言："不是物理学家的化学家什么也不是。"为此，他花费了很多时间从事工业和地球化学的实地研究。他通常天不亮就起床，撰写科学论文。

本生将他的碳锌电池带去了海德堡。现在，他可以通过电子分解将化合物溶解成它们的单独成分，分离成锰、铝、铬、锂等纯元素。他这样的学者都自认为是为人类进步服务的仆人。就像玛丽·居里、迈克尔逊和其他科学家一样，他想将获得的认识交给人类，不为自己申请专利权。比如本生推荐的冶金工业改良就为全欧洲省了相当多的钱。法国工厂主靠他发明的燃料电池挣了很大一笔钱。本生十分恼火那些靠研究成果获得经济好处的科学家，可今天谁还会认可他的座右铭"劳动很美，可赚钱真恶心"呢？

像其他许多东西一样，本生的碳锌电池早就被遗忘了，但他将在海德堡发明出一种实用工具，它是每一座化学实验室里必不可少的，发明人的名字至今仍留在人们的记忆里——以本生的名字命名的煤气灯可用来加热各种液体，它有个无法取代的关键性优点：能产生一种热的、完全无色的火焰。正是这个灯，将陪伴本生和基尔霍夫完成他们最轰动的发现。

谦逊是本生的第二天性，伟大的谦逊会掩盖掉所有这些成就。他在讲课时，从不将他的名字与某个发现联系在一起。相反，他一直说："人们发现……"如果无法脱身出席勋章规定的某个正式场合，即使夏天，他也将荣誉勋章和奖章藏在一件外套下面；当他快步走在城里时，他就扣起外套。后来，他承认说："这些东西对我的唯一价值是我母亲很喜欢它们，可现在她死了。"

为了修建新的研究所大楼，本生带着随从人员，包括助手、辅导员、机械工和想在他身边工作的许多大学生们，搬进一座废弃的修道院。这座古老的教堂变成了一座化学研究所，食堂被用作主实验室和仓库，祈祷室用于上课，壁龛变成了工作室。他们从院里的古井里抽水，安装煤气之前，研究人员都是用酒精灯和炭火加热试管里的化学溶液。本生总会在实验时吹制特殊的玻璃试管，他期望所有学生都能掌握这一项技能。"我们脚底的石板下睡着死去的僧侣，我们将垃圾扔在他们的墓碑上。"罗斯科曾经说道，想到这儿他就有点不舒服。

基尔霍夫和手机的光速

在"巨人之屋"里，基尔霍夫也没有从事实验的理想条件，他抱怨"巨人的底层房间出租给了一位商人，里面有时存放着农作物或类似货物，必须经常把它们翻动。翻动时整座房屋震动得如此厉害，必须放弃已经开始的实验"。

基尔霍夫在专业上丝毫不输给本生。他在海德堡的第一篇论文就非同凡响。论文名为《论电在金属线里的运动》(*Über die Bewegung der Elektrizität in Drähten*)，用纯数学方法得出结论，电流在金属线里以光速波状传播。1888 年，他的学生海因里希·赫兹(Heinrich Hertz，1857—1894)通过实验证明了这一理论说法。从此我们可知，我们在手机上的通话是以光速传播的。

除了海因里希·赫兹，马克斯·普朗克是基尔霍夫最有名的学生。普朗克曾对柏林大学两个影响深远人物的报告风格作过一番比较。

亥姆霍兹讲话多是断断续续，经常停下来，在他的小本子里翻来翻去。他不仅表现得没有事先准备，“他在黑板上总是算错，我们的印象是，他自己在作报告时与我们一样感到无聊”。

基尔霍夫从不这样。他的讲课和报告思路清晰，数学证明完美，是精心准备的杰作，堪为楷模。可这一切像是学得滚瓜烂熟似的，干巴巴的，很是单调。普朗克写道：“我们钦佩演讲内容，但不钦佩演讲者。”尽管如此，各地的大学生还是纷纷被吸引了过来。基尔霍夫的课程繁多：每星期，他要讲 6 小时实验物理课，3 小时理论物理课和有关流体动力学、弹性学和磁学等专业的特殊课程。这些还不够。他还有机会研究实用物理问题，能够用理论概括一个个实验结果。他的学生包括诺贝尔奖得主加布里埃尔·李普曼，超导性发现者海克·昂内斯（Heike Onnes），托马斯·曼（Thomas Mann）的岳父、数学家阿尔弗雷德·普林斯海姆（Alfred Pringsheim）；连当时已经获得博士学位的路德维希·玻尔兹曼也赶来海德堡听基尔霍夫讲课，参与课堂讨论。

蛇形曲线之谜

人们一次次发现，加热时元素会出现一种独特的颜色。早在 19 世纪 30 年代就有过接近光谱分析的实验，但没对这一现象进行系统研究或得出具体推论。

现在，本生使用颜色分解液和杯子，从它们的有色火焰过滤出混合物质中的一个个元素，使用钴玻璃和靛溶液进行证明。当本生将这些昂贵的实验讲给朋友们听时，基尔霍夫劝他对火焰中发亮元素的光进行光谱分析，以便更好地鉴别和研究。1859 年夏天，这个决定性建议促成了今天的光谱分析。

在“光谱分析”这个大的框架下，许多分支学科得到快速发展。“光谱分析”的目标是要用最新设计的台式仪器揭开相距 1.53 万千米的太阳的秘密。“眼下我和基尔霍夫正忙于一桩共同的工作，它让我们没空睡觉。”从这样的信件内容里，我们可以感觉到两位科学家有多么激动。

除了本生和基尔霍夫，这场冒险的 4 位参与者还有卡尔·奥古斯特·施泰因海尔（Carl August Steinheil，1801—1870）以及约瑟夫·冯·夫琅和费（Joseph von Fraunhofer，1787—1826），前者在慕尼黑创立了以自己名字命名的“光学和天文学作坊”，后者是物理学家、光学仪器制造者和他那个时代无人能及的高技术棱镜制造者。

在研究太阳成分的光谱考察中，怎么评价夫琅和费的贡献都不为过。这位天才是自学成才的，在 19 世纪初做了和牛顿一样的光谱实验。实验中，他可以使用的棱镜要好得多。令夫琅和费震惊的是，他发现有数百条细细的黑线穿过呈现在他眼前的“彩虹”，即后来所谓的“夫琅和费线”。这一现象还要等上几十年才能得到解释——直到基尔霍夫的到来。

基尔霍夫认为，元素研究的关键就在长长的、神秘的夫琅和费“蛇形曲线”里。他从一开始就估计在蛇形曲线的模式和元素的光谱之间存在直接的联系。因为各种金属盐蒸发时都可以看到独特的“发射光谱”，而铁的淡色线与典型的 D 类夫琅和费线吻合。“我永远不会忘记，”一位目击者描述这一发现说，“当我在主街老物理研究所的后室透过基尔霍夫支在那里的优质分光镜观看，看到铁的光谱的浅色线与太阳光谱的黑色夫琅和费线重合时，我是多么印象深刻啊。”

后来发生了一件事：一次实验时，他们将食盐火焰放在摄谱仪前面，照亮太阳光谱的黑线。令众人大为震惊的是，它们变得比先前黑得多。这背后可能隐藏着基尔霍夫所说的“大事情”。

基尔霍夫的解释是：某个特定波长的光一定能够吸收同样波长的射入光线。

现在，基尔霍夫可以从观察中推论出他的基本定律了。根据这个定律，“所有物体，在相同波长、相同温度下，光线的放射能力与吸收能力的比例相同”。

对于夫琅和费线的形成，现今的解释大致是这样的：

完全由气态物质组成的太阳意外地发射出一种连续光谱，是因为原子太过密集，相互之间没有空隙，它们自己在运动时必然会影响到相邻的运动者（Spieler），或受到它们的影响。[①]

难闻的气体和伟大的期望

太阳光最外围的色球层由极薄气体组成，它产生的色调确实是纯洁的。当色球层——太阳的密集体——的连续光谱进入光球层时，那些与存在于色球层里的元素相符合的波长就会被吸收、分散，让深色的夫琅和费线出现在原先纯洁的虹上。

只有通过它们，才能找出太阳的组成元素。

基尔霍夫和本生的第一台临时光谱色仪不够完备，研究失败了。

不过，对好胜的天文物理学家们来说，这个设备很快就不够用了。他们在 1859 年 11 月 19 日询问精密机械制造师和光学仪器制造者施泰因海尔，能否提供一台合适的光谱仪——基尔霍夫、本生和施泰因海尔之间的友谊就此开始了。4 月 3 日，两位科学家造访了施

---

① 所谓夫琅和费线，是指太阳上层元素对连续光谱吸收造成的光谱暗线。——编者注

泰因海尔的作坊，观看了设备。1859 年 11 月 19 日，施泰因海尔在日记里记道：

> 基尔霍夫和本生想要一台大型仪器来测定固定的光谱线。我答应了，圣诞节等他们来。

他们 12 月 28 日抵达，同施泰因海尔商谈制造一台大型色谱仪的事。基尔霍夫建议前后使用多个棱镜，以实现光谱的高分辨率。当天下午，施泰因海尔就造出 4 台设备，尝试性地使用了 4 英寸的棱镜。第二天，他们尝试使用 45 度折射率的 24 英寸棱镜，用它观看了不同的夫琅和费线。基尔霍夫和本生留在施泰因海尔那里用午餐。之后，基尔霍夫订购了有 3 个或 4 个 45 度棱镜、可视范围（Gesichtsfeld）为 14 米的“大”色谱仪。12 月 31 日，施泰因海尔开始更仔细地计算这些光谱仪，于 1860 年 1 月 3 日向基尔霍夫汇报，听取了对方的修改建议。2 月 15 日，施泰因海尔试制了一台四棱镜的色谱仪，发现的夫琅和费线让他兴奋不已：“太棒了！快写信告诉基尔霍夫。”

5 月 22 日，本生自掏腰包支付了 420 古尔登，因此这台色谱仪不是用大学资金添置的。基尔霍夫年薪 400 古尔登，也不可能付得起。5 月 23 日，色谱仪被装箱运往海德堡，安装在“巨人之家”最顶层的“光学房间”里。

“有了这台仪器，我想，在圣诞节和复活节假期就能实现我们这么多年来想努力实现的一切。”基尔霍夫写道。

年轻、好管闲事的安娜·冯·莫尔（Ann von Mohl）后来成了亥姆霍兹的妻子并创办了柏林最高档的沙龙，她向巴黎的姨母报告了“巨人”阁楼中的神秘事件。

> 他们使用一只小煤气阀和一种类似于立体镜的设备，在漆黑一团的小厨房里从事光学研究，厨房里充斥着世间的各种气味，很难闻。这一切让我们充满了无穷的兴趣。

1860年4月和1861年6月，基尔霍夫和本生先后发表了两篇论文，公布了最初的研究成果，又一次证明了他们的“美好”合作。基尔霍夫为研究过程中发明的应用光谱分析提供了理论假设，本生则承担了大部分实验工作。

一个完全意外的美妙发现

1860年4月27日，本生在海德堡自然史－医学协会[①]作了一场有关“化学分析时火焰光谱的使用”的报告。比报告更有说服力的，是他于1859年11月寄给多年的同事和朋友罗斯科的信。罗斯科住在伦敦，他将第一个得知在“黑暗厨房”里发生的事情。该文值得收录进每一本教科书：

> 事情是这样的，基尔霍夫得到了一个完全意外的美妙发现，他找到了太阳光谱里深色线的起因，在太阳光谱里人工增强这些线，再在无线的火焰光谱里显示出来，而且照情况看来，这些线与夫琅和费线一致。这样，像我们使用试剂测定氯化锶一样，就有办法证明太阳和恒星的材料

① 原文此处并没有（海德堡），编者据史实所加。——编者注

> 组成了。像在太阳上一样，在地球上也可以用同样精确的方法区分和证明这些物质。比如说，我可以证明在 20 毫克海水里还存在一种锂（原文如此）。要认识某些物质，这个方法比至今使用的所有方法都好。如果您有了锂、钾、钠、钯、锶、钙的混合物，只需将其中的 1 毫克放进我们的仪器，就可以借助一台望远镜，仅靠观察就辨析出所有这些混合成分。这样，就连 5/1000 毫克的锂都可以被轻而易举地证明出来。

显然，可以通过发射出的光线确定元素的身份，这一轰动性发现有如光速般传播开来。至少每个科学家现在都想拥有一台光谱仪亲自检测，这样一来是不是所有星星都会暴露其成分的秘密了？一场对元素的狩猎战开始了，对施泰因海尔来说，这发展成了一个新的生意领域。一开始就确定了太阳上有钙、钯、铬、镍、铜、锌、锶、镉、钴、氢、锰、铝和钛等元素，估计还有其他元素，包括金等。至今已证明太阳上总共存在 66 种元素，甚至有氦。而在太阳上发现的每一种元素一定也能在地球上找到存在证明，发现这些元素发展成了名副其实的科学冒险。

1868 年，法国天文学家儒勒·詹森（Jules Janssen）在日冕里发现了一条陌生的黄色光谱线，从此它就代表“氦”。一同发现该线的是英国人约瑟夫·诺曼·洛克伊尔（Joseph Norman Lockyer），他是今天还在出版的《自然》（*Nature*）杂志的创办人。太空中仅次于氧气的第二元素就这样被发现了。这个按太阳神赫利奥斯（Helios）命名的稀有气体氦，似乎坚持它与太阳的高度亲缘关系，是即使在绝对零度也不“冻结”、依然保持液态的唯一元素。

44吨迪克海姆矿泉水提炼一茶匙氯化铯

本生和基尔霍夫发现了两种新元素，生动地证明了这一“反向”寻找有多辛苦。在研究过程中，他们在迪克海姆（Dürkheim）矿泉水样品中发现了一种从未见过的蓝色光谱线条，推论认为这种射线说明存在一种至今未知的元素。

接下来，1860年春天，本生蒸馏了不少于44吨矿泉水，分离出了7272克深蓝色的纤细粉末——氯化铯，纯金属铯后来才被发现。本生给这个新元素取名为cäsius（铯），拉丁文词汇是“天蓝”的意思，化学里简称Cs。

一年后，本生和基尔霍夫又以类似方式获得了9237克氯[①]元素。本生发现了两根“奇怪的深红色光谱线”，这个新元素便被按照拉丁文“深红”一词“*rubidius*”取名为铷（Rubidium）。两位光谱分析发明人将该方法用于化学研究的希望成功了，新元素一个个被发现出来。发现铷之后的一年，威廉·克鲁克斯（William Crookes）在硫酸生产产生的硒泥里发现了一种陌生的绿色线条，从而发现了铊。1863年，菲迪南·赖希（Ferdinand Reich）和台奥多·里希特（Theodor Richter）又用分光镜在弗赖贝格（Freiberg）的闪锌矿里发现了铟。

基尔霍夫和本生发表的论文立即引起了很大的关注。基尔霍夫有关太阳的论文被印成单行本并多次加印，图集不久就出到了第五版。熟人和朋友纷纷赶来，让本生或基尔霍夫指导他们看光谱。来的不仅是科学家，还有一群群好奇的门外汉，都想亲眼见证闪闪发光的光谱线条。

---

① 应该是铷。氯是戴维发现的。——编者注

1860年5月11日，基尔霍夫给哥哥奥托（Otto）写了一封信，描述了要让许多人相信光谱分析的结果有多困难：

> 最近一次散步时，一位关系疏远的熟人、一位哲学教授，告诉我有个疯家伙声称在太阳上发现了钠，我没有怪罪他。我试图让他理解，这事并非无稽之谈，是真有可能的，尤其是从一个物体放射出来的光线推论同一物体的化学特性，亦即从阳光推论太阳的化学特性。最终我无法抵御诱惑，告诉他我就是那个疯家伙。

光谱分析的创立既受到门外汉关注也得到学者们的热烈欢迎。不管在哪里，只要提到基尔霍夫和本生，人们就会说起光谱分析。浓厚的兴趣使得大量的论文问世，至今未衰。

现代天文物理学诞生于一间阁楼里

本生和基尔霍夫的成功合作无可辩驳，用他们自己的话说，“打开了化学研究至今完全封闭的一个领域。它远远超出地球边界，甚至超出了我们的太阳系本身”。他们不仅正确地认识了太阳的物理特性，也反驳了当时的主流观点，即赫歇尔认为太阳是一颗冰冷的球、有一层云和一个亮壳的说法。从基尔霍夫的吸收原理作出的推论很有说服力，太阳由一个很热、很可能是液态的、发光的核组成，包围核的那一层温度较低，含有已经在太阳上确定了的元素的蒸气。

光谱分析是在现代物理的实验性基础的道路上迈出的最重要一步。将光谱分析应用于天文学，让我们对星球结构的认识取得了长足进步，让人眼能无限地看到我们生活于其中的宇宙。

1864年发生了另一桩事故。当时本生正在处理从彼得堡硬币中无偿得到的残余的铂，在100℃的蒸锅里蒸干了一种铑、铱加锌和氯化锌组成的恶魔般的混合物。他伸手触摸时蹿起一团火苗。他后来介绍说："我是用左手食指触摸那物质的，我的左手救了我的眼睛，火光穿过手指，只将脸和眼睛烫出了皮外伤。现在，除了眉毛和睫毛烧焦了，我的眼睛一如从前。"

本生可能失明的消息在城里迅速传开。大学生们立即聚集在他屋子前的广场上，等待医生的检查结果。当得知本生受的伤不会留下后遗症时，人群中欢呼雷动，学生们当即在海德堡街头举行了一场火炬游行，游行结束于本生家灯火通明的窗前。

时隔不久，基尔霍夫又成功地取得了同样具有划时代意义的另一发现。不过它没有引起重视，数十年来默默无闻。基尔霍夫在研究光谱时推论出了基本定律，认为"在相同波长、相同温度下，所有物体的光束辐射能力与吸引能力的比值一样"。

根据基尔霍夫定律，任何波长(λ)、任何温度(T)，辐射能力和吸引能力的比值J都是恒定的，所研究物体的物理特性对它没有影响——不管是黄铜、钻石还是玻璃。基尔霍夫补充说："找到这个以J表示的波长和温度的功能数值，是一项十分重要的任务。"

基尔霍夫希望找到这个普适函数，但这位天才去世得太早了，整整45年，无论是实验中还是理论上，这个问题都没能得到解答。马克斯·普朗克是基尔霍夫的学生及其柏林教席的接班人，他经过艰苦努力，最终完成了老师的遗愿。这一任务让他建立起"辐射定律"，这一发现将彻底颠覆经典物理学。

本生和基尔霍夫每天在生活和工作中都形影不离，但这一情形快要结束了。基尔霍夫两次拒绝了柏林方面的邀请，但他曾经威胁巴登教育司，如果再不采取措施，留下他的好友和拥有教席的数学教授列奥·柯尼斯贝格（Leo Königsberger），他就接受下一次邀请离开海德堡，前往柏林。1875 年，基尔霍夫践行诺言，成为柏林大学数学物理正教授。但他和本生还会继续合作从事光谱分析研究。基尔霍夫编辑了一本较为全面的太阳光谱图集，其中收入了稀土元素。1875 年，本生发表了内容丰富的《光谱分析研究Ⅱ》［*Spektralanalytische*（*n*）*Untersuchungen Ⅱ*］，介绍了碱、碱土金属和当时已知的稀土元素的各种光谱。这部作品的诞生靠的是坚强的意志，在历经 3 年研究、为出版商准备了厚厚一沓内容翔实的书稿时，本生遭受了一场沉重的打击。有一天，他回到家中的办公桌前，发现那里只剩下一堆余烬。“仪器的照片、电花光谱包括稀土元素的绘图，被烧得精光，我可是费尽千辛万苦才弄清它们。”——手稿旁的一只水瓶像只凸透镜似的将那堆纸点燃了。

假期里，本生喜欢与朋友们外出旅行。年轻的列奥·柯尼斯贝格比本生年轻，他永远忘不了与 60 岁的本生前往意大利的一次长途旅行，他们攀登了埃特纳火山（Ätna）和维苏威火山（Vesuv）。本生深受“古典主义”影响，是一位“意大利通”和意大利爱好者，他在登山时不厌其烦地用原文背诵西塞罗（Cicero）和普林尼（Plinius）的作品；之后，他们去奥伯阿梅耳高（Oberammergau）参加了耶稣受难节，随后前往萨尔茨卡默古特（Salzkammergut）。本生定期与基尔霍夫进行“长途旅行”的难度却越来越大。19 世纪 70 年代末，基尔霍夫的健康状况急剧恶化，无法接受担任柏林大学校长的提议了。

基尔霍夫是恪尽职守的模范。当他的第一位妻子被肺结核夺走生命时，他在她的忌日停止了讲课并相信这是迫不得已。1885—1886 年，他鼓起勇气重新开始上课，很快又得停止。本生前去巴登－巴登（Baden-Baden）拜访基尔霍夫，老友身体的崩溃让他大为震惊，他见到的基尔霍夫虽然还像往常一样开心可爱，却坐着轮椅。1887 年，本生发表了他最后一篇实验论文《论蒸汽热量计》（*Über Dampfcalorimeter*）。数月后，基尔霍夫去世，死于脑癌。此时本生身体已经衰弱到没有能力参加葬礼了。在德国化学学会为基尔霍夫所作的悼词里，同事奥古斯特·威廉·霍夫曼（August Wilhelm Hofmann）称："在我漫长的人生道路上，我没有遇到过谁像基尔霍夫那样，他以近乎屈从的谦逊作出了最高的成就。"

跨过 75 岁的门槛之后，本生也年老体衰了。他彻底退休了，再也没有踏进他工作了 36 年的心爱的实验室。他还将收藏有 1.4 万册图书的图书室赠予了他的大学。在基尔霍夫、亥姆霍兹和其他朋友相继去世后，他心爱的学生和继承人维克多·迈耶尔（Victor Meyer）也自尽了，这让他痛苦万分。

年老后，本生以研究法院档案为乐。对那些他特别关心的案子，他常向法庭借来档案仔细研究。

1899 年，本生去世，享年 88 岁，消息传遍全世界。1901 年，为了纪念他，德国电子化学学会改名为德国本生应用物理化学学会。

拎着蓝色小箱子的先生
——马克斯·普朗克

1945年3月，美、俄部队即将抵达马格德堡（Magdeburg），罗格茨（Rogätz）的居民意外陷入了战争。这座小村庄名不见经传，距马格德堡20千米，位于易北河左岸，村里人以渔民和农民为主。陡峭河岸上的克卢特钟楼隶属于“宫殿”和一座辽阔的农庄，打老远就看得到，是敌方炮轰的目标。3月7日，科隆沦陷，美军跨过雷马根（Remagen）大桥，先头坦克部队迅速东进，红军抵达奥德河（Oder）。4月11日，美国人已经到达易北河左岸的罗格茨村外了。德军开始挖筑战壕，人们没料到敌军会来得这么快。小村的居民被仓促疏散，他们步行或乘坐马车转移到一座偏僻的林中村庄。

去林里避难的队伍中有位老人，他一点儿也不显眼，可谓貌不惊人。他88岁了，是这支迁徙队伍中年龄最大的人之一。他保持着镇定，虽然脊椎关节的疼痛苦苦折磨着他，有时候他会痛得喊起来。

当务之急是活下来。在没有药物或针剂的帮助下，他算得上很幸运了，还有位年轻的妻子照顾他。炮弹不长眼睛，死伤司空见惯。全体村民将在森林中整整露宿两星期。他们随身只携带了必需品，蜷缩在干草堆里或睡在地板上。热饭热菜自是没有，人们经常挨饿，有时还缺水。

潮湿营地对老人的关节病非常不利，他很快就站都站不起来了。村民们谁都不熟悉他。有些人也许知道他和妻子住在“宫殿”里，或者听说过他的名字，可谁也无法联想到什么。人们知道他定期来村子里，刮胡子，去邮局，有时倚在教堂墙上歇一歇，村里的制绳师傅和地区领袖会陪他一会儿。但谁都不知道他到底是谁。他的服装比他本人更引人注意，因为他穿着第一次世界大战前奇异的老式服装，有些人认为他是个鞋匠。

老人随身携带着一只蓝色小箱子，逃亡途中，一位见过他的女邻居发觉老人每走一步都很费劲，想帮他拎箱子，羞怯亲切的老人却拒绝了。他用一根线和一只小铃铛将蓝色小箱子系在自己的手上，永远不会与小箱子分开，哪怕是洗手时也不会解开来。箱子里装着他最珍贵的财产。仓促出逃前，他将什么装进了箱子里呢？重要的战争秘密吗？

老人骨瘦如柴，面部轮廓鲜明，鹰钩鼻笔挺，像是钢铁镂刻出来的。他心里确实藏着大秘密，他的思想早就成为人类的普遍真理和精神财富了。小箱子里的东西怎么会这么重要呢？里面只有一摞纸，但它的分量是一个人几乎无法承担的。那是他儿子的信件，包括儿子几星期前从“死神屋”里写的——在这位年轻人被捆绑着等待处决之前。老人遭受了许多损失，这是他剩下的最珍贵的东西，他像是用一根脐带将它绑在自己身上。

这个人就是马克斯·普朗克，正如1947年他的故乡基尔（Kiel）颁给他的荣誉市民证书里所说，“开创性的学者和永恒真理的贤明宣告者，其影响在艰难时期安慰和帮助了德意志民族”。

为了哈伯，普朗克求助于希特勒

普朗克之子埃尔温在奥托–沃尔夫（Otto-Wolff）企业集团担任领导职务，他为父亲找到了马格德堡附近的罗格茨这个避难处。1943年的柏林形势十分严峻，远不止于令人担心。空袭目标明确地针对格鲁内瓦尔德（Grunewald）的教授别墅区。1943年，普朗克的别墅被严重毁坏，花园里发现了带定时器的烈性炸弹。研究所的救援队和朋友们只能勉强处理一下。普朗克最初只打算在罗格茨临时避避难，但很快再也无法返回熟悉的柏林了。

实业家卡尔·施蒂尔（Carl Still）是位获得博士学位的工程师，他的公司开在雷克灵豪森（Recklinghausen），专门生产炼焦炉。1918年，他在罗格茨购得一座带公园和住宅的骑士庄园，村民们叫它“宫殿”。1922—1923年，施蒂尔被法国人逐出雷克灵豪森，他在罗格茨的地皮上扩建了大马厩，除了从事农业生产还在那里养马。

75岁的施蒂尔总感觉自己是个未能遂愿的物理学家，面对马克斯·玻恩（Max Born）、詹姆斯·弗兰克（James Franck）、马克斯·普朗克和其他物理学家，他表现得俨然是位慷慨的东道主和赞助人。马克斯·普朗克和妻子刚在“宫殿”的两个房间里住下来，施蒂尔就登门拜访了。他告诉普朗克，他撰写了一篇有关热力学的论文，对他的企业可能很重要，但又不想拿它来麻烦客人，相反，他希望有机会与大名鼎鼎的贵宾谈谈宗教、政治或哲学问题。

疗养胜地阿莫巴赫（Amorbach）是下弗兰肯（Mainfranken）的一座小城，

1943年4月3日，普朗克在那里庆祝了他的85岁生日。在许多贺信和祝愿中，“奇怪地也有一封元首发来的电报，我出于礼节回复了。”普朗克写道，“这是我与他口头会谈后他头一回注意我。”电报很可能是总理府的例行公事，它的祝福与纳粹集团对普朗克的敌对态度是相矛盾的。戈培尔刚刚禁止法兰克福市（Frankfurt）将歌德勋章颁发给普朗克，理由是普朗克过于热心地力挺犹太人爱因斯坦。普朗克和希特勒之间的会谈是让人无法忘记的噩梦。1933年，普朗克当时是德国物理学家大家庭的家长、1918年度的诺贝尔奖得主，在国际上深孚众望，又是威廉皇帝学会会长。最重要科学机构的所长晋见刚刚任命的帝国总理，那是理所当然的事情，是的，那是一桩义务。

> 我相信，应该借此机会，为我的犹太人同事弗里茨·哈伯（Fritz Haber）讲句好话，没有他从空气中的氮里提取氨的方法，上一场战争从一开始就输掉了。
>
> 希特勒这样回答我：“我丝毫不反对犹太人本身。但犹太人是共产主义者，而共产主义者是我的敌人，我是在与他们作斗争。”我说犹太人有各种各样……其中有些家族历史悠久，拥有最优秀的德国文化，必须区分开，他听后解释说：“这不重要。犹太人就是犹太人；所有的犹太人就像链子一样联系在一起。哪里有一个犹太人，其他形形色色的犹太人很快就会聚集过来。画线区分不同的种类，那是犹太人自己的任务。他们没有这么做，因此我必须一视同仁地反对所有犹太人。”
>
> 我说强迫有价值的犹太人移民等于自残，因为我们需要他们的科学工作，否则它们将被外国利用，他听后

> 不让我再讲下去，换成泛泛的聊天方式，最后结束道：“人们说我有时神经衰弱。这是诽谤。我的神经坚硬如钢。”他边说边用力拍了下膝盖，越讲越快，嗓门转高，那么愤怒，让我别无他法，只能闭口不言，向他告辞。

当时，看着比自己年轻30岁的希特勒，听着他疯狂的独白，75岁的普朗克会是什么感觉呢？一年之后，1934年，弗里茨·哈伯在巴塞尔去世，沮丧、孤独，苦恼不堪。

信仰犹太教的哈伯是位热情的爱国者，他热爱德国，马克斯·普朗克想有所表示，为他组织一场葬礼。邀请函寄出后引发了强烈的反响。所有大学成员都被禁止参加，预定的演讲者被各自所在的大学禁止发言。马克斯·普朗克决定不予理睬，前一天晚上告诉他的女助手和亲信莉泽·迈特纳：“我将主持葬礼，除非他们派警察来拖我出去。”

尽管被禁止，偌大的哈纳克厅还是座无虚席。普朗克在欢迎词结束时说：“哈伯对我们保持了忠诚，我们对哈伯保持忠诚。”化学家弗里德里希·邦赫费尔（Friedrich Bonhoeffer）自己不可以发言，由奥托·哈恩（Otto Hahn）代为宣读。哈恩几个月前离开了柏林大学，因此柏林大学的发言禁令管不了他。

与纳粹政权公开对立的影响还将持续很久，但这一反抗不能让人忘记（留下的）同事们及其院系对待被逐者是何等怯懦和卑鄙。在150名或更多被迫离开德国的学识渊博的物理学家中，就有40名高水平的所长出自威廉皇帝学会的研究所。在剩下的3年任职期，普朗克力图亡羊补牢，打消了奥托·哈恩搜集签名反对纳粹迫害蔓延的建议，安抚、平息、试图说服许多德国科学家不要去国外。他无意识地成了纳粹政权的支柱。就这样，像许多资产阶级精英一样，由于不了解新掌权者的游戏规则，普朗克成了自身正直的牺牲品。

我们一定会遭遇可怕的事情

1943年5月，马克斯·普朗克接受邀请，去瑞典作了一场报告。他借此机会见到了曾经的女助手莉泽·迈特纳。她被迫逃出德国，丢掉了柏林的工作岗位，那是她从事研究不可缺少的。德国的参战使通信联系很难维持，但这些都没有影响他俩的亲密关系。爱因斯坦亲口向她保证过，普朗克与他在被逐出之前退出普鲁士科学院毫无关系。因为当时的院长马克斯·普朗克病倒在西西里岛，联系不上。相反，普朗克是爱因斯坦的伯乐，20世纪40年代还与海森堡和索末菲一起，被辱骂为“白色犹太人”，被骂为德国精神生活中“爱因斯坦的总督”。

“我虽然觉得他衰老得厉害，对他关心这些事件的能力还是感到吃惊，有时他让我觉得与早已逝去的美好旧时光里的那个人还是一模一样。”1943年6月30日，莉泽·迈特纳向生活在柏林的密友伊丽莎白·席曼（Elisabeth Schiemann）这样描述她的印象，“但有些方面还是可以痛苦地发现，这些年都牺牲掉了什么——虽然很难相信他都85岁了。我觉得玛尔加（普朗克的第二任妻子，比他年轻很多）很单薄，相当年轻……无论如何，我们在一起的时光——我们在一起的时间很多——让我内心舒口气。普朗克论自然科学界线的报告给我留下了深刻印象，因为里面深深体现了他的人格的纯洁和伟大；他的哲学论述给我的印象较淡，我觉得它们有点天真。”

她继续说道：“每当我想起老战友们……那些我在伦理上评价最

高或我最认可的人——两者并不总是契合——我只认识一个我可以对他讲上述话的人，如今他已是个 85 岁的老人了。尽管他也非常感激传统的权威信仰，但在很多问题上他真的保持中立，一点儿都没有暴露他的优缺点。愿上帝酬谢他。”

在 1946 年 6 月 8 日写给马克斯·冯·劳厄（1879—1960）的一封信里，她忆起言犹在耳的普朗克当时讲的话：“我们一定会遭遇可怕的事情，我们做了可怕的事情。”那是“真实的普朗克”，她继续写道，“他说的是‘我们’，为此我真想亲吻他的手。”

瑞典之旅后，1943 年，爱好登山的普朗克还进行了最后一次长途旅行。8 月中旬，他抵达克恩滕（Kärnten）的圣雅各布（Sankt Jakob）。他可以与妻子一道在心爱的阿尔卑斯山里攀登一座海拔 3000 米的山峰。登山向导一开始拒绝为他们带路，因为他觉得这位客人年龄太大，不适宜这项活动。但是，当普朗克后来准备自行攀登时，向导察觉他面对的是一位精神矍铄、训练有素的登山客，他跟在普朗克身后追上来，主动提出愿意带路。

早在 1936 年，普朗克就因年龄原因没能延长在威廉皇帝研究所担任所长的时间，接下来他将前往科布伦茨（Koblenz）、法兰克福和卡塞尔巡回作报告。普朗克有了一个新角色，像一名物理学漫游布道者。战争让他的打算落空了。法兰克福拒绝他，因为这座城市被轰炸得体无完肤。在科布伦茨，报告进行到一半就被迫中断。一位听众后来回忆说，当所有人都冲出大厅时，普朗克茫然地站在讲台上，手里举着一支铅笔，他正想用它来解释藏在这座石墨矿里的能量，足够供一艘大船在汉堡和美国之间行驶一个来回。

在卡塞尔，他险遭生命危险。他虽然可以举行报告会，但报告结束后爆发了一场“炼狱般的喧闹”——整个卡塞尔变成了一座火海。由于没有足够的灭火器材，他的东道主的房子也被烧得只剩下墙基。普朗克夫妇在防空洞里坐了一整夜，希望它能经得住大火。防空洞的出口被埋，直到清晨，他们才从一个墙洞钻出去。普朗克损失了他的往来信件、珍贵资料和最后的个人物品。“这疯狂何时才会结束？”他在1943年12月30日致劳厄的信里写道。普朗克很高兴能够重新返回还算安全的罗格茨。

魔宫，新鲜草莓和石榴

诺贝尔奖得主马克斯·冯·劳厄是普朗克最信任的学生，1944年1月，他与妻子一道来罗格茨拜访普朗克，让我们可以稍许了解一点普朗克的生活。普朗克和妻子在那儿住了一大一小两个房间，他们用早饭的时间比其他人早，别的人都要9点才露面；他们早饭后去易北河畔的公园里散会儿步，离开公园后有时会去村里取邮件或理发。“12点半吃午饭，15点半大家都聚到一起喝咖啡——顺便说一下，那里的咖啡不比目前其他地方的好——之后，如果不想与施蒂尔博士在他的工作室里聊日常生活或自然科学的话，就可以继续散步去。19点用晚餐，饭后还经常喝几瓶优质葡萄酒。”玛尔加·普朗克作为“年轻女用人”帮着干点家务活。

“我们像是生活在魔宫里。”开始时，普朗克兴奋地写信回柏林说，他提到这个乡下避难所无忧无虑的生活，这里宁静美妙，有可口的草莓。一台风琴和一架大钢琴也起着重要作用，普朗克喜欢在上面弹奏他心爱的作曲家勃拉姆斯（Brahms）和舒伯特（Schubert）的作品，他曾经也想成为作曲家的。可没过多久，他就痛苦地思念起柏林的氛围，那心爱的富特文勒（Furtwängler）的音乐会，与朋友和同事们的交谈和来往，以及经常光顾的阿德隆酒店（*Adlon*）和克兰茨勒咖啡店（Café

Kranzler）。

1944 年 2 月 15 日，普朗克家在格鲁尼瓦尔德的别墅又被炮弹击中了。这次“命中”只留下了砾石和灰烬。图纸、信件、日记和终生爱护的财产统统被毁之一炬。但损失掉房屋连同几十年搜集的图书馆不是这一年里命运对他的第一个打击，也不是最严重的。最严重的打击还将降临到他头上。距离一场他毫无心理准备的悲剧袭来，还有几个月时间，这几个月也饱尝艰辛。

首先，普朗克必须对付难以忍受的疼痛。他去阿莫尔巴赫疗养胜地是为了缓解疼痛，在那里，医生诊断出他患有十分严重的腹股沟疝，在罗格茨时没有被发现。但是，由于普朗克年事已高，疗养所的医生拒绝给他动手术。他的朋友菲迪南·绍尔布鲁赫（Ferdinand Sauerbruch，1875—1951）帮他摆脱了这一困境。这位著名的外科大夫穿着军医总监威风凛凛的军服，与埃尔温·普朗克（1893—1945）和他的妻子一道，在一位主任医生的陪同下，驾驶一辆大轿车风驰电掣地驶到阿莫尔巴赫，于 1944 年 5 月 19 日给普朗克做了手术。手术很成功。不过术后普朗克很虚弱，绍尔布鲁赫留下了他的主任医生。几天后，医生给普朗克换了一次血，他的状况明显好转。之后他恢复得很快，白天能在房间里来回走几趟。几天后，绍尔布鲁赫从瑞士回来探视，圣灵降临节中午，主任医生、埃尔温和绍尔布鲁赫的妻子等一队人马又轰隆隆坐车离去。普朗克的妻子写道：“他们将整个阿莫尔巴赫弄翻了天。”

为了庆祝自己加入普鲁士科学院 50 周年，不久，普朗克接受威廉皇帝物理研究所的邀请去了柏林。这可能是这位 86 岁老人最后一次来柏林。在鬼魅似的预兆下，已经毁灭的柏林又亮相了一回。庆祝前的那一夜，普朗克夫妇是在阿德隆酒店度过的。夜里落下的炸弹很少，这被视为一个好兆头。由于此前的研究所所长、诺贝尔奖得主彼得·德拜（Peter Deybe）是荷兰人，没再返回德国，因此由他的继任者维尔纳·海森堡主持庆典。海森堡用保留下来的唯一一辆公车将普朗克夫妇接出酒店，告诉他们一个喜讯：普朗克的儿子埃尔温也会来参加活动并将坐在他的身旁。去活动地点的行程途经柏林市中心的废墟。

> 我和普朗克都没能认出这些街道，不得不一路打听。庆典计划在普鲁士财政部幸存的一间宴会厅里举行。当我最终被指引到有关街道时，我们的车辆在一座巨大的废墟堆前停下来，废墟上可见弯折的铁棍和水泥块，它们挡在路上，我想，我一定是来错地方了。但是，问路后我得到的指引是，必须绕过废墟，然后有一道小门，门半开着；必须穿过小门，从废墟和铁棒之间走过，最终来到宴会厅。

他们走进宴会厅，全场顿时鸦雀无声。四面八方都传来对普朗克满怀敬意的问候。可以明显地感觉到人们多么喜欢普朗克，还能再见到这些熟悉的面孔令他很开心。劳厄乘坐一架汉莎班机准时赶来参加庆祝会，他觉得普朗克外表上没有太大变化，至少脸上没有，但变得“更佝偻、更矮小”了。普朗克的情绪不坏——无论如何他希望活到 90 岁，反倒是他的妻子情绪低落，她害怕罗格茨的荒凉。

“弦乐四重奏乐队开始演奏。”海森堡在报告里继续说道，“有一到两小时，人们被带回了古老文明的柏林时代，在那个时代，普朗克理所当然是领军人物，他身上似乎又一次显示出了从前那个时代的全部文化。”

1944 年 7 月 8 日，当接受祝贺的贵宾和他的儿子分手时，他们没有预感到，父子俩再也不会见面了。

约伯最严重的考验

1944 年将向普朗克索取许多，这是他一生中前所未有的。普朗克处境不稳，再在罗格茨待下去也会成问题。马克斯·冯·劳厄采取主动，请求莉泽·迈特纳试探一下，看战时普朗克和他的妻子能否得到瑞典的保护。她于 1944 年 1 月 9 日向他汇报说：“您有关玛尔加及其丈夫的建议，可惜无法实现。我被相当不客气地拒绝了。”

马克斯·普朗克躲开每天有关“前线战况”和前线进展的新闻报道和持续讨论，它们也让罗格茨处于紧张状态。对他来说，这是不必要地浪费神经和精力。他宁可晚上平静地上床，以斯多葛式的态度武装自己，每天都对愉快地经历的每个时辰心怀感激。他的座右铭是，只要战争还在持续，就不计划。还有：“等最后一颗子弹落下了，才作安排。”可后来的一则消息打破了普朗克在罗格茨的宁静生活：1944 年 7 月 23 日，在刺杀希特勒失败 3 天之后，他的儿子埃尔温被捕了。这消息来得如此意外，他认为这是个可怕的错误，很快就会得到澄清。是的，他相信他可以发誓，他太了解儿子了，儿子不可能做什么要求推翻政府的事。

埃尔温受到起诉，罪名是试图政变、推翻政府等。他运气不佳，因为他的名字被列在一个倒霉的人员名单上，这名单就像一个影子内阁，记录着新政府团队的所有成员。从此普朗克的思想和行为就只围绕一个念头：如何能够解救出儿子。逮捕埃尔温·普朗克的原因始于 1934 年他的朋友被谋杀，该案至今没有被澄清。

1934 年 6 月 30 日：在早饭前例行的动物园晨骑之后，库尔特·冯·施莱歇尔（Kurt von Schleicher）将军与妻子回到新巴贝尔斯贝格

（Neubabelsberg）别墅里的工作室。将军在写字台旁工作，他妻子舒服地缩在一张沙发软椅里做针织活。这座别墅有座大花园，是他的朋友、实业家奥托·沃尔夫（Otto Wolff）帮他购买并布置的。施莱歇尔夫妇都反对希特勒。自从施莱歇尔从总理位置上退下、让位给他的接班人希特勒之后，就开始了退隐生活。现在库尔特·冯·施莱歇尔与妻子伊丽莎白单独待在别墅里，他俩已经幸福地度过了婚后几年的生活。她 41 岁，比他年轻 11 岁。15 岁的女儿隆妮（Lonny）还在上学，是她和前夫所生。

午后不久，5 名便衣男子钻出一辆汽车，闯进这块地盘，粗暴地要求女管家玛丽·冈特尔（Marie Güntel）放他们进去。她将他们带去了工作室。在因为这番打扰而大为光火的施莱歇尔告知对方自己的姓名后，这些不速之客当场朝他连射数枪，将他打死；他的妻子伊丽莎白也中弹身亡。

直到战争结束，该案及其案犯才被还原并被曝光出来。杀手是党卫军保安部成员，官方称他们是一场与“罗姆政变”有关的清洗行动的受害者。但国家领导层无论如何不想澄清事实真相。凶手从未被送上法庭，具体幕后主使也不得而知。最后，按照授权法“国家应急防卫”词条的规定，这样的谋杀及与 1934 年 7 月 3 日“罗姆政变”有关的所有活动都被合法化了。

通常所说的犯罪嫌疑人（希特勒、戈林、希姆莱、海德里希）的角色也值得怀疑。因为谋杀的当天下午又有一支小分队来到施莱歇尔家别墅外面，想要逮捕他；这透露出不同利益团体之间的活动并不互通。无论如何，希特勒曾向兴登堡的国务秘书迈斯讷强调，说他“与这令人遗憾的不幸毫无关系。是的，杀死施莱歇尔让他怒火万丈，因为他需要德国国防军成为‘他的专制的支柱’，因此枪杀施莱歇尔‘与他的设想不符'”。

施莱歇尔于1934年6月30日遇刺之后，埃尔温·普朗克曾要求维尔纳·冯·弗里切（Werner von Fritsch）将军主动反对纳粹政权，但没有成功。17个月前，施莱歇尔不声不响地为希特勒挪出了位置，为什么偏偏是他成为这一暴力行为的牺牲品，人们对此猜测纷纷。施莱歇尔拥有知识分子的魅力，风趣幽默，喜欢自嘲；他在政治上天真得令人费解，坚信能够“管控”纳粹分子；除此之外，他还是一位十分虔诚的基督教徒。将他与埃尔温·普朗克联系在一起的东西很多，不仅是引起观察者注意的大提琴演奏者的漂亮双手，还有那随和的形象、明显的秃顶以及他对自然之美的异常敏感、对音乐的爱好及乐于与亲信之人共处。当他又一回不得不在国葬时听到虚伪的致辞时，他再次明白了，“虚荣、荣誉、权力和金钱等多么没有意义，只有一种东西，其价值和存在超越死亡——各种形式和任何机会下的爱，爱，爱”。你听到过哪位国家总理讲过这样的话吗？

施莱歇尔待在兄弟姐妹的圈子里，他的身体在恢复，在他们身边他感到安全，尤其是在什未林（Schwerin）的他妹妹那里。“不谈钱，高朋满座，而且从早到晚都是‘唱歌的’气氛，无忧无虑，兴高采烈，一种感激的满足。这是个内心满足的圈子，满足的根源在于对天上那位盟友的不可动摇的信仰。”这些话他的密友埃尔温句句都会赞同。

与父亲不同，埃尔温·普朗克脸形柔和，棕色的大眼睛在圆形镜片后警醒地扫来扫去，大鼻子，嘴唇丰满性感。与施莱歇尔不同，埃尔温头戴时尚的帽子，在这个军事化社会里显得格格不入。埃尔温短暂的政治生涯要归功于他的朋友施莱歇尔，他也将是埃尔温的证婚人。施莱歇尔“强行”任命埃尔温担任巴本（Papen）内阁的国务秘书，不久后他本人成为国家总理，埃尔温·普朗克继续留任总理府国务秘书。当施莱歇尔被兴登堡抛弃、失去官职时，希特勒成了他的直接接班人。施莱歇尔认为自己的连续升迁与下台都是上帝安排的。

埃尔温是马克斯·普朗克的次子，原先是想走军官道路的，1911—1913 年做了两年现役军官，在 20 岁时决定学医。但他很快又放弃了学业。战争爆发时，他被征为预备军官，不久就身受重伤，被法国人俘虏。3 年后他被交换回来，在参谋部工作，之后被调至国防军。学医是再也谈不上了。1926 年埃尔温退役，成为国防部的一名公务员。在这个过程中，他结识了年长他 11 岁的库尔特·冯·施莱歇尔，就此开始了一段持久、真诚的友谊。他很快就成为施莱歇尔最亲密的工作人员和盟友。施莱歇尔遇害后，其他的工作人员和朋友先后被杀害或失踪，事件的知情人和目击证人也都神秘地丧生。就连那位将杀手带进工作室的女仆几天后也被溺死在圣湖旁的一座池塘里。埃尔温·普朗克于 1932 年 6 月至 1933 年 1 月担任国务秘书和总理府负责人，1933 年 1 月 31 日他致信“万分尊敬的帝国总理希特勒”，请求免职。申请获批了，埃尔温临时退休，同时“保证法律规定的等待任用期间的薪饷”。希特勒寄来一封礼节性致谢函。施莱歇尔曾经的密友未受迫害，他安然脱险。朋友们都感觉他被忽视了。免职之后，这位外交官得以去国外旅行了几个月——具有讽刺意味的是，部分得到了希特勒的支持——此行穿越亚洲，让他与德国保持了距离。

埃尔温·普朗克很早就警告过要小心希特勒，他的政治道路早就注定了。曾经有人尝试在普鲁士宪法的基础上宣布国家进入紧张状态，阻止希特勒上台，亦即策划一场政变，埃尔温·普朗克是主要活动人之一，是联络者和组织者。也是他设法通过卡尔·施密特

（Carl Schmitt）获得司法保护，同时委托他的朋友、后来的驻日大使欧根·奥特（Eugen Ott）策划军事紧张状态。暗杀施莱歇尔是转折的标志。

从亚洲返回后，埃尔温·普朗克加入奥托－沃尔夫集团，担任一名普通领导，该集团也是军工企业。奥托·沃尔夫经历过从“废铁学徒到工业巨头”的传奇经历，他在寻找一个忠诚可靠、有主见的人，一名托管人。他没有子嗣，因此他与埃尔温之间很快就形成了亲密信任的关系。埃尔温在这个职位上开始编织一张网络，包括军界、科学界和经济界的许多朋友，他们团结成一股反对纳粹政权的力量。

劳厄和迈特纳在希特勒时代的书信往来

自从埃尔温·普朗克被捕之后，有两个人高度紧张地关注着事态每天的发展，他们鸿雁传书，交换每一条相关消息，为此事提供了一部“编年史”。他们就是65岁的马克斯·冯·劳厄和66岁的莉泽·迈特纳，她业已退休，住在斯德哥尔摩，她的事业始于担任普朗克的助手。联盟中无形的第三者是马克斯·普朗克本人，他也用自己纤细的笔迹参与通信或让妻子执笔。朋友们意识到普朗克也将不得不牺牲他最爱的儿子，每当谈到他，信里的口吻就变得柔和了。那时就会称他“父亲普朗克”。

莉泽·迈特纳在斯德哥尔摩几乎被完全剥夺了工作机会，在她和普朗克夫妇、劳厄夫妇之间绷紧着一根书信往来的绳索。孤独、陌生和无家可归感常常折磨着莉泽，她一直不耐烦地等待着自己被迫逃离的那个国家的消息。审查官会阅读这些信件，偶尔会检查它们有没有使用隐形墨水，但他们表现得惊人地克制。每月可以往国外寄两封信，寄信人必须向邮局出示护照。几页信纸几乎很快就写满了，信中内容涉及生活的方方面面：科技新闻，索要鞋带和劳厄对妻子“寻宝”的描述，她在被炸毁的威廉皇帝研究所的废墟里乱翻时发现的一只熔化了一半的小银匙，上面镂刻着她丈夫的名字……这些内容全都被写进了信中，以速写形式简明扼要地汇报了曾经的同事和朋友们的命运，他们被炸死或阵亡了。还有被炸毁的印刷车间、被烧光的图书和被毁的铅版。

这些信件来自那样一个国度，那里的人学会了耐心等待消息，在那里，最普通的东西都受到了高度重视。那些信唤醒读者对善良正直的朋友的渴望。阅读那数百页的通信，就像一桩桩奇怪的罕见事件从你身旁掠过，如果你不知道当时正值战争年代，你就无法猜出它们：黑格尔似乎是在洪堡大学前自杀的[①]，因为那座雕像头部有个大洞。在赫青根（Hechingen），研究所的一位工作人员匆匆越过田野往家赶，突然发现自己穿的是一件被子弹射穿了的大衣。一切都像被施了咒语似的。一位同事的房子被“炸穿”了，而关于“迈特纳小姐”以前柏林研究所的工作室，只有简短的消息：“一堆劈柴”，不加评论。

劳厄和莉泽·迈特纳一次次因种种原因谈到“父亲普”。1944

---

① 此处所述不准确。德国著名哲学家黑格尔（Georg Wilhelm Friedrich Hegel，1770—1831）于1831年11月14日去世。关于死因，有不同的说法，但从没有人提到是自杀。1831年8月，一场霍乱疫情袭击了柏林，黑格尔离开柏林，搬到他在郊外克罗伊茨贝格（Kreuzberg）的住所。他身体虚弱，因此很少出门。随着新学期于10月开始，黑格尔回到柏林，误以为疫情已经平息。事实却非如此，所以有说法称他死于当时还在肆虐柏林的霍乱疫情。然而最近的研究表明，黑格尔“可能死于慢性胃病的急性发作，而不是像官方诊断所说的霍乱”。他的妹妹克里斯蒂娜（Christiane）投河自杀。参见 Anton Hügli und Poul Lübcke 编，*Philosophie-Lexikon*，4. Aufl. 2001，Rowohlt Taschenbuch Verlag，Hamburg，S. 259. 以及 Holger Althaus，*Hegel und Die heroischen Jahre der Philosophie*. München: Carl Hanser Verlag，S. 579-581. ——编者注

年 9 月 25 日，劳厄写信告诉莉泽·迈特纳，他刚刚读了格里尔帕策尔（Grillparzer）的自传，“当格里尔帕策尔描述他与歌德相遇时的感觉时，我不由得想起我面对普朗克时的感觉，尤其是在我年轻的时候”。

格里尔帕策尔当时在德国也是著名的剧作家，与“传奇式人物”的相遇打动了他，他被深深地感动了。后来当歌德牵起他的手、领他去餐厅时，格里尔帕策尔情不自禁，热泪盈眶，而歌德努力在众人面前掩饰他的抽泣。格里尔帕策尔称此次相遇也许是他生命中最重要的事件。

当劳厄与马克斯·普朗克初次相遇时，感受也很强烈。劳厄说与普朗克的相遇是他生命中最重要的事件。

“您写的有关‘父亲普’的内容，在我心里引起了很强的回响，影响了我对他的态度。”莉泽·迈特纳在 1944 年 12 月 3 日回复劳厄的信中说道，“我要感谢他的太多了，不只是在我个人的学术发展上，也包括在做人这方面。除了我父母，再没人对我的人生道路有过他这样强烈的影响，在他身边的学习时光决定了我后来的人生发展。”

莉泽·迈特纳与普朗克的相遇要比劳厄理智得多。这位年轻女大学生来自维也纳，她在维也纳听过路德维希·玻尔兹曼的课。玻尔兹曼满怀热情，陶醉于自然规律的奇迹，认为人类思想可以理解它们。他的年轻听众们被他的激情演讲吸引了。相反，在普朗克的课堂上，迈特纳一开始必须克服一种失望感。她觉得他的讲课“虽然条理清晰但有点缺少个性，几乎太冷静了。但我很快就学会了理解，我的第一印象与普朗克的真实人格毫无关系……他的思想罕见得纯洁，内在的爽直与外在的简单朴素相符”。在失去挚友、小提琴家约瑟夫·约阿希姆（Joseph Joachim）之后，普朗克曾经说过，约阿希姆这个人是如此神奇，当他走进一个房间时，那里的空气会变得更好。莉泽·迈特纳补充说："这也是普朗克的写照，当时年青一代的柏林物理学家都十分强烈地感觉到了这一点。"

当劳厄和莉泽·迈特纳沉浸在回忆中时，我们也可以回顾一下决定普朗克命运的那一年。那是1900年，莉泽·迈特纳21岁，马克斯·冯·劳厄22岁，爱因斯坦和奥托·哈恩也是22岁。马克斯·普朗克至少要年长他们一辈。他们一起经历了普朗克生命中那些重要的瞬间。

普朗克冒犯了原子

当崭新的20世纪开始时，在柏林湿漉漉的一月天，马克斯·普朗克终于能够介绍他期待已久的"辐射定律"了。此时普朗克42岁，他走到大学同事组成的委员会面前，他的人生似乎臻达巅峰。

立领，领结，黑拐杖，金表链，黑漆雨鞋。脑袋硕大，秃顶醒目，上面还留着一圈疏疏朗朗的头发。无框眼镜，薄嘴唇，稀疏的髭须，嘴角已经忧虑地向下耷拉了，鼻根上方竖着几道皱纹。一本正经，满脸严肃，微笑早就从这张脸上消失了。虽然可以汇报艰辛的工作终于大功告成，普朗克今天走近讲台时也是一脸苦相。这也许是由于物理学家肩负的沉重负担，他曾说他们不是为这一天工作，而是"为了永恒"。反正他属于那些德国人，歌德说他们很难战胜事物，事物也很难战胜他们。

普朗克属于讲课声音最低的，他强迫听众聚精会神。那声音缠着你，又不让你觉得讨厌，普朗克用声音描述他的"辐射定律"之路。

辐射定律原本只用来为灯泡的光功率确定一个工业新标准，而普朗克想要的更多。他在寻找一个能涵括整个辐射领域的定律。他也希望最终可以破解发生在前任古斯塔夫·罗伯特·基尔霍夫留下的可疑物内部的那些过程。基尔霍夫在生命的最后几年想到一个天才的实验安排，还设计了一个长形、鼓腹的大容器。容器内部全是空的，只开有唯一的一个小孔。在理想的实验情况下，这个容器经由小孔吸收的光线与它辐射出去的一样多。基尔霍夫将不同的材料（比如黄铜、铁、钻石等）放在这些奇怪的形状中加热，观察温度上升时它们的行为。这时出现了一个惊人的现象：截然不同的物体放射出来的光线[①]只受温度影响，材料的物理或化学性能无关紧要。多年来，没人能够解释这个“自然现象”。若能准确测定“黑色辐射体”内部的热辐射，一定也能准确定义其辐射强度对频率和温度的依赖，这差不多就是必须或应该解决的任务。带给他启发的是威廉·维恩（Wilhelm Wien，1864—1928）的论文，维恩是1911年的诺贝尔奖得主，普朗克依据的就是他有关热辐射的大量前期工作。当时找出了加热物体在温度升高时颜色由红色变成黄色和白色的原因，但尚未提出一个全面的辐射定律。

20世纪初，物理学家们还自认为是艺术家。除了非常辛苦、写满一页又一页的方程式和逻辑推论，他们参与艺术过程，希望得到承认和欣赏。天才，最好是梦一般的直觉。爱因斯坦说，他的相对论就诞生于直觉和幻想。不管怎样，普朗克认为他拥有超常的“想象力”。他也强调哥廷根大数学家赫尔曼·闵可夫斯基（Hermann Minkowski）“具有艺术家气质的天性”和阿诺尔德·索末菲“向前摸索

① 容器辐射形成的光谱，即黑体的辐射光谱。——编者注

的幻想”。反过来，爱因斯坦又指出普朗克“真正艺术的一面”和他的“艺术需求”。当普朗克强调他一方面是“幸运地猜出”、另一方面是“半实验地”找到了这个定律时，在辐射定律这件事上他可能言过其实了。当他赞美艺术幻想，说“它是挺进黑暗领域的研究人员的精神里，点燃新认识的第一道思想闪电”时，他是在讲他自己。没有幻想就不会有幸运的想法，逻辑并不重要，这个定律不就是最好的证明吗？或者它是证明，普朗克同事又介绍了一个，说轻点，显得相当冷僻的内容呢？无论如何，在以时代风格谈论“以太”和“物质”在那里相遇的“神秘理想国”时，必须要有耐心。（认为存在一个“以太”的想法还将持续多年，最后才被爱因斯坦驱赶幽灵似的扫走了，代之以“电动力学”的概念）。当他讲到“熵”时，简言之，那个一切过程都是不可避免地由简单跨向复杂的观点，普朗克显得像个布道的传教士。这个原理成了决定普朗克一生的课题，像一件过紧的紧身衣一样束缚着他的思想。普朗克就该课题发表了5篇内容丰富的文章，是该领域举世公认的权威。不管怎么说，对这个资格谈不上有什么大的竞争。

为了1890年的国家物理学大会，这位报告人进行了一次调查，他发现世界上只有4个人在比较深入地研究热力学第二定律。普朗克的事业始于这个课题，21岁的他花了4个月时间写就的毕业论文探讨的就是克劳修斯的热学理论。论文最终于1879年——爱因斯坦出生的那一年——付梓印刷，当时谁都不想了解它。就连他的博导菲利普·冯·约利（Philipp von Jolly）也觉得这个题材和热力学应用于稀释溶液、渗透压力、电解质等的论文太不符合逻辑了。但这位学生极其认真，约利准备给他的论文最高分。在柏林，就连亥姆霍兹和基尔霍夫这些公认的大科学家都拒绝阅读它。鲁道夫·克劳修斯矜持内向，普朗克都没能获准至少与他面谈一回。难道约利自己没有建议过普朗克远离物理吗？在发现了能量守恒定律之后（“世界的能量是恒定的”），可做的事已经不多了。

所谓的“辐射定律”得到的回应是肃穆安静。掌声中夹杂着感激之情：终于可以心安理得地将这个课题让给这位同事了。无论是报告人，还是或冷漠或亲热的同事们，此时此刻，谁都没有预料到，马克斯·普朗克刚刚为自己“挖掘了坟墓”。

公开介绍的定律尚缺推论，似乎有点不对头。负责精确测量和标准监督的帝国物理技术学会无法用实验证明定律有效。为了检测普朗克的定律，这个无情的机构已经实验过几十回了，就是无法证明普朗克的假设。怀疑日渐增长，但人们都在犹豫，不想伤害本学科如此著名的成员。最后，普朗克的朋友和同事海因里希·鲁本斯（Heinrich Rubens）通知普朗克要去参观他的研究所。鲁本斯是来委婉提醒朋友的，经过仔细检测，毋庸怀疑，辐射定律存在根本错误。“根本”是指那不是计算错误或是存在偏差，而是某种根本不同的东西。

普朗克努力通过各种辅助设计拯救他的理论。最后他自己也不得不承认，他不能用必需的逻辑方式从电动力学和热力学推论出辐射定律。再也没有挽救余地了，他一无所获。数年的研究项目和信念一夜间成为废纸。

普朗克不得不承认，能量方案和热力学第二定律的基础要比他所认为的更加深远。他离现实不够近，没有理解物质结构。普朗克没有告诉我们他是如何承受这一毁灭性结果的，但我们可以猜到是怎么回事。这个定律不仅关系到他作为理论物理学教授的声誉，还关系到他对自然本身的理解——他对上帝、对“绝对”和自然秩序的信仰产生了怀疑。到底会不会有什么普遍适用的东西不是源于上帝的呢？一切绝对的东西难道不是“一”的一部分，是绝对的一部分吗？

有两样东西成了普朗克的灾难。他要求自然至少是他想象的情况，可自然不见得就想让一位柏林理论学家来管。科学真相是独立于人类存在的真相，普朗克不能或不想承认这一点。他蔑视“原子”及其无目的地飞来飞去，是的，他否认它们的存在，它们反过来又不纵容他。

1900 年年初，普朗克仍在坚持世界是由一种“连贯性物质”而非由原子组成的观点。他坚信的“连贯性物质”观点是指，大自然中的所有过程都是连贯发展的，一环套一环，就像抽出一架望远镜似的。不存在意外，因为自然不“跃迁”。马克斯·普朗克的这一传统想法是与“熵”的学说不可分割地联系在一起的。

熵这个术语源于希腊语，相当于“转变”的意思。发明它的是伟大的克劳修斯，他与威廉·汤姆森（1824—1907）和本杰明·汤普森（1753—1814）一起发现了热力学第二定律，认为所有热量过程总是由较热的状态过渡到较冷的状态，永远不会是反过来的。现在克劳修斯将这一认识与他的熵的想法联系在一起，它同时也只是单向的。每个失去热量的物体需要能量来恢复其原先的状态，而不是反过来，不仅如此，其他所有过程也不可避免地是由简单向复杂发展。我们一直在变老，而不是越变越年轻，谁也不能将一块蛋饼重新变回鸡蛋。所有这些过程都是“单线的”。普遍适用的是，熵追求一个——无序、复杂等的——“最大值”。

不过，具体到马克斯·普朗克身上，科学信念和信仰是紧密相连、不可分开的。他相信上帝和绝对性，理由是“人类生命是上帝创造的”。他认为“热学”和“熵”是准宗教假设。“热学”里事件的过程必然是确定的，与此类似，也有一个时间箭头指向渐增的熵的方向。普朗克称此为“不可逆性”。

每个理性的人都会赞同这一认识（只要看看自己的写字台就可以了），但这个观点恰恰与传统力学相抵牾。传统力学的定律没有哪个是单向的，牛顿方程式不偏爱某个特定的时间方向。符合力学定律的每个运动过程，也可能有一个反向过程，因而时间是可能逆转的。

过去、现在和未来的顽固幻想

传统力学就已经认识无数不一定非“单线”运行的过程，马克斯·普朗克不想承认。他同样不想承认原子世界，那里存在更多的有关整个事件方向的问题。他执着地认为世界是由“连贯性物质”而不是由原子组成的，从现实中排除了原子事件的世界。

这个观点远远落后于德谟克利特的认识，但持此观点的并不止普朗克一个人。与他和所有的原子否认者相对立的是“原子论者”。其代表人物有路德维希·玻尔兹曼、牛顿和几乎同样重要的詹姆斯·克拉克·麦克斯韦，后者是电磁场的发现者，他发现了波也没有固定方向。

整整几十年，普朗克都坚信原子论者的假设不可能持久。1881年，他声称原子想法没有裨益。1897年他在物理教科书前言里指出，没有发现什么必须修改的东西。

由于普朗克的辐射定律里没有介绍和描述原子世界，普朗克的定律不可能普遍适用。自然的工作计划是我们想不到的，“它的基本定律并不完全直接涉及我们所能想象的空间和时间的世界，这些定律适用于某种我们不接受本质特征就不能生动想象的东西”。1930年保罗·狄拉克（Paul Dirac）说道，和海森堡一样，他是那个年代最年轻的诺贝尔奖得主。

“原子论者”的思考更科学，他们不重视宗教或世界观的偏见。玻尔兹曼及其战友们要比停滞不前的普朗克更现代。他们不怀疑，未来属于他们。普朗克绝望地试图挽救他的定律，玻尔兹曼对此大肆嘲讽。单是原子没有方向的观点，普朗克就感觉到了威胁。

普朗克从没有怀疑过热力学定律，玻尔兹曼认为它顶多是个可能性极大的“概率定律”。因为“原子论者”认为在原子层面不存在不可逆过程。这一点牛顿就已经教过他们了，压根儿没有使用还处于“昏迷”状态中的原子，“四元素”论让西方世界的科学思维瘫痪数千年了，对原子也无益。现在，只有在某个特定时刻弄明白所有参与原子的位置和速度——一桩不可能的事，这些牛顿定律才能被用于原子事件。

原子的熙来攘往并非一目了然，麦克斯韦，特别是玻尔兹曼，发明了一种辅助方法，用概率计算代替它。虽然玻尔兹曼认为，像所说的那样，一个过程“极有可能”只朝向热力学第二定律允许的方向发生，但不能排除统计波动也能造成时间方向的逆转。

普朗克一直抗拒这种思考。数十年来，他始终坚信原子论者的想法会失败。为了维持自己的主张，普朗克认为，“黑体”内部的辐射适合用来证明他的看法。但他显然不想承认，麦克斯韦的波在这样一个空洞物体里是按照“原子论者的想法”活动的，而且不懂时间方向。玻尔兹曼肆意讽刺普朗克的这些努力，因为麦克斯韦的波跟牛顿的力学一样：它们都不懂时间方向。

玻尔兹曼的思想立即引发了时间消逝的问题。因为如果将牛顿的传统力学定律用于可以统计的原子事件，就会发现，我们以为的流逝时间不存在了，问题在于，到底该如何理解“现在”。“现在”真的只是一种主观想象吗？全宇宙共同经历的现在的概念会不会只是一个虚构？只因为我们十分无知，能“看见”的那么少，我们的意识不能达到更远，我们就认为生活在一个消逝的时间里。事实上，时间既可以“跳”进过去也可以“跳”进未来。换句话说：过去、现在和未来相互并存。或者，就像爱因斯坦在致已故好友贝索（Besso）妹妹的慰问信里所写的：“对我们这些虔诚的物理学家来说，过去、现在和未来的区分只具备一种幻觉的意义，虽然这种幻觉有时还很顽固。”

只有付出放弃信念的代价，普朗克才能更深地理解自然和真相，将辐射定律放到一个全面适用的基础上去。他必须激进地改变思维，作出“牺牲”，才能扭转他的失败，找到解决方法。可以解释的是，两者普朗克都很难做到。普朗克很早就显示出一个特征——它是他的典型特征：他彻底，但他需要时间，“可惜我不是天生就能对精神启发作出反应”。一旦被“缠进”一只茧里，他就很难离开。

爱因斯坦一次次对这一特征表示不满，指责普朗克“顽固”。1911 年，爱因斯坦对德国物理学同事们发泄了不满。他的相对论的推广版没有获得更多理解，这引起了他的不满。不容置疑，他瞧不起普朗克和其他德国物理学家。尤其是较老的一辈不懂原则性的考量，冯·劳厄不懂，普朗克也不懂。这位飘荡不羁、无拘无束的自由意志者指出他生活在俗世中的同事们目光短浅：“自由、无偏见的目光是（成年）德国人所不理解的。”然后他还甩出一个单词：“蒙上眼罩过日子的人！”[①] 它包含了他全部的愠怒和气恼，翻译过来就是：

① 此处的原文为“Scheuleder”，本意是为了防止马受惊而将它们蒙起来的眼罩。这里用来形容德国物理学家“闭目塞听”（不了解实际情况）（mit Scheuklappen herumlaufen 或 Scheuklappen tragen，或 Scheuklappen vor den Augen haben）；或者“对其他人不感兴趣，我行我素”（mit Scheuklappen durchs Leben gehen）。——编者注

真拿你们没办法，你们这些蒙着眼罩的家伙！普朗克甚至有可能会同意爱因斯坦这样的愤怒。

烧掉你曾经的崇拜吧：量子的诞生

可是，现在犹豫已经没用了。普朗克必须彻底修正他的科学思维，发誓放弃第二定律绝对有效的信仰。“简而言之，我可以称整个行动是一桩绝望的行为。因为我天生就有安静沉思的冒险家倾向……必须不计代价，找到一个理论解释，哪怕代价很高……另外，为了我至今的物理学信仰，我愿意作出任何牺牲。”这番誓言体现了他的诚意。

“烧掉你曾经的崇拜吧，崇拜你曾经烧掉的吧。”3名对手——艾萨克·牛顿、詹姆斯·克拉克·麦克斯韦和路德维希·玻尔兹曼——大获全胜，他们可以这么对普朗克说。至少在一段时间内，普朗克自称是玻尔兹曼的学生。

普朗克后来称接下来的几个月是他一生中“最艰难的”，但那肯定是他一生中最多产的日子。他必须在短短几个月里追补上他几年里否认、误解和错失的东西。现在一切都有了意义，似乎是为他由此获得的认识所作的准备。如果没有犯过错误，他真能认识到玻尔兹曼应用的常数“k”不仅适用于气态计算，也适用于整个统计力学吗？为了致敬这位维也纳天才，他给它取名为“玻尔兹曼常数”。

普朗克在寂寞的对话中跟自己作了许多约定。辐射能不是“连贯性的”而是“跳跃的”，在这一认识艰难地钻进他思想的关键瞬间，估计他也是孤独的。在计算黑体空间内部的电磁辐射时，一种本能的灵感让他设想辐射能由最小的能量包组成，他称之为“量子”。

这是量子论诞生的原始情形，它既是革命性的又是独一无二的。此时普朗克像相信恒星一样坚信原子，从而与他那个时代的全部知识相对立。但测量结果证明他是对的，他的新计算方法正确。一切正常；但是，认为普朗克本人不理解他遭遇了什么事，这种想法也没有错。他似乎不觉得跨越认识的现有边界有多可怕。5 年后爱因斯坦的光子假设认为光束呈量子状分布，普朗克已经觉得太颠覆，认为是不可能的。

通过几乎游戏似的测定单个量子值，普朗克改变了我们对自然的理解，在通往新的辐射定律的道路上，这将不会是他唯一的发现。确信自己发现了某种前人未曾想到过的有关自然的东西，令普朗克一时间幸福无比，兴奋若狂。胜利深深打动了他，其影响还无法估测。但他不能对着格鲁尼瓦尔德别墅的宁静夜晚喊出来；反正不像爱因斯坦，爱因斯坦曾为他的处女作被发表在《物理学纪事》(*Annalen der Physik*) 上高兴得像公鸡一样啼鸣，而且叫了 5 分钟之久。

触动普朗克的那些感觉，他只能向少数人诉说。而他的儿子埃尔温就是倾诉对象之一。有一回散步时，他告诉 7 岁的儿子，他的发现将让他成为科学界伟人，可以与开普勒相比。开普勒是谁，在普朗克家是不必再对孩子们解释的。至少他们知道他，感觉到是什么荣耀包围着这个名字。埃尔温不止一次讲过这件事，几十年后与珀尔 (Pohl) 交谈时他还再次提到。

1900 年 12 月 14 日，马克斯·普朗克在柏林德国物理学学会大会上汇报了他的新辐射定律。但不是每位听众都意识到了，他刚刚宣告的是对未来影响最大的物理学发现。普朗克的幻想也不足以想象这个定律会带来哪些后果。

普朗克的辐射公式符合所有的要求和预期。普朗克找到了缺少的能量、温度和辐射强度之间的普遍关系，自基尔霍夫去世后人们就一直在徒劳地寻找它。其意义最初只限于热辐射领域，与物理学其他领域还没有关系。但是，当普朗克在量子假设基础上从理论方面成功地推论出辐射定律时，情形瞬间就改变了。随后，人们在帝国物理技术研究所对“黑体”空腔中的辐射进行了测量，头一回精确计算出了常数值。出乎意料的是，玻尔兹曼的常数“*k*”立即就派上用场了。事实不仅表明电动力学和原子理论之间存在联系，还头一回可以用它计算出一个原子的质量：也就是氢原子为 1.64×10^{-24}；一个电子的静电单位是 4.69×10^{-10}。人们不仅知道了氢的质量，还可以算出其他所有元素的原子质量。普朗克再次惊人地用一种尚无先例的方式解释了一个自然秘密。这些革命性成果也是精确的自然科学无法预见的。

但是，普朗克的不朽贡献是他认识到，在原子的世界里，可以用其他定律取代物理学定律。他还证明了物质原子结构的基础最终是一个数学定律。通过这一认识和发现有效量子“*h*”，他推开了通向原子物理和核物理的大门，推开了通向粒子物理和更多新事物的大门。瑞典科学家斯万特·阿伦尼乌斯（Svante Arrhenius，1859—1927）曾经游说诺贝尔奖委员会里他的同事们支持普朗克获诺贝尔奖，他这样描述马克斯·普朗克的成就：

> 通过这种方式，我们高度可信地明白了，物质由原子和分子组成的观点基本上是正确的。毫无疑问，这是普朗克的伟大工作最有益的成果。（顺便说一下，阿伦尼乌斯为他的候选人普朗克的努力最终白费了。评选委员会的一些成员主张由威廉·维恩和普朗克共享这个奖项。最终卢瑟福作为折中候选人获得了 1908 年的诺贝尔化学奖。）

“h”是普朗克发现的第二个常数。今天人们都说是普朗克的“有效量子 h”。普朗克从最小的能量量子推论出了这个“h”的值。但是，这个神秘的“h”有何特点？一时间还很难看透。洛伦兹和索末菲等大理论家都认为，常数“h”预示着物理学里某种全新的东西。至于如何归类这个新发现，他们意见不一。一旦能够算出“h”的数值，情况就会改变。因为涉及新发现现象的所有方程式，几乎都含有这个神秘字母“h”，让人注意到有效量子“h”。这意味着，不认识普朗克的有效量子，就无法从理论上理解这些现象。

一个新纪元就此开始了。那个时代的物理学家还一点都不熟悉量子物理学的基本思想，他们对这些假设的结果视而不见或没有认真对待。就连过分精细、计算到小数点后许多位的原子重量都被忽视了。在普朗克得出最准确的数字 5 年之后，教科书里都还在继续印着相差十次幂的数字。

物理界的无名小辈阿尔伯特·爱因斯坦是伯尔尼联邦专利局的检验员，1905 年，他将普朗克量子假设用于两种与热辐射无关的现象：光电效应和特殊热量对温度的依赖使他对辐射定律的兴趣骤然猛增。这下普朗克的辐射定律阔步离开它的发明人了，普朗克不想参与他解决不了的麻烦，很快就将这个领域让给了年青一代。

普朗克生活朴素节俭，乃至自我克制。1900 年前后，在柏林的教授当中，他最多属于中等收入群体。125 万克朗的诺贝尔奖奖金还要等上差不多 20 年才会到来。如果没有报告酬金和他的第一任妻子、柏林银行家之女玛丽·麦尔克（Marie Merck）的贴补，他甚至无法维持生活。这位父亲带 4 个孩子外出度假时只能买二等座车票；如果普朗克单独乘车回去，他买张三等票就够了。这位三等车厢的乘客显得十分拘谨，特别谦逊，可谁能想到，伸手摘星星他都不满足呢？他想要的更多，多得多。普朗克最想做的就是教会宇宙里的所有生灵，如何一劳永逸地思考计量单位。他认为，不用怀疑，与万有引力和光速常数一起，他的辐射定律里的常数“h”和“k”表示的认识都具有普适特点并独立存在。这才是关键，因为“在它们的帮助下，有可能制定长度、质量、温度的单位，它们必须适用于所有时代，适用于所有的、包括外星和人类之外的文化”。在另一个地方他的说法更宽容，没有这种不容争辩的口吻，他希望研究出一种真正通用的物理，“火星居民也能像我们一样接受它”。

拯救儿子

这些事件已经过去44年了，1944年8月，此时讲的不是量子和常数，而是埃尔温·普朗克的生命，他最想做的就是推翻一个暴君，结束其罪行。沮丧和希望交相更替，日复一日。1944年8月8日，马克斯·普朗克还告诉过劳厄和其他人，比如普鲁士财政部部长约翰尼斯·波皮茨教授（Johannes Popitz，1884—1945）也遭罹了相同的命运，让他略感宽慰。“在此基础上无法作出理性判断。”一个月后他的看法得到了纠正，事情要比普朗克想得更严重。

1944年9月6日普朗克又告诉劳厄，为了至少能改判为监禁，他与埃尔温的妻子奈丽·普朗克（Nelly Planck）想尽了各种办法。得到这个消息后，大家开始为挽救他儿子的性命而四处奔走，这种焦虑数月来折磨着所有人。

大凡有点渠道能帮助改判的人，他们都写信求助。奈丽·普朗克的妹妹玛丽娅被扯进来了，她有个熟人认识希姆莱的妻子玛尔加。奈丽本人两次求助于希姆莱夫人，让她关注马克斯·普朗克的请求；她恳求过善良的国务部部长迈斯讷，“救救我丈夫”，奈丽的姐夫找到他“战时与和平时期的老战友”戈林，请求他支持赦免请求。奥托·沃尔夫公司试图通过其他渠道促使戈林保护这个面临死亡的人。这是一家重要的军工企业，认为应该对埃尔温·普朗克负有责任，因为他是现已去世的公司创始人的亲信和托管人。不过，正如致狱中那位企业领导班子成员的函件里所写的，暗地里，那些“科隆的先生们”都希望，“您与7月20日的令人诅咒的罪行没有任何联系……无论如何，他们认为必须暂时中止与您的现有合同关系，直到您又能履行您的职责”。

毫无疑问，写这封信时公司是知道它会被各种国家机构阅读的。尽管如此，信中还是夹带着一种口吻，让人感觉到对政变的保留态度。大多数民众也同样不太理解或不同意“这些叛徒”。（1945年之后，这种态度还持续影响了很长时间，比如，被处决者的家庭长达几十年都没有资格领取养老金。）

1944年11月9日，沃尔夫公司接到通知，帝国党卫军领袖（希姆莱）希望口头通知普朗克教授，党卫军帝国领袖获悉了他的呈文，将暂停执行判决。党卫军帝国领袖在此表示，他认为转为终身监禁的减刑是可行的。

当“亲爱的小奈尔”（奈丽）告诉普朗克这个消息时，他喜出望外。通话后他感觉获得了新生——关键是能让埃尔温活下来。他也激动地感谢希姆莱让他摆脱了令人窒息的担忧。

不久后他们了解到，埃尔温青少年时期的好友赫尔穆特·赖纽斯（Helmuth Rhenius）也被捕了，这又是一个不祥的兆头。

其间，所有挽救埃尔温·普朗克生命的请求都失败了。戈林的反应敷衍且犹疑。走投无路之下，奈丽求助“亲爱的冯·巴本先生”，恳请他帮忙改判，冯·巴本回避了。元首的意志使他不能反对人民法庭的判决，提出或支持赦免请求。

在这段忐忑不安的时期，普朗克用动听的话语来安慰亲爱的“奈尔”，作出将他俩联系在一起的誓言：“这些日子，我俩将我们所有的思想和担忧倾注于一个人，他是这世上所有男人中离我们最近的，他给我们最好的保护、最坚决的支持，现在他要从我们身边被夺走了，一生中你从没有像这些日子里与我这么亲近过，我对你的感激如此之深，是我从未有过的，这真是无法想象。”

1944 年年底，马克斯·普朗克告诉希姆莱，他已经从亲家那里得悉儿子于 7 月 23 日被捕的消息。他向希姆莱保证，“鉴于将我与我儿子联系在一起的亲密信赖关系”，他“肯定，埃尔温与 7·20 事件毫无关系。我 87 岁了，各方面都依赖儿子。我至今一直在努力献身于科学和我的荣誉职位，想以这样的方式在年老之后也为祖国效劳。我之所以能这样做，是因为儿子在所有事情上都支持我。我在世界大战中痛失了长子，也失去了两个女儿，在我晚年，这个儿子是我首次婚姻留下的唯一一个孩子。

“我的第二次婚姻所生的儿子没有能力维持家庭的精神传统，而埃尔温这个儿子无论性格还是才华都是我们家族数代的象征。万分尊敬的帝国元首先生，我请求您设身处地地替我考虑一下，也考虑一下我在德国和世界上享有的声望：如果我不得不因为一次严厉的审判失去这个儿子，这对我意味着什么。”

马克斯·普朗克对那些暗杀计划知道什么呢？估计一无所知，至少不了解具体情况。行动太棘手，不能给 86 岁的老人添累。如果他知道了结局没有把握，他会同意暗杀吗？几乎不可能。最初惊人的军事成功也没能减弱对希特勒的厌恶，对野蛮的纳粹政权的震惊，他会同意推翻和暗杀暴君吗？普朗克是个固执的人，一个“继续干下去的人”，终生都习惯了国家独裁。不。他是一位物理学革命家，虽然也是不情愿的；但在政治上，1918 年他向爱因斯坦表达他对皇家的虔敬感情的那些句子，影响了他的思想，他讲到“对我所从属、我为之骄傲、恰恰在不幸时也为之骄傲”的国家那种始终不渝、休戚相关的感觉。如果普朗克怀疑他对国家的信任，那他是在违背自己的意志。对他来说，将国家当作罪犯，是“不可想象的无稽之谈”——就像弗里茨·斯泰因（Fritz Stein）所说的。

那个极小的实施暗杀、知道计划暗杀日期的行动者圈子，埃尔温·普朗克到底是不是其成员呢？几乎不可能。他是抵抗网络可靠、老练的支持者，一位筹备者。他曾参与讨论政变成功后的保守执政纲领和宪法，这事很快就被盖世太保知道了，因此，1944 年 7 月 20 日后三天他就被捕了。

宣判后一天，普朗克再次求助于希姆莱，恳求他也去找帝国司法部部长蒂拉克（Thierack）想想办法，将死刑变成监禁。但这是个徒劳、无意义的请求，因为众所周知，蒂拉克一直是每桩死刑都支持。

在明白形势有多严峻之后，在死刑宣判两天之后，1944 年 10 月 25 日，马克斯·普朗克振作精神给希特勒写了一封信。腼腆、拘谨的他抛开一直极其谦虚的姿态，利用起他的伟大成就和终生献给公益的影响。他写信道：

> 我的元首，我的儿子埃尔温被人民法庭判处死刑，对此我深感震惊。您，我的元首，曾经一次次以最尊敬的方式表彰我为祖国效劳所作出的成就，这让我有权相信您会听取一个 87 岁老者的请求。我的毕生工作已经成为德国永恒的精神财富，作为德意志民族的回报，我请求得到我儿子的生命。

该信未获回复。

1944年9月5日，玛尔加·普朗克写信告诉哈恩夫人，她丈夫老了，不仅仅是肉体上。好吧，这就是世事的发展，马克斯·冯·劳厄对此向莉泽·迈特纳表态道："得多想开心事，即使已经事过境迁。还有，这主要也是说给您听的。"

当炸弹在柏林劳厄家的隔壁爆炸之后，松针覆盖了他家客厅里的一切。他忍不住马上告诉莉泽·迈特纳他对此事的解释。那就是，爆炸后的低压像磁铁一样，将前几年许多圣诞树上掉落的松针又从地板缝里吸出，下雨似的抛洒在了桌子和沙发上。

有时这些描述又转换了一个方向，莉泽·迈特纳称之为"逃出现实"。于是劳厄在9月描述了对斯图加特的一次严重轰炸，由于天气晴好，他从赫青根可以看得很清楚。他与从柏林疏散出来的其他科学家们一起观看了轰炸机中队飞近，朝着之前标记好的目标投下炸弹；有时也可以听到炸弹落地的声音。他显然亲身经历过轰炸对斯图加特居民的影响，但信中没有谈及。

几个月之前，一位重要的文学家和级别很高的军官在巴黎也观看了轰炸大队的两次袭击波。他站在拉菲尔酒店高高的台阶上，看到巨大的蘑菇云腾空而起，而轰炸大队在高空飞走了。第二次飞过时他手端一杯里面漂着草莓的勃艮第酒，目睹了一场日落。对此恩斯特·荣格（Ernst Jünger）在1944年5月27日的日记中写道："拥有红色尖塔和穹顶的城市无比漂亮，就像一朵花萼，飞机飞过，被从空中进行了致命的人工授粉。"许多批评家认为这著名的"勃艮第场景"轻佻气人。不过，不久前观察者荣格决定对这些事不再说什么，他认为，从长远看，人类的"道德关系"太累人。

当劳厄与疏散的柏林海森堡研究所的其他科学家们观看轰炸机

飞越斯图加特上空时，这位受过训练的物理学家告诉莉泽·迈特纳的消息听起来是这样的：

> 我们从物理学的角度看，整个天空满是轰炸机身后留下的凝结尾迹。它们上面飘着其他深色和浅色的、等距的直线条，我们一致猜测这是爆炸的压力波。凡是稍稍高于周围压力和温度的地方，冷凝的小水珠部分蒸发，它们下降的地方，小水珠的数量会增加。顺便说一下，有一回我也看到只有一条浅色线条。按照我们的质性观察，计算迁移角速度得出的结果是可信的。声速为 1/3 千米，在估计的 1 万米高度，1/30 的角速度相当于每秒 2 度。今天柏林的先生们告诉我，他们见到过类似的线条，但在爆炸的高射炮附近是圆的。这里还非常安宁，草地上盛开着许多秋水仙，树上密密麻麻地挂满苹果，有的也挂着梨子……

玛格达·冯·劳厄十分敏感且热爱自然，1944 年 9 月 21 日，她写信告诉紧张不安地等待埃尔温·普朗克的其他消息的“亲爱的迈特纳小姐”，埃尔温·普朗克的希望很渺茫。她这样形容事态：“普朗克现在有了一个曾外孙女。”普朗克的孙女格蕾特·罗斯前不久确实生了个女孩。“这个孩子的舅舅（指埃尔温·普朗克）情况很糟糕，他的处境没有太多希望，但曾外祖父和曾外孙女情况很好。”紧接着这道加密信息，玛格达诉说了她的生活感受。她感觉与大自然如此地融为一体，让死亡不再可怕：“尽管有战争的痛苦和担忧，我意识到正经历着最幸福的夏天。这听起来奇怪，因为每天都有沉重的粗活要做——独自将 30 公担焦炭从院子里运到地下室，洗全部的脏衣服直至手指骨节出血——尽管如此，与自然结合帮助我克服一切，更何况这是个美妙、晴朗的夏天。我每天朝着我的目光方向跑一次步——目光朝着城堡（赫青根）。陡峭、高耸、不可接近的山顶，有时像萨尔瓦特山（Montsalvat）一样突起于浓雾上方，有时在晚霞中伸手可触。我在我家狭窄、不见天日的（柏林）花园里蹲了 25 年，这事像梦魇一样从我身上掉落……因此，如果冬天带给我们什么糟糕事情的话，我乐于死在这里。”

看起来，花儿和荨麻再也不会得到如战争期间这么高的评价了。当她匆匆赶回家时，看到路边一朵一米高的头巾百合，白色、紫色的红门兰和龙胆草——“啊呀，那时我真是非常幸福。”她写道。

支付处决费用 300 帝国马克

1944 年 11 月 12 日，劳厄告诉莉泽·迈特纳：“埃尔温被判处死刑。他父亲 2 号给我写信，希望能转成监禁。他都 86 岁了，还得经历这种事！我不知道我该——我能怎么回复他。据我所听到的一切，（爱德华·）施普朗格（Eduard Spranger）还在关押中。如果有人像您近期（10 月 21 日）描述的，‘逃出现实’，您还会感到奇怪吗？”

1944 年 11 月 20 日让人误以为出现了一丝希望。在卡尔·弗里德里希·冯·魏茨泽克（Carl Friedrich von Weizsäcker）来访过一次之后——大家都相信他也许知道更多情况，毕竟他父亲是外交部仅次于部长的官员——劳厄汇报说：“我听说汤不像煮时那么烫了。”

乐观的希望持续着。1944 年 12 月 3 日莉泽·迈特纳回复了劳厄的相关消息。

“您上一封有关埃尔温现状的信听起来有利得多，让我十分开心，我对这整件事自然十分关心。”

劳厄回答:“埃尔温的事至少开始好转，他父亲写信告诉我，他又能睡觉了，但一切尚未有定局。”

几乎没有什么反响。在赫青根或泰尔芬根(Tailfingen)，那个紧挨着赫青根的小地方，海森堡与他的部下还在进行最后一次绝望的尝试，想让一台“铀机器”运转起来，那里举办了一场有关“铀分裂产品”的专题座谈会——关于一个意义重大的东西。但我们从参与过座谈会的劳厄那里只了解到:“晚上我们5个人坐在哈恩的房间里，喝着两瓶上好的摩泽尔葡萄酒，那是个十分惬意的夜晚……”

海森堡数月后写道:

> 圣诞信件到得很少，只有普朗克寄来一封，它很重要，虽然他只说埃尔温的状况没有变化，无法再为他做什么了。他与妻子又去了柏林几天，在那儿他恢复了下精神。精神激励在乡下是不可能有的。柏林的现状如此，这是相当值得一提的。

劳厄这段时间的信件丢失了。包括一封有关埃尔温·普朗克之死的早期信件，尤其是丢失了一直按顺序编号的1945年3月3日劳厄的第8封信。但莉泽·迈特纳2月底就接到玛尔加·普朗克的简短通知了。“这非言语所能描述，”她随后给劳厄写道，“痛苦中的人真正是沉默不语……今天我无法多写，一切都太近了。”

监狱的情况有狱友和证人的报告(它们无法进入信件中)。囚犯被送去了拉文斯布吕克(Ravensbrück)集中营，有寄给奈丽的简短信件。那些消息旨在鼓励她不要再给家庭增加麻烦。他表达了爱和感谢。莫尔特克(Moltke)在狱中曾经短期与埃尔温·普朗克为邻，他提到在最艰苦的条件下，囚犯们相互之间“通过口型、目光和头部示意，也借助看守人员暗地里帮助”进行沟通。犯人们在受审时要忍受多种折磨。前国防部部长奥托·盖斯勒（Otto Geßler）同样被关在拉文斯布吕克，曾远远地见过埃尔温和其他抵抗者，诸如波皮茨（Popitz）、哈塞尔（Hassell）和沙赫特（Schacht），盖斯勒描述了“调查委员会”里一个“有大剑疤的大学生社团成员——看样子有35岁”——所使用的审讯方式。可以认为，此人就是也讯问过其他犯人的党卫队员朗格（Lange）。

审讯一开始，先让盖斯勒看一张桌子，上面准备好了牛鞭和木条。接下来是以最激烈的方式审问他过去几年的交往与活动。“任何肉体和精神上的虐待——包括长达半小时难以忍受的折磨——任何道德上的打击都不放过。迫害时将削得很锋利的木条用尽全力插进两手手指之间，一直插到骨头，再用粗糙的木条将伤口捅大……还有另一位官员——一名社团大学生，同样带有剑疤——也与朗格一道参与了虐待和迫害”。德国受过大学教育的人担任“打手和刑讯衙役”，这让盖斯勒感觉备受打击。

埃尔温·普朗克被捕后曾由赫尔曼·平德尔（Hermann Pünder）接替他的职位，当他被捆绑着押进臭名昭著的阿尔布莱希特王子大街上的地下牢房里时，平德尔曾认出他来。当他俩面朝墙站着时，平德尔能从侧面看到他。上次相遇时只来得及瞟一眼。但是，几乎不用怀疑，接下来对埃尔温·普朗克的审讯也是由赫尔伯特·朗格以同样的手段进行的。受审时平德尔必须站着，而审讯的党卫军一级突击队中队长朗格则懒洋洋地半坐半躺在一张扶手椅里。那个矮胖的35岁的家伙一张脸“肿胀、憔悴，疤痕缝合很差”。他先是用浑浊的眼睛盯视平德尔一阵，然后才进入正题：“现在我们要看看这颗小果实……这货曾经是总理府的国务秘书！但这坏蛋我们已经认识了，他正站在外面呢。”指的是埃尔温。

正如彼得·霍夫曼（Peter Hoffmann）在他的著作《抵抗》（*Widerstand*）中所介绍的，埃尔温·普朗克曾受到多次迫害。从集中营幸存下来的法比安·冯·施拉布伦多夫（Fabian von Schlabrendorff）在战后写道：“许多我的志同道合者，比如朗拜恩（Langbehn）律师，行政专区主席俾斯麦伯爵和国务秘书埃尔温·普朗克，都不得不遭受这种折磨。人类能承受之前认为不可能承受的东西，这方面我们都有经验。我们当中还不能承受的，就学习祈祷，这种情形下只有祈祷能带来安慰，赋予超人的力量。”幸存下来的盖斯勒也给奈丽写信，描述了最后一次与埃尔温·普朗克在拉文斯布吕克的相遇。他在监狱的小院子里散步，他们彼此不能讲话，“但他还是向我投来令人难忘的一瞥”。

1944年12月21日，埃尔温·普朗克在阿尔布莱希特王子大街再次受审。审讯时他与老友赫尔穆特·赖尼乌斯（Helmuth Rheinius）曾经对质过一次。我们要感谢赖尼乌斯留下了对他们最后一次相遇的描述。在俄军部队占领柏林之后，赖尼乌斯得以与一位朋友一道逃出了监狱，在给奈丽的信里，他介绍了处决前几小时埃尔温·普朗克是如何由一位盖世太保官员带进审讯室的。

> 脚镣让他举步维艰。他走到房间中央，站在那儿，头顶一盏明亮的灯在他瘦削的脸上投下清晰的影子。他略微点点头，向主审的盖世太保官员打招呼，他没有注意到我。他就这样在房间中央伫立片刻，一动不动，双手双脚被绑着，但头颅高昂，在痛苦万分的审讯、等待宣判的那几个星期和法庭宣判死刑后的几个星期里，他已经变得超越，世上难有再能打动他的东西。手铐被摘下后，他身上奇迹般地突然出现

了变化。他像往日那样忠诚地笑笑，向我打招呼，然后用他那带有优越感的聊天口吻作口供，那口吻是我从无数交谈中早已熟悉了的，我们在告别时握了握手。

1945年1月23日，在宣判3个月、被捕半年之后，埃尔温在普吕岑湖监狱被处决。所有死囚都是被吊死的，这个动词在普朗克的家庭里从此成为禁忌。

由于一场当局不希望出现的巧合，奈丽·普朗克是最先得知她丈夫被处决的。现在她有责任将这个可怕的消息亲口告诉马克斯·普朗克。此次罗格茨之行没有得到许可。一个中立国家的轿车才让她终于见到了公公。停留时间掐算得很短，她必须次日就返回。

施蒂尔家的孙子当时是个10岁的孩子，他目睹了祖父施蒂尔意外地来到罗格茨。当施蒂尔问马克斯·普朗克能否和他聊聊时，大家都正在吃午饭，可普朗克只说了句："我知道埃尔温死了。"说完他就站起来，坐到风琴旁，弹起合唱曲《上帝做什么都是对的》。

"他是我的阳光，我的骄傲，我的希望。失去他给我造成的损失非语言能够描述。"内心受伤的普朗克给朋友们写信道，他很难重新找回他的内心的平静。

支撑普朗克的是信仰。"我内心从小就坚定地信仰万能和仁慈的上帝，这一信仰深深植根于我的内心深处，我视这种情况为天赐，它帮助了我。自然，他的道路不是我们的道路，但信仰帮助我们经受了最严重的考验。"处决后几天，普朗克于1945年1月28日给一位朋友的信中写道。

德国的失败即将来临，8个星期后，红军已经站在门外了。人们爱在最后一刻还抱有幻想，希望已经挺过去最糟糕的时刻，这就是人性使然啊！但纳粹集团的高层不想独自死去。“事情发生得突然又神秘。正当我们几乎确信他会获得赦免时，处决被执行了。太可怕了，我们还无法接受。”玛尔加·普朗克将她的第一感受写信告诉了哥廷根的朋友们。“希姆莱在东线，可希特勒在柏林，他让人将名单交给自己，下达了命令。当然是与许多其他的……”

官方的处决证明于 1945 年 1 月 31 日送达。文件上签署了假日期“1945 年 3 月 20 日”，开具的处决费用高达 300 帝国马克。

家庭的傻瓜

普朗克十分虔诚，自 1920 年起，他就是格鲁内瓦尔德新教教区最老的成员，直至他悠悠人生的这个时刻，他经历的考验多过上帝对约伯的考验。他在玛丽·麦尔克 22 岁时迎娶了她，玛丽 48 岁时死于肺结核，留下丈夫和 4 个孩子。长子卡尔（1888—1916）在行将获得博士学位时放弃了地理学学业，想成为艺术史作家，但他自己也很困惑，内心十分纠结，1912 年找到一家位于卡塞尔的医院寻求帮助。他弟弟埃尔温对此写道，“他的神经彻底崩溃了”。卡尔最终走上军旅生涯，后来阵亡在凡尔登的死亡战壕里。1889 年出生的孪生女儿艾玛和格蕾特接受培训成为护士，在军方野战医院里服务，却奇怪地双双死于产褥期。格蕾特在 1917 年生下一个女儿后死于肺栓塞；不久，她的姐姐艾玛嫁给了那位鳏夫，也怀上了一个女儿，1919 年在生下一个健康的女儿后没多久也死了。埃尔温在法国战役中身负重伤，在战场上躺了几天，最后被法军俘虏，于 1917 年被交换回国，但他熬过了这一切，成为父亲的亲密知己，对，无所不谈的知己。

普朗克比他所有的孩子活得更久——只有一个除外，人们先得想起他来，因为他过着寂寂无闻的人生。想到这个不被承认的孩子，是另一桩巨大的考验。在普朗克眼里，活下来的赫尔曼不属于“有价值”的人，他面对着被殉道者光环包围的遇害宝贝儿子带来的伤痛和悲苦。赫尔曼是普朗克与第二任妻子玛尔加·冯·霍斯林（Marga von Hoeßlin）所生的唯一的孩子，玛尔加是他的亡妻的亲戚。埃尔温在父母家经常见到这位年长 11 岁的堂姐。赫尔曼与 4 个同父异母的哥哥姐姐一道成长，当这孩子 1 岁时，“他现在也跟着数数了”，还带给父亲很大的快乐。他过生日时小赫尔曼在早餐桌旁迎接他，“小手里捧着几朵雏菊，表情郑重严肃地递给他”。

父亲普朗克在家里给孩子们提供了优裕的教育环境，还经常演奏音乐，就连勃拉姆斯的合唱作品孩子们也都练熟了，比如四声部的《情歌华尔兹》，四手弹的钢琴和《吉卜赛人之歌》。普朗克会一边弹琴一边指挥。亲戚、朋友和哈纳克家或德尔布吕克家的孩子们参加演唱。物理学家奥托·哈恩是出色的男高音，莉泽·迈特纳、罗伯特·珀尔（Robert Pohl）和古斯塔夫·赫兹（Gustav Hertz）是常来的听众，爱因斯坦也喜欢来旺根海姆街弹奏音乐。

普朗克要求孩子们不断地学习，就连他写给孩子们的明信片上也故意拼写错误，孩子们必须找出它们，予以汇报。圣诞节时，孩子们手举点燃的蜡烛，紧张地坐在装饰好的圣诞树前。但是，只有当自己的蜡烛烧光之后，才可以站起来，从圣诞树上取下“一件礼物”。这么优越的教育条件，为什么会导致两个儿子报名从军？军方可是以无聊的教育和训练著称的。埃尔温很早就开始拉大提琴，这乐器陪伴了他一生。但带给他职业满足的是一支气枪，那是他年少时收到的生日礼物。在军队里他很快就作为优秀射手引起了注意，他乐于承认并多次汇报过这事。

普朗克曾提到小时候的赫尔曼身上“没有音乐天赋，他的主要活动是图画书、球、一副多米诺骨牌、可以穿起来的珠子、积木和一只他很喜欢的小兔子”。时隔不久，这个幼子就从普朗克的信件里消失了。

一定发生了一场悲剧，在发展过程中马克斯·普朗克不得不认清一个他感到可怕的事实——幼子的精神有问题。他没有讲明，只在已经引用过的致希姆莱的信中拿赫尔曼的残疾来与被判刑儿子的优秀才华进行比较，他依赖后者的帮助。我们不知道赫尔曼是如何成长的，他是否被送进了一家精神病院或被安排在一个必须按月付费的护理家庭里。他被邀请参加家庭宴会吗？或者，像一份资料中所说，1934 年，23 岁的他通过了毕业考试，当时父亲向他表示过祝贺吗？

在杰出家庭的阴影里，这个家庭的傻瓜勇敢地经受住了生活的考验。有说法说赫尔曼后来在统计总局工作过，另有一则有关其生活的简短说明。在一封 1943 年 1 月 5 日致莉泽·迈特纳的信里，劳厄汇报说：“赫尔曼·普朗克订婚了。未婚妻来自一个普通圈子，但普朗克夫人显然很满意。”之后，赫尔曼去苏联战场服役，但在 1943—1944 年年末他意外地出现在家里。他刚被提升为二等兵，想让家庭一同分享这桩骄傲的事情。当普朗克的长子成为二等兵时，普朗克对这一成就曾经不吝赞美，我们不知道赫尔曼是被如何接受的。

1954 年 8 月 21 日，赫尔曼去世了，年仅 43 岁。关于他几乎没有更多的消息了。一种不快的沉默笼罩着这个无名英雄规规矩矩的生活。

马克斯·普朗克出身于学者家族，家族连续数代都培养出了重要的神学家和法学家。这里信奉的是恪尽义务，忠诚、谦虚、节俭和敬神，不触动政权。马克斯·普朗克又娶了他妻子的堂妹，这没啥奇怪的；最好的一切都留在家族里，优秀品质应该代代循环提升。在某种程度上，这个家族一次次近亲嫁娶。

在格鲁内瓦尔德的旺根海姆街 21 号的别墅里，孩子们被悉心照顾，被鼓励追求成就，普朗克则视孩子们每天的进步为自己的所得报酬。当时他的同事、物理化学家和 1909 年的诺贝尔奖得主威廉 · 奥斯特瓦尔德成立了一个天才培养所，这符合时代精神。

普朗克拒绝承认其间他家正在发生一场灾难。长子卡尔的举止令父亲担忧，但他拒绝将这一行为理解为精神疾病的表现，当卡尔走上军旅生涯，他的"行为现在再次有了真正目的"时，他如释重负，长舒一口气。

普朗克觉得战争"真好"，如他儿子当兵时经常说的那些话："能为整体作点牺牲，人人都应该高兴和骄傲。"

可是，不光卡尔精神有毛病，姐姐格蕾特也比卡尔晚一年因为"神经损伤"来到了卡塞尔的威廉高地。"她一定相当沮丧。"埃尔温评论道。赫尔曼出生后，这出戏在下一代延续。"艾梅丽（Emmerle），"埃尔温活泼可爱的妹妹艾玛的女儿，在埃尔富特（Erfurt）中断了她的护士教育，不久后想结束生命。她从 3 楼掉下去，落在新松过的软土上，脊椎轻度断折，逃过了一劫。不过，马克斯 · 普朗克相信这一天性源自他女婿费林（Fehling）不稳定的气质，费林出生于一个艺术家家族。

老普朗克曾踏上前往埃尔富特的艰难旅程。据说他劝导了艾梅丽很久，但值得怀疑的是，对一种急性抑郁病，这种劝慰是否有关？

良好结局？

那些逃进森林的罗格茨人，他们经受了严峻的考验，野外生活几乎无法忍受。缺少被子，也不是总有干草做床。那个拎着蓝色小箱子的先生有时不得不睡在光溜溜的森林地面上，头顶只有星星，这加剧了他的疼痛。没人帮忙，他无法再从卧榻上爬起来了。村民们惶惶不安，在森林里藏了 14 天，才敢重新返回他们的住宅。此时美军已经占领了罗格茨，不存在直接危险了。那位老先生再也走不动了，被从地铺推上马车时他痛得直喊。

他的受难还没有结束。老先生身边坐着他的妻子，驶进“宫殿”时，他们发现一切都被毁掉了。目睹被毁的设施，他的妻子评论说，美国人将“小畜生”圈在那里，将一切“都踏碎了”。更糟糕的是：夫妻俩居住的两个房间被安排住进其他人了。整幢房子里塞满了逃亡者和被轰炸后失去家园的人们。在这种困境下，挤奶工工长采厄（Zeh）在他的小屋里给他们两个找到了一间极小的房间，这座小屋稍偏远，位于施蒂尔东家房子的斜对面。

目睹这可怜的居住状况后，年轻的施蒂尔想尽一切办法帮他们改善。他去找附近的沃尔米尔施泰特（Wolmirstedt）指挥部的美国人，介绍了马克斯·普朗克的情况，但没有一个美国人听说过这个名字。据村史记载，人家对施蒂尔说：“我们知道马克斯·施梅林（Max Schmeling），但不知道马克斯·普朗克。我们从没听说过他的名字。”

美国人后来真打电话到普林斯顿（Princeton），找到阿尔伯特·爱因斯坦，打听马克斯·普朗克，这个故事实在太曲折，让人不可思议。不仅罗格茨的人在担心马克斯·普朗克，受到战争影响的哥廷根人也在操心他的命运——他们之间的联系全都断了。邮件往来和电话联系都中止了。

荷兰天文物理学家将马克斯·普朗克从他的糟糕处境中解救出来。杰拉德·彼得·柯伊伯（Gerard Peter Kuiper）效劳于美军，1945 年 5

月26日，他与两名战友驾驶一辆吉普车抵达罗格茨。此次行动匆匆忙忙，因为这一带当时已经交给了英国人，随时都会落入苏联人手里。普朗克有半小时的时间收拾东西。哥萨克骑兵和到处抢掠的苏联士兵在这一带寻找猎物。当普朗克被扶进汽车时，他疼得大喊大叫。后来他的妻子说，她一生中有两样东西永远忘不掉：埃尔温之死和马克斯·普朗克被塞进汽车时的喊叫。车子直接开进了美军占领下的哥廷根的医院。

在医院，普朗克惊人地又站了起来。注射奴佛卡因让他摆脱了疼痛，两个月后，英国人冒险安排普朗克和妻子飞往伦敦，作为唯一受邀的德国客人出席推迟举行的牛顿300周年诞辰的庆典。参加庆典的不只有普朗克，还有他的学生和老朋友马克斯·冯·劳厄。

1945年7月，劳厄参加了一场在伦敦皇家学会举办的结晶学国际代表大会，是唯一与会的德国人。劳厄在致谢词中没有忘记提到其他许多反对希特勒的德国人的抵抗。在一位英国同事的帮助下，劳厄后来也可以参加纪念牛顿的活动。人们也情不自禁地想到莉泽·迈特纳，同盟中的第三位。她以意想不到的方式到达了现场；劳厄在混乱的维多利亚车站邂逅了她，她正在从美国返回瑞典的途中。

当要用一个新名字取代名声被败坏的“威廉皇帝学会”时，大家考虑到了普朗克在庆典时给英国人留下的印象和他儿子埃尔温的受害者角色——马克斯·普朗克肯定是最佳选择。

1946年10月30日，劳厄告诉莉泽，马克斯·普朗克“十分活跃”地动身去巴特德力堡（Bad Drieburg）和勒沃库森（Leverkusen）作报告。在奥托·哈恩从斯德哥尔摩返回之后，哥廷根为这位新晋诺贝尔奖得主举行了庆祝活动，普朗克也露面了。他一直待到深夜，正如劳厄所汇报的，喝咖啡时还吸了支大雪茄，一种劳厄从 1940 年起就戒掉了的享受。马克斯·普朗克感觉很舒服，四周散发着愉悦的情绪，畅谈他的爱尔兰旅行计划。

随后的几个月，普朗克两次摔倒住院，多次轻度中风，最后终于发生了一次严重中风。马克斯·恩斯特·卡尔·普朗克于 1947 年 10 月 4 日去世，3 天后他被安葬在哥廷根。在这个星期二，上午 10 点阿尔巴尼教堂很快就座无虚席了。后来者挤在教堂门外，路过的人被这一沉默事件吸引驻足。仿佛被一个磁场吸引着，所有留下的人都将意识到，在这里，一个时代将被抬向坟墓。包括所有那些从未研究过物理学的人，也纷纷向这位世界知名的伟人鞠躬。物理学系的 6 名大学生身穿松松垮垮的西服，肩抬那具朴素的棺材，来到祭坛前，许多学院和学术联合会寄来了花环。最前面的祭坛旁，坐着普朗克的家族成员：他的妻子玛尔加，她只比他多活了几年；他儿子的遗孀奈丽；他的孙女、医生格蕾特·罗斯博士和她丈夫——坐在棺材前的只有一小群幸存者。

布道者是新教神学系的一位成员，他直接指出逝者不仅对科学问题、也对人生的谜团和麻烦所体现出的敬畏。这时一对 30 多岁的夫妇突然从坐满人的长椅旁挤过，一直来到棺材前，最后在玛尔加·普朗克身旁坐下来。室内的人们都在窃窃私语：这是谁？儿子？只有知情者知道那人是谁，只有最亲近的知交见过他，但也经常多年不见。“他们越境偷渡过来的。”人们听到劳厄夫人说。

那是赫尔曼·普朗克和他的妻子。他活得比所有人都久，比父亲和 4 个哥哥姐姐都久，这下，马克斯·普朗克最后的男性后代将自己作为拱顶石镶进他的人生建筑里了。

敏感的革新者
——阿尔伯特·亚伯拉罕·迈克尔逊

渐渐地，人们准备赋予机器类似人格的东西——我几乎会说：一个女性的人格，她需要让步，说服，好言相劝，甚至恫吓。可最后人们发现，那是一个清醒、灵巧的人格，他在进行一场复杂而迷人的游戏，他毫不犹豫地利用对手的失误，其“变化无常”引起了极其混乱的震惊，他什么事都是预先安排好的，但玩得丝毫不失公允，完全符合他所认识的规则。如果你不利用优先权，他也不会利用。如果你学习那些规则并相应地参与，游戏就会像理应发展的那样进行。

塞缪尔·迈克尔逊（Samuel Michelson）祖籍德国，来自波森省（Posen）的斯特尔诺（Strelno）。1854年，他与家人抵达美国。这座德国小城当时位于波兰边境，塞缪尔·迈克尔逊在那里开有一家零售商品和纺织品店。小城的发展机会很少，美国的机会要多些，他的一位姨母已经生活在加利福尼亚州了。

“小数点后六位数”的物理学家

1850年，40岁的塞缪尔·迈克尔逊迎娶了18岁的罗莎莉·普茨罗布斯卡（Rosalie Przlubska），她的父亲是位名医，母亲很早就去世了。1855年，他们已经有了一男一女两个孩子，包括我们故事的主人公、1852年出生的阿尔伯特·亚伯拉罕·迈克尔逊。没有他，这则移民故事会像成千上万则其他移民故事一样，然而，迈克尔逊将是第一个获得诺贝尔物理学奖的美国人。除了本杰明·富兰克林和约西亚·威拉德·吉布斯（Josiah Willard Gibbs），迈克尔逊无疑是他那个时代美国最伟大的三位物理学家之一，这一头衔要归功于他测量最小量子和效应的异常能力。

迈克尔逊曾经引用开尔文男爵（Lord Kelvin）的话：未来的发现可能来自其他工作，而不是通过小数点后的六位数——这种可能性太小了。这位“小数点后六位数”的物理学家试图将光学测量技术发展到极致，不禁令人想起他的伟大的英国前辈亨利·卡文迪什。迈克尔逊是一位实验者和仪器开发者，他向抱有吃惊和怀疑态度的社会证明了影响广泛的结果。他设计出了对小于4×10^9的粒子作出反应的仪器——这是小于四十亿分之一的粒子。还不止这些。爱因斯坦曾形容迈克尔逊是科学界的艺术家：“他最大的快乐似乎来自实验自身的美，来自所用方法的高雅。”

这位专门测量微小量子和效应的艺术先驱，教给世界需要学习的东西，他的实验结果至今仍见于电子学、放射现象、维生素、荷尔蒙或核结构领域。迈克尔逊进行的最精确测量，给科学领域的思想大厦带来了巨大革新。

但尚无任何预兆显示，年轻的迈克尔逊有一天会挑战他所处时代的物理学。

如何捕捉光？

我们先来谈谈阿尔伯特·迈克尔逊的父亲塞缪尔·迈克尔逊。身为商人，他利用美国部分地区兴起的淘金热，率领全家在一个名叫墨菲营（Murphy's Camp）的迷人小山城定居下来，向淘金者提供各种必需品。小迈克尔逊将在粗鲁的淘金者环境里度过他的童年。他的第一任妻子后来在一封信里写道："这些淘矿营地里也有受过教育的男人，他们在此寻找他们的运气，其中有一位高贵的小提琴手，他教迈克尔逊拉小提琴。"迈克尔逊终生保持着对小提琴的热爱。不过，与爱因斯坦一样，他也没有成为造诣很深的小提琴手。

迈克尔逊的妹妹米丽安（Miriam）后来成了著名作家，她曾经写到，在这个犹太家庭里，宗教根本不重要。阿尔伯特·迈克尔逊对宗教似乎没有感情，既没有热爱也没有偏见。他儿子杜鲁门（Truman）提到过，父亲曾是共济会会员，在一个华盛顿共济会分会登记过，去欧洲读大学时又退出了。

迈克尔逊5岁时来到一位姨母身边，后来就读于旧金山（San Francisco）的一所高中，住在校长家里。他聪明、可靠，不久后校长就每月付给他3美金，作为其维护物理仪器的工资。他几乎没有朋友。

16岁那年，迈克尔逊返回家中，他家已经将零售店搬去了内华达州（Nevada）的弗吉尼亚城（Virginia City）——每个马克·吐温（Mark Twain）的读者都不会忘记这座城市。迈克尔逊按照父亲的愿望申请加入海军，却被另一位申请人挤了下来——对方有更好的关系。年轻的迈克尔逊找到一位国会议员，议员帮他写了封推荐信给格兰特总统，信里希望总统向这位年轻人提供一个专门的“免费名额”。尤利西斯·S. 格兰特（Ulysses S. Grant）总统接待了这位年轻人，在总统某日清晨的例行散步中，迈克尔逊作了自我介绍，两人私谈了一次，可总统不得不告诉迈克尔逊，他已经将可以支配的 10 个名额全部给出去了。迈克尔逊很失望，总统的一位海军副官建议他去安纳波利斯（Annapolis），那里还有个空位，因为有位申请人一直没有按要求参加体检。

年轻的迈克尔逊在安纳波利斯等了 3 天，最后这个希望也落空了。当他准备重新坐车回华盛顿时，一位信使抵达海军学院的指挥官那里，通知对方总统向迈克尔逊提供了一个免费名额。那是第 11 个名额，迈克尔逊后来喜欢强调，他的事业从一开始就是一桩“非法”行为。

海军生涯没有给迈克尔逊留下什么值得一提的人生足迹。他妻子称这几年是“单调”的。他的履历表很简单。我们得知，他于 1869 年被任命为“海军军官候补生”。接下来在不同的船上待过，直到 1877 年重操旧业，在美国海军学院做化学教官。

有一回美国海军出访英国，阿尔伯特前去参观威斯敏斯特教堂，在刚刚用花环装饰过的查尔斯·狄更斯（Charles Dickens）的墓前，这位一头乌发、长着“炯炯有神的淡褐色眼睛”的英俊候补军官给一位年轻的美国女子留下了深刻印象。海明威小姐是海军上将桑普森（Sampson）妻子的侄女，桑普森不久前被调去海军学院任物理学教授。1875 年 12 月，迈克尔逊同样也被派去海军学院担任化学和物理学教官。

有一回，在拜访叔叔时，那个年轻的美国女子又认出了在威斯敏斯特教堂里见过的候补军官，不久两人就订婚了。他们结婚时阿尔伯特·迈克尔逊24岁，玛格蕾特·海明威（Margaret Hemingway）18岁。他们生下了三个孩子，一个女儿两个儿子。两人于1897年离婚，1900年迈克尔逊娶了他的第二任妻子艾德娜·斯坦顿（Edna Stanton），生下了三个女儿。

1900年，迈克尔逊在准备作一场报告时发现了他终生的课题。他深入探讨了当时已知的测定光速的方法。人们一次次尝试测量速度，比如，1962年莱昂·傅科①的尝试，他以摆动实验出名，以及1872年阿尔弗雷德·考纽（Alfred Cornu）的尝试。希珀利特·菲索（Hippolyte Fizeau）早在1848—1849年就想到了一个使用齿轮和镜子的方法，他在一个强光源和一面相距8米的镜子之间安装了一个有720齿的旋转齿轮，可以让齿轮以不同的速度旋转，最高达到每秒数百转。

现在，调节齿轮的旋转速度，以使光束可以被齿轮的一颗齿完全挡住。让光束在一侧通过一个齿缝，在镜子将光束反射回来的途中，假使齿轮正好移动了一个齿，光束就被阻挡了。借助齿轮转速以及齿轮与镜子之间的距离，菲索计算出光速为33.1万千米/秒。但很难分析下一颗齿阻挡的光线强度，因此，菲索的偏差为5%。

傅科想到的方法更有优势。这位法国物理学家将一个光源对着一面旋转镜，使得光源被引到一面固定的镜子上，再由这面镜子反射回旋转镜。由于旋转镜在此期间继续旋转，光束不是被反射到光源的起点，而是被反射到旁边的一个点（在反射屏幕上）。而旋转镜旋转时必须达到一定的速度，才能与起始光束之间形成一个可以测量的

① 莱昂·傅科（Léon Foucault，1819—1868），法国物理学家，他最著名的发明是显示地球自转的傅科摆。除此之外，他还曾经测量光速，发现了涡电流。他虽然没有发明陀螺仪，但这个名称是他起的。在月球上有一个以他命名的撞击坑。——编者注

距离。不管怎样，使用这个方法，傅科能够相当准确地测定光速为29.8万千米/秒。不过他的旋转镜方法是受限制的，因为两面镜子之间的距离最多不超过20米。

靠8美元扬名世界

这里要谈到迈克尔逊了。研究这个课题时他24岁，还没有任何实验经验。但他有一个杰出的特征：他能够找出问题的关键所在。

迈克尔逊花8美元买了一面旋转镜和一只合适的棱镜，其他的用品物理专业实验室都有；他不需要更多的东西就能组装起一具将制定新标准的设备。他将成果寄给《美国科学杂志》(*American Journal of Science*)编辑部。1878年5月刊登的短短半页介绍是他的首篇科学作品。岳父随后资助了他2000美元，让他继续改进测量的精确性。迈克尔逊现在使用两面镜子，将距离改为700米而非此前的20米，得出的值为29.9895万千米/秒，误差比为1∶10000。

1879年在安纳波利斯发表的作品让这位年仅26岁的美国海军队员和科学家闻名海内外。当地报纸骄傲地报道，“军方成员A.A.迈克尔逊，本城零售商S.迈克尔逊之子，一名尚不足27岁的阿纳波利斯毕业生，他的测量光速的光学论文特别优秀，引起了国内科学人士的关注”。

《纽约时报》(*New York Times*)似乎也觉得要有一个杰出的新名字来装点美国科学界。

迈克尔逊在初次做实验时就证明了自己，他迅速地认出了傅科实验规定里的一个思维错误并改进了方法。他对傅科方法进行了一个简单但很重要的修改，大大提高了准确性，从而摆脱傅科凹镜的弊病。现在，为了得到更准确的测量结果，他可以将两面镜子之间设成任何希望的距离而不会造成光的损失。迈克尔逊看到，他必须以某种方式改变光源，让光束以平行方式射出，以平行光束通过平面镜，自身再被反射回来。

现在，借助简单、巧妙的设施，相关光源的光束——通过一面透光性只有一半的镜子——被分成两束同样大的光。如果两束光又同时汇聚在第三面镜子上，那么，在理想情况下，两道分开的光束正好上下重叠。但是，如果给两道光束中的一道在途中设置障碍，两道光束就不会重叠而是交叠，显示出一种所谓的干涉。随后，迈克尔逊对光进行了各种可能的检测，想找出光速“c”是否为一个普适、恒定的值。比如，他对光掠过空气时需要的时间是否比穿过一道“没有空气”的隧道更长进行了测定。

比起空气，每种实验对象，比如化学溶液，都会引起光速变小的现象，虽然变化微乎其微；因此，两道光速不是重叠而是“交叠”。两道光束间的可测距离被称作干涉。

发明干涉仪

迈克尔逊和他的研究来得正是时候，因为波动力学捍卫者艾萨克·牛顿和微粒说支持者克里斯蒂安·惠更斯（Christiaan Huygens）之间多年的争论又重新开战了①。实验应该提供事实证据，并最终查明这两种学说哪种是正确的。1862 年，傅科就制定了他的实验规定，希望通过一次直接测量找出光速在空气中是否比在水里快。因此他把设备设计得可以将水放在棱镜和凹面反射镜之间的两块玻璃板之间。

① 此处作者恰好弄反了。牛顿支持微粒说，克里斯蒂安·惠更斯支持波动说。——编者注

他发现水的介质使光速减慢了，这被认为证明了被动理论，同时也回答了人们热切关注的问题。

迈克尔逊继续做实验，想越来越准确地测定光速，更重要的是寻找其他证明，看光速到底是不是一个恒定值。毕竟牛顿及其同时代的人都认为，光穿过宇宙的速度是不同的，原因是天体、星星和恒星以不同的万有引力影响着光。

1884 年——迈克尔逊此时已经是克利夫兰（Cleveland）凯斯应用科学学院的物理学教授了——他证明了穿过大气层和水的不同速度值正好符合它们的折射参数，从而完全与波动论吻合。因此，光在穿过二硫化碳时的值会有偏差或变慢。迈克尔逊发表了他的成果，因为他坚信自己的测量是正确的。

比如说，在接下来的实验里，让光穿过平行的管子，高速将水压进管子，一次是朝着光束的方向，一次是反方向。干涉两道光束的方法是可靠、准确的。在抽空的真空管里，光的传播速度要比在大气层中快，当它穿过装满水的管子或化学液体时就会变慢。

迈克尔逊也测量了红色光和蓝色光的光速，发现前者的速度比后者高 2%，这一认识对当时的扩散理论意义重大。马克斯·普朗克后来解释了为什么会这样。

现在距离迈克尔逊的“干涉仪”仅有一步之遥了，干涉仪的镜子被布置成能够在目镜里看到同一光源的两个镜像，更准确地说，是通过这些镜像的很小或者说极小的位置差异形成的干涉模式。

第一次使用干涉仪是为了测定地球与以太的相对速度。

决定性实验：不存在以太

1880 年，28 岁的迈克尔逊带着妻子和两个孩子开始了为期 2 年的欧洲之旅。他在德国上大学，主要是在柏林和海德堡，后来在法兰西学院。

在柏林，赫尔曼·冯·亥姆霍兹欢迎迈克尔逊加入自己的研究生队伍，相当于成了他的导师。亥姆霍兹将实验室供他使用，成了他的科学交流伙伴和朋友式顾问。柏林似乎为迈克尔逊的计划准备好了一切。在这个创造性的时代，那个影响重大的思想也在孕育，要借助干涉仪用实验证明传奇色彩的“以太风”，要分别顺着以太风和逆着以太风测量一次光速。根据迈克尔逊的估计，光速的差别只会极小；麦克斯韦甚至相信，它们小到根本无法被测量出来。测量要求的高度精确的设备和精密测量仪由柏林的施密特及亨希（Schmidt & Hänsch）公司制造。为这次冒险付费的是电话发明人格雷厄姆·贝尔（Graham Bell）。仪器几乎仅由两面可调节镜子、一面半透光镜、一块玻璃平衡板和两只“胳膊”组成。这些胳膊是每台干涉仪特有的——一只用于被引开的光束，一只用于直射的光束——它们各一米长，用黄铜打磨而成。

首次测量是1881年1月在物理研究所地下室——今天柏林的德国电视台所在地——进行的。强烈的颤动导致一系列测量被中断：柏林的交通在1881年就已经造成“剧烈颤动了”。于是，第一个有用测量是在波茨坦当时的皇家天文物理观测站东塔楼的拱形地下室里进行的。无论对室温波动还是对最轻微的震动，干涉仪都有反应，因此就只有在夜里才能测量。

实验中，一面半透光镜将一个单色、纯粹的光源分成两半，其中一半由半透光镜反射到一面镜子上，另一半穿过半透光镜被另一面镜子反射。如果室内所有方向的光速都一样大，在半透光镜和另两面镜子之间距离固定不变的情况下转变实验设备，则观察者记录的两个光束的干涉模示应该不变。现在，如果相对于（充满整个宇宙的）光，以太是运动的，那么地球上不同方向的光速数值应该是不同的。

粗略地说，假设光的行为像河里的一艘船，逆流行驶要比顺流行驶得慢。

重复测量总是违背迈克尔逊的期望，得出 +-0 的结果。这个惊人结果特别需要一个回答，因为它动摇了整个世界观。

五六年后，迈克尔逊与他的助手、化学家爱德华 · M. 莫雷（Edward M. Morley，1838—1923）在克利夫兰的凯斯学院认真地重复了这些实验。他们将整个设备放在一座水银的“海洋”上，以多倍反射延伸光道，结果一点没变。事实证明，“滚滚流向”地球的以太引力是幻想。

迈克尔逊 - 莫雷实验很快就成了米歇尔 · 法拉第于 1831 年发现电磁感应以来最根本的实验了，它是“决定性实验”，属于改变一切的实验级别。换句话说，那是“实验物理学最重要的否定性测量”。

爱因斯坦和失去魅力的“导光以太”

以太设想是笛卡尔（Descartes，1596—1650）提出的，获得了很多人支持，包括牛顿和惠更斯。以太设想将人们知道的有关光、热、磁、电和其他东西结合起来，在当时影响巨大。大多数科学家固守这个学说，使它越来越成为教条，直到1905年爱因斯坦在“狭义相对论”里最终“杀死”以太。

爱因斯坦的第一个结论为：没有“以太风”，就没有光传播的方向或来源。光同时向四处传播。那么，越来越准确测定的光速及其已经证明到小数点后 15 位的常数，与爱因斯坦的理论 $E=MC^2$ 有什么关系呢？它除了可以用实验证明爱因斯坦的一个“假设”，实际上毫无关系。“V”（=Velocitas）和后来的“c”（=celeritas）是拉丁语概念，爱因斯坦用它们来简化“光速”的概念，人们今天将“co”理解为真空里的光速。相反，诺贝尔奖得主罗伯特·密立根（Robert Millikan）说，“‘狭义相对论’可以视为它的概括化”。密立根担任了迈克尔逊25年的助手。

1921年，爱因斯坦在芝加哥的一席报告中谈到了迈克尔逊－莫雷实验，指出这一实验的影响。绝对“光速”概念是爱因斯坦“狭义相对论”的两个“假设”之一，因此他应该是感觉到了这些结果已经证明了自己的理论。爱因斯坦假设“光在空洞空间里始终以特定的、不受放射物体的运动状态影响的速度V传播”，让增减速度的运输工具以太风没有了存在空间。光是一个基本自然常数，其速度极限无法逾越。

1905年的狭义相对论里没有出现“导光以太”，这并不意味着爱因斯坦依据了迈克尔逊的结果。数年后，爱因斯坦愤怒地驳斥了与迈克尔逊的结果存在联系。1905年的狭义相对论里没有谈到以太设想，但这并非最后定论——是爱因斯坦太草率、激进了吗？

爱因斯坦改口：没有以太不行

不久，科学家们就提出了质疑。物理学家贝尔（Bell）[1]的说法是反对废除以太风尚的典型代表。他认为，爱因斯坦喜欢“无以太理

① 此处指的是英国北爱尔兰物理学家约翰·斯图尔特·贝尔（John Stewart Bell，1928—1990）。他最重要的贡献是发展了量子力学中的贝尔定理（Bell theorem）。他指出局域隐变量理论（Local hidden variables）不可行，从而宣告爱因斯坦等人提出的局域实在论（Local realism）的失败。——编者注

论”（Nicht-Äther-Theorie），可能只是因为他觉得“无以太理论”更简单、更高雅，但并没有完全排除以太说，这也就意味着，所有那些无法观察到的事物有可能不存在。我们很容易重新想象以太实际上是存在的，这样一来就可以解决许多麻烦。

对麦克斯韦来说，光的波动说要求存在一个介质。他觉得重要的是“证明电磁介质的特性与光导介质的特性一致”。

于是，人们设想以太是传播电磁力和引力的必要介质。

接下来的10年里，爱因斯坦在形成“广义相对论”的过程中，又重新研究了一种充满宇宙的介质。

爱因斯坦曾说，他的广义相对论要求“存在一种具有特殊特性的介质”。失去魅力的以太重新被想象成一个“磁场”或一种“物质”，从而引起了注意。1920年，爱因斯坦清晰无误地写道：“可以说，根据广义相对论，空间本身已经被赋予物理性质；从这个意义上说，存在着一种以太。依照广义相对论，一个没有以太的空间是不可思议的，在这样一个空间里，不仅光不会传播，空间和时间的标准也不可能存在。”①

1951年，保罗·狄拉克的一段话对以太问题具有指导意义：“1905年以来，物理学知识取得了长足进步，尤其是量子力学的诞生使形势（有关以太的科学可信度）又发生了变化。如果按当今的知识来研究这个问题，就会发现，不能再通过相对性排除以太，现在可以提出

---

① 爱因斯坦这里所说的以太不再是传统意义上的以太。以太比度规更根本地决定了度规的存在。所谓度规，是描述某种时空间隔的方法（函数或矩阵），可以理解为一种时空标准，比如闵科夫斯基度规、非闵科夫斯基度规、黎曼度规、伪黎曼度规等。此处译文参考了许良英等编译的《爱因斯坦文集》第一卷，北京：商务印书馆，2009年，第207页。此段引文的最后一句，许良英译本为：“不仅光不会传播，而且也就没有物理意义上的空间—时间间隔。”——编者注

充分的理由来假设一个以太……电动力学新理论（出发点是一个可能存在的粒子真空）恰恰强迫我们以以太为出发点。”

迈克尔逊寻找分光镜的极限

迈克尔逊没有止步于发明干涉仪。1897年，他发明了“阶梯式分光镜”，它通过将光线多倍反射在一个阶梯形玻璃体上进行干涉。“迈克尔逊的仪器没有哪一种像分光镜这样充分地体现了他的原创性。”罗伯特·密立根（1896—1986）写道。

与干涉仪不同的是，“梯状栅”因为分光镜范围十分特别，能够达到极高的分辨率。或许迈克尔逊认为干涉仪的应用范围已经穷尽了，反正“阶梯式或台阶式分光镜”现在占据了他全部的注意力。一开始，他认为兴许一年甚至几个月就能解决问题，但事与愿违。1900年，迈克尔逊真正迷上了这个项目，但他至死都达不到希望的分辨率。他经常后悔自己“拿了这只烫手的山芋”，但他不想丢开它，也丢不开它了。这个仪器带给他的麻烦将比其他所有仪器带来的都要多，同时，它也将比之前的所有发明带给他更多的崇拜。无论如何，在饱受了8年失败、失望和打击之后，他可以发明一款分辨率达110000线的设备了。不管怎样，这要比其他任何干涉仪的分辨率高出50%。1915年，他又研制出一台设备，它连续数年都将被视作影响力最大的仪器。

干涉仪：绝无仅有，无法超越

干涉仪至今都在征服新的应用领域。从测定大得无法想象的天体的直径，到掌握宇宙里万有引力波造成的最轻微的颠簸和扭曲。它将极端精密与优美的实验装置结合在一起。它的强大用3个例子就可以证明：

1. 测量一颗红巨星

迈克尔逊于1890年介绍过一种方法，1920—1925年间，他在威尔逊山（Mount Wilson）观测台与弗朗西斯·G. 皮斯（Francis G.Pease）一起用这种方法测量，确定一个恒星的直径。他挑选的是猎户座星座的参宿四。这颗黄红色的星亮度惊人，肉眼就能认出来，阿拉伯语称其为“预示者”，因为它是出现在猎户座的第一颗星。参宿四——正式叫法是猎户座 α——属于红超巨星级别，活动半径介于2.9亿—4.8亿千米之间，这相当于太阳直径的662倍。这是人类首次应用干涉仪测量一颗恒星的直径，使得参宿四在科幻作品里的热度经久不衰。道格拉斯·亚当（Douglas Adams）的五卷作品《银河系漫游指南》（*Per Anhalter durch die Galaxis*）里的两位主人公就来自那里。蒂姆·波顿（Tim Burton）的影片《猴子星球》（*Planet der Affen*）也发生在那里，参宿四在英语里是Betelgeuse，后来波顿弄巧成拙，将它叫成了“甲壳虫汁”（Beetlejuice）。

2. 定义原米

在定义长度单位米时，干涉仪发挥了重要作用。1887—1897年间，迈克尔逊通过深入研究和分析调查光谱线的精密结构，发现了所谓的红镉线。它的波长为6438474埃（一埃等于一毫米的千万分之一），因此单色谱特别“纯”，可用来定义国际标准米。在国际重量质量办公室的邀请下，1892年，迈克尔逊和莫雷将标准米定义为15551655埃——在15℃和常压下。这不仅极其准确，而且也很实用，因为每一个实验室里都可以复制出这个结果。很久之前，法国科学家曾经冒险想将“原米”确定为地球子午线平方的千万分之一，迈克尔逊通过波长定义米的主意仿佛来自另一个世界。这个定义一直持续到1960年，直到1983年决定在秒和真空光速的基础上重新定义一米——“1米是光在真空中于1/299792458秒内经过的距离”。

3. 地球和太阳间的距离发生一个氢原子直径那么大的变化，能够测量出来吗？

今天的万有引力波探测器是迈克尔逊干涉仪的最常用变体，像是在道路长度测量器上安装了活动镜。干涉仪不仅用于计算和测量波长，还用于计算一种气体的折射率或用作光谱仪。

使用干涉仪能够十分精确地测量最小的长度变化。干涉仪类仪器的现实应用之一是证明可能存在的万有引力波，也就是空间—时间的细小扭曲，按照爱因斯坦的“广义相对论”，它以光速穿过空间运动。

当星星或银河系这样大的物质运动时，就形成了万有引力波。它们以光速辐射出去，交替着猛击它们穿越的空间，也就是空间里含有的物体之间的距离。这些距离的变化极小。在一个与银河相邻的银河系里发生星体爆炸时，产生的万有引力波瞬息之间会让地球和太阳间的距离发生一个氢原子直径那么大的变化。

证明这个万有引力波是在意大利的卡西格诺（Cassigno）进行的处女座实验的任务。处女座实验的核心是一个臂长两三千米的干涉仪。激光在这个干涉仪里多次扫来扫去，形成一个有效臂长达120千米的干涉仪。这样就能证明10^{-18}的长度变化了。更加巨大的将是LISA（激光干涉仪空间天线），这个卫星支持的干涉仪臂长500万千米。

它带来很多乐趣

如今干涉仪已经得到广泛应用并不断征服新的领域，每颗卫星里都不缺干涉仪，迈克尔逊着魔似的不改初衷，要用最新的精湛方法跟踪光。

1926 年，迈克尔逊花费了大量精力测定威尔逊山（Mount Wilson）和圣安托尼奥山（Mount San Antonio）之间长达 22 英里的光速。当人们问他为什么要更准确地测定“*c*”时，一开始迈克尔逊还有所犹豫地介绍这些尝试的科学收获，后来他笑着补充说：“不过，真正的原因是，这会带来很多乐趣。”

迈克尔逊将他生命的最后 4 年都用来更可靠地测定光速。为了排除大气层可能存在的干扰影响，他想在一根真空管里测量光速。为此他让人将一根长 1600 米、直径 30 厘米的地下管子抽空，直到形成一个真空。他的实验最终得出的结果是一个 29.9774 万千米 / 秒的值，这只比测量得出的最佳结果少 1/2500。在他最终失去知觉死于脑瘤的前 10 天，迈克尔逊撰写出了相应的论文。

表面看来，阿尔伯特 · 迈克尔逊的生活平淡无奇，一成不变。他每星期与研究生班和博士研究生们见三次面，两次是课堂讨论或讲课，一次是提问时间；他从不参加院系会议。

迈克尔逊的讲课是精心准备过的，形式紧凑，内容丰富。学生们必须自己制订大多数细节。他的课程被认为难度大，要求高。每天都可以在实验室里找到迈克尔逊，在那里，他与助手们、有时也与机械工一道工作。

下午 4 点左右，迈克尔逊准时去“四边形俱乐部”（Quadrangle Club）打网球或台球。晚上，他通常待在家里，陪妻子和 3 个女儿。迈克尔逊直到生命最后都在努力研制仪器，不断拓宽已有成果的极限，也努力完善他的个人能力和熟练技巧。他上网球课和台球课，下决心改进自己的技艺。他终于也可以花时间尽情满足自己的艺术需求了，不仅仅是在完美的实验中。生命的最后 10 年，他大多是在加利福尼亚州度过的，他把时间分配给了艺术爱好和永不停止的科学工作。

密立根曾经是迈克尔逊的老助手，如今在美国的科学界也很有影响。密立根去拜访他的慈父般的朋友，他看到迈克尔逊独自坐在画架前，在离“孤松客栈”阳台不远的地方。迈克尔逊面对白雪皑皑的惠特尼山（Mount Whitney），正在画一幅风景油画。

看到老人陷在藤椅里，罗伯特·密立根是不是忆起了自己成为迈克尔逊小助手时的情形呢？当时的迈克尔逊教授精力充沛，身材矮胖，留着浓密的大胡子，以折磨助手而臭名昭著。人们说他对人冷淡、不宽容，难以相处、专横且做事毫无顾忌。他常常会不耐烦，容不得任何反驳。当时他向密立根预言，恐怕对方在自己身边也忍受不了多久，两人后来却密切合作了 25 年。

迈克尔逊变得温和、宽容，临死前他还请一位关系好的律师去找与他离婚 30 多年的妻子，让律师以他的名义请求她原谅曾经带给她的所有痛苦。

迈克尔逊不时写几篇有关艺术、“形态分析”等问题的文章，或尝试将大自然中的对称形态进行分类。

1911 年，迈克尔逊发表了论文《鸟和昆虫的金属着色》（*The Metallic Colouring of Birds and Insects*），在论文中，他表达了由这些美妙的色彩效果引发的感受。而他给自己定了一个目标，要找出在昆虫和鸟类身上发现的彩虹般颜色是否是色素沉着、干涉或金属反射产生的。

迈克尔逊能够优雅轻松地在黑板上画出完美的圆，一次次令他的学生们惊奇。简直就像丢勒的作品啊！迈克尔逊承认，“这完美画出的圆在美学方面对我没有任何吸引力。我希望那一天尽快到来，届时将找到一个拉斯金（Ruskin），他能胜任人们到处遇到的色彩之美、光影精致的明暗变化、对称形态和错综复杂的组合奇迹”。但这里所指的不只是对鸟儿羽毛的“光谱分析”，也包括他对小提琴和绘画风景和海景的爱。

就在迈克尔逊去世前不久，他所在的大学举办了一场有关光速和类似问题的国际大会，出席的有许多重要的科研人员。所有人都感觉这像是一场告别活动。肯尼迪博士，一位年轻的科学家，介绍了他的方法和研究成果。接着由迈克尔逊发言，他热情夸奖这位年轻科学家的工作，表示如果没有像他这样的人，自己的工作就没有必要。

老派的高贵气质为迈克尔逊赢得了声望，同样令人敬重的还有他的高尚品格，他从不为自己的发明申请专利，而是将它们奉献给大众。

炸弹之争
——能斯特、林德曼、蒂泽德

德累斯顿，2004 年 6 月 22 日：今天，塔楼新十字架将连同灯罩被安装到重建的圣母教堂的穹顶上。双十字架悬吊在一架直升机上，正飘近它未来的位置。数万观众聚集在圣母教堂前，要见证这值得纪念的表演，它令人百感交集。

十字架本身是英国人捐赠的，2000 个居民与英国王室一起为这个和解象征募集了 60 万英镑。不可能有比这个十字架的故事更适合这个动机、更有象征意义了。铸造它的是艾伦·史密斯（Alan Smith），一位皇家空军飞行员的儿子，其父曾经在德累斯顿上空将他的兰开斯特轰炸机机舱里的“东西”倾倒一空。儿子介绍说，空袭过德累斯顿之后，父亲意识到了战争的残酷，从此再也没能摆脱梦魇般的感受。“那些回忆终生迫害着他，他成了和平主义者。我和兄弟姐妹们都是在这种立场下长大的。”

现在，还有谁比轰炸机飞行员之子艾伦·史密斯更适合铸造这个和解象征呢？“我忍受着酷热，每天在工场里一待就是10多个小时，整整用了8个月的时间。”他后来回忆说，“我采用18世纪的古老锻造技术锤打十字架的钢和铜，最后铺上三层金箔以及永久的护套。我工作时用作蓝本的唯一基础是旧图纸：半球上新的穹顶十字架。它将重新镶嵌在德累斯顿圣母教堂的塔尖上。”

当最后一锤落下时，用钢和铜铸成的高达7米的镀金十字架完工了，这是艾伦·史密斯的人生巅峰。对他来说，这就“像制造了一个很复杂的拼图板，过去和未来被无缝镶嵌在一起”。

史密斯从塔楼上空观看着双十字架缓缓落向穹顶。当十字架在高空放出金光时，人群中爆发出如潮的掌声。他俯视着鼓掌欢呼的人群，宛如置身于一场梦里——他的夙愿终于实现了。“只有一点让我深感遗憾：我父亲再也不能亲眼见证这一天。59年前，父亲从一个类似的角度俯视过德累斯顿，只不过要高几米：从他的皇家空军轰炸机的驾驶舱里。当我获悉德累斯顿穹顶十字架招标时，我就下决心一定要得到这个任务。为了得到它我全力以赴，说服我的公司相信我们能够做到。我一开始没有告诉任何人我的动机。当公布出将由我——一名轰炸机飞行员的儿子为教堂锻造十字架时，所有人都扑向这段历史。最初的惊讶被十分积极的反应取代了。就连曾经与我父亲一起服役的战争老兵，都赞许地拍拍我的肩膀，给我讲了许多有关战争的事情，他们对此沉默了许多年。”

当直升机像蜻蜓一样停在空中，小心翼翼地放下货物时，在那珍贵的瞬间，和解、安慰、宽恕和悔恨的愿望打动了人们。这个十字架将带来希望和未来——12年前可不是这样。当时英国给轰炸机指挥部的指挥官亚瑟·哈里斯（Arthur Harris）雕塑了一尊真人大小的青铜立像。哈里斯的飞行员们给他取了“屠夫哈里斯”的绰号，因为有44%的战斗机飞行员没能从战争中幸存下来。他也被叫作“轰炸机哈里斯”，德国舆论界很快视他为英国战争罪行的化身。他的名字与无数家庭的痛苦联系在一起，成了仇恨的象征。英国的足球球迷们，当他们在体育馆里想刺激德国球迷时，就大叫“哈里斯！哈里斯！”但英国人对这位长着精致髭须的轰炸机指挥官也有许多保留意见。人们愿意向一夜又一夜挤进狭窄飞机、拿他们的生命冒险的飞行员致敬，但对这位令人不快的指挥官鲜有好感。

即使在英国，1992年为此人竖一尊青铜纪念碑也显得十分古怪，真有必要给他竖立这么大一尊纪念碑吗？它将再次撕裂那些人的伤口，那些在汉堡、德累斯顿、普福尔茨海姆、科隆、罗斯托克、吕贝克、海尔布隆和维尔茨堡熊熊燃烧的房屋里痛失亲人的人。比起燃烧的汉堡，1945年2月对完好无损的“易北河畔的佛罗伦萨”的夜袭更深地烙在人们的记忆里。德累斯顿是一座没有太多战略意义的城市，逃亡者一批一批地拥去那里，寻求保护。后来英方表示，为了早日结束战争，容忍了许多平民的死亡。

在德国，这座纪念碑只能被视为一种冒犯。科隆市市长像其他人一样对它提出了抗议，普福尔茨海姆市市长约阿希姆·贝克尔（Joachim Becker）坚决反对立这尊雕像：“这个人的计划对早点结束战争实在没有作出任何贡献，反而是增加了苦难，向这样一个人致敬的想法令人震惊。”但总体说来，竖立纪念碑的决定还是或多或少得到了容忍，而令人难以置信的是这种事竟然可以成为可能。

一个代表65513名阵亡轰炸机飞行员的皇家空军的老兵社团“哈里斯轰炸机基金会”最终成功了，并为此目的募捐了20万英镑。纪念碑于1992年在伦敦的皇家空军教堂圣克莱门特·丹尼斯教堂前落成，碑上刻有“国家亏欠你们太多”的铭文，落成典礼由女王母亲主持。典礼时她意外地听到了人们的抗议呼声，诸如“耻辱”“哈里斯是一名战犯”。之后，这尊纪念碑一再被涂上类似的话，有段时间必须一天 24 小时安排人看守。这位轰炸机的最高指挥官一身戎装，双臂交叉在背后，青铜的上衣口袋、衣领和领带皱褶分明，站在基座上望着行人，他的雕像没有受到民众欢迎。

战争刚结束，哈里斯的作用就在英国引起了争议。争议焦点是战争快结束时对德国城市进行密集性轰炸造成的破坏规模。尽管存在批评气氛，1946 年哈里斯还是被任命为皇家空军元帅，被授予巴斯大十字勋章。1946 年 9 月，他终于辞职。由于对他的批评没有减弱，1948 年他隐居去了南非，随后的 5 年里他担任南非航运公司的经理。1953 年，丘吉尔（Churchill）再次成为首相，他坚持要求哈里斯接受男爵的头衔。这下他叫作亚瑟·特拉弗斯·哈里斯男爵了，并于当年返回英国，在泰晤士河上的戈林（Goring-on-Thames）（偏偏是这里）度过了他的余生。1984 年，在 92 岁生日前一星期，他在那里去世。

1946 年，哈里斯在他的《轰炸机袭击》（*Bomber Offensive*）一书中描述了对德累斯顿的轰炸：“我知道，许多人认为在战争快结束时轰炸这座如此伟大而神圣的城市是不必要的，其中不乏那些人，他们一致认为，像战时的其他空袭一样，我们此前的空袭是完全有理由的。在此我只想说，有远比我本人重要得多的人认为，这个时候空袭德累斯顿在军事上是必要的。”

现在要谈的就是给哈里斯影响最大的两个人，他们在幕后决定了德累斯顿被轰炸的命运。两人在柏林认识时都还是年轻的物理学大学生，同在瓦尔特·能斯特教授门下学习。

一位旁若无人的豪车驾驶者的首次亮相

瓦尔特·能斯特炫耀性地策划了他的迁居柏林计划。当他 1905 年乘坐朗道车在亥姆霍兹家冷清的房子前停下时，这位新聘的物理化学教授给所有路人留下了深刻印象。毕竟这辆样式小巧的窄轮马车里坐着 6 个人。为了抵御车辆行驶时产生的迎面风，乘客们都戴着皮帽、手套，身穿大衣，大衣外面还裹着毛皮毯。备用管像香肠似的挂在水箱周围，装饰性地突出了此行的远征特征。

瓦尔特·能斯特教授亲自从哥廷根驾驶这辆马拉汽车进入大都市，这种事前所未有。驾驶员旁若无人，手一刻不离开方向盘，为防万一，他身旁坐着研究所的首席机械师。能斯特的妻子爱玛和 3 个女儿希尔德（Hilde）、艾迪特（Edith）和安吉拉（Angela）紧紧地挤坐在后排座位上。

维修工作最好自己动手，汽油消耗必须准确计算，因为这种燃料只能一加仑一加仑地在药店购买。尽管做好了所有预防措施，由于技术原因，还是不得不中断哥廷根前往柏林之行。不过所有旅客还是很乐意在一家客栈里过夜。由于半路上电池耗尽，时髦的朗道敞篷车还是不能工作了。偏偏是发生在能斯特身上，这位原电池的发明者！后来有传言，说他自己将电池极画错了。

这位物理化学家很早就养成了对豪车的嗜好。他是首位购买汽车的哥廷根人，有段时间这位狂热的汽车司机拥有 12 部最现代化的豪车。

现在应该让柏林认识他了。

4 年前，能斯特拒绝过一次前往柏林的召唤。可是现在，当他被聘去担任几年前还由亥姆霍兹拥有的教席时，41 岁的他让步了。谁能拒绝做亥姆霍兹接班人的名声啊！亥姆霍兹可是那个时代最伟大的自然科学家之一。他做过军医、心理学家、病理学家、精神分析学家、物理学家、声学家、人体感觉器官研究员、思想家和哲学家，他多才多艺，令世界震惊。他研发了可以用来制造磁场的“亥姆霍兹线圈”，也发明了一种可以确定眼角膜曲率半径的仪器；他的声音接受理论是开创性的，他的听小骨力学研究论文也一样。世界各地都给予亥姆霍兹最高的评价。最后一次去美国旅行时，他像国宾一样在白宫受到克利夫兰总统的接待。接赫尔曼·冯·亥姆霍兹的班既是荣誉也是义务。

沉迷在冒险的自负中的科学

从前吸引克尔凯郭尔（Kierkegaard）这样有才华的人去柏林的是哲学，现在科学接过了这个角色。1900 年前后，这座城市的大学对化学家、物理学家和数学家有着空前绝后的吸引力。一代发明家取得了闻所未闻的技术和科学成就，当时出现了一种冒险自负的傲慢气氛，只有少数人保持着清醒。

能斯特适时地抵达了柏林。这个怪人有幸生活在这样一个时代，它对古怪的评价高于其他一切。能斯特不仅是皇帝时代最出名的怪人之一，也是当时最伟大的自然科学家之一。

在杰出科学家的圈子里，能斯特的声音很快就起了主导作用，皇帝也器重他的公开建议。能斯特最爱说的一句话就是：“今天再也不存在技术难题了。”那是德国科学家开始变成商人和环游世界者、发明人开始成为企业家的时代。能斯特是这个新类型的代表，几乎无人能超越。

1897 年，能斯特发明了一种独特的灯。那是个高科技产品，运用了物理学最新的知识，只有物理学家的头脑才想得出来。这种灯与著名的“爱迪生白炽灯”没什么关系。他俩一个是受过物理学教育的科学家，一个爱苦思冥想。有一阵子，能斯特灯的问世让人感觉到了他俩产品之间的区别。通用电气公司（AEG）嗅到了一桩大生意，寄希望于能斯特的神灯，老练的能斯特成功地出售了灯的专利，收获了100多万帝国马克。这笔巨款成了他的财富的基础。有一次，能斯特出访美国，将此事告诉了爱迪生，经常为钱所困的爱迪生听后哆嗦了一下。通用电气公司老板、后来的魏玛共和国外长瓦尔特·拉特瑙（Walther Rathenau）说过这样一句话：可以让能斯特做通用电气公司的负责人，当然是“销售负责人”。

新灯的好处是既不需要铂丝、碳丝，也不需要棉丝；它们的小陶棒不会氧化，因此也不需要真空密封；另外灯光的亮度更高——这种灯能使用近1200个小时，是爱迪生灯的好多倍，耗损部件可以重新购买。不过，虽然有各种各样的优点，令人惊叹的能斯特灯也有个缺点，这缺点最终毁掉了它的成功。能斯特灯需要30—40秒的“预热时间”。当天才苦思者爱迪生终于能够批量生产他的“通电即亮”的灯时，相形之下，这个缺点就更明显了。白炽灯还比较便宜，能斯特灯再也竞争不过它，渐渐地从市场上消失了。专利权能否带来希望的生意，这是件说不准的事。

涉及钱时，撇开秘密竞争对手弗里茨·哈伯不谈，能斯特或许是学术同仁中最狡猾的。他琢磨出经济措施，将爱因斯坦诱去柏林，不用他承担任何教学义务。能斯特与工业界联系密切，而他与同时代的文学界无法交往。托马斯·曼被他耸耸肩拒绝了：“后院楼梯小说。”易卜生（Ibsen）笔下的人物是“木头脑袋和傻瓜”。浮士德呢？“一名被遗忘的编外讲师”。他最爱读的是卡萨诺瓦（Casanova）的回忆录，对它烂熟于心。

能斯特完全是一个觉醒的孩子，他的英雄是那些为进步作出牺牲的人，比如飞行员，他们在新飞机试飞时拿自己的生命冒险；坚定不移的技术人员和设计师，他们将成为人类的慈善者；冲破一切障碍开拓新成就的企业家，以及被低估的科研人员和发明家。

能斯特一向衣冠楚楚，佩戴着金表链，他绝对不是个保守的人，他讨厌任何规则，包括日常生活的例行公事。能斯特不做作，他轻松地冲进生命中一系列或多或少带点冒险的逸事。中学时的他喜欢演戏，能惟妙惟肖地扮演受惊吓的人，哪怕他对一切早就知情了。他最著名的突发奇想也是策划出来的，它被永远地刻在了洪堡大学的一块青铜碑上。据说，有一次能斯特在那里讲课，灵感突然袭来，就这样发现了热力学第三定律。碑上写着：

1905 年瓦尔特·能斯特
在这间他曾经讲课的教室里
发现了热力学第三定律
洪堡大学
于 1964 年，在这位伟大学者百岁诞辰时
将这间教室命名为瓦尔特·能斯特教室

女人、赌博和热力学

1905 年，一段艰辛的岁月开始了，能斯特要通过实验证明他凭直觉理解发现的热力学第三定律，这最终让他在 1920 年获得了诺贝尔奖。但能斯特不仅是位不知疲倦和细致入微的科研人员，他也保

持着坦率和好奇。

什么都能让他兴奋！他的两位同事曾描述过符合能斯特喜好和感情的一天：

> 他热衷科学，热衷大城市，热衷乡村生活、优美文学，热衷法国香槟和爱情，热衷克莱尔·瓦尔多夫（Claire Waldorf），热衷赚钱和赌博，热衷单身汉的自由和家庭炉灶。他能够做到早晨在实验室里工作，中午与外国客人共进午餐，下午讲课，与一个漂亮女性喝茶，再在实验室里聚精会神地与学生们讨论工作，夜里带一位朋友参观大都市柏林，黎明时再读一部长篇小说，然后睡上几小时，好在第二天无忧无虑、精力充沛地重新投入科学工作。

“美女”和“赌博”——这出现在一位物理化学家身上，是需要解释一下的。能斯特大手笔地购买又出售骑士庄园和森林，夜里在柏林城闲逛时也会在赌桌旁赌上一把。这时他大多将他那玩偶般漂亮的妻子拖在身边。爱玛是一位外科大夫和神经医生的女儿，头发严谨地梳理得平平滑滑，她陪他坐在赌桌旁，可能也同样仔细地将利润和损失记录到家庭开支的账本里。我们不知道这些夜晚是如何结束的。但能斯特显然坚信，他可观的数学知识至少能让他在赌桌旁成为与赌徒们偶然旗鼓相当的对手。在家里，他也试图将他那时年仅 8 岁的女儿安吉拉培养成一名经验丰富的全胜赌徒。

相反，与女人交往要困难、痛苦得多。有关能斯特的一则逸闻这么描述道：“上帝有一回决定创造一个超人，他设计了一颗胜过所有人的大脑。可是，当他想继续塑造这个超人时，他不得不因为另外一件事放下工作，最后天使长加百利[1]起了怜悯心，不带感情地塑造了一具有点笨拙的身体。魔鬼觉察后，向那具身体吹了一口气，唤醒了这尊塑像。能斯特就这样诞生了。”

我们至少可以说，能斯特不是美男子。一句话：他个子太矮，太胖，谢顶，头顶只剩一圈头发。他有着胖乎乎的脸颊，短小微翘的鼻子，鼻子上方眼镜链上不可或缺的夹子和“美食家的嘴唇”，以及修成弧形的超大胡须，哪怕机灵狡黠的眼睛作出相反的保证。不过，他得到了一份天才的馈赠。他的声音！这一柔和飘忽的声音，一位曾经长期受他领导、与他一起工作过的同事写道：“它掩饰了他的本质——坚强热情，目标明确；他成功的大部分要归功于他的声音。”他的同伴、化学家冯·瓦尔滕贝格[2]曾经提到，你可以认为“除了科学，他唯一认真对待的就是女人，而她们又不认真对待他”。他在追随心愿时的做法与他的科学方法很相似。不存在不可能的东西，“追求不可能的东西才有意义”。有一回，他向实验室里的一个年轻人解释说，那人声称有些东西是不可能的。能斯特试图以他从事科学研究的那种坚韧、机灵、丰富想象力和细致缜密，“解开他所面对的常常被认为不可能的任务”（瓦尔滕贝格语）。而一桩科学工作的失败对这位诺贝尔奖得主的震动“不及一个美女生气时的一半”。

“在化学里，”能斯特喜欢说，“我每天都为美、逻辑性和规律

---

① 天使长加百利（Erzengel Gabriel），是一个传达天主讯息的天使，第一次出现在《圣经·旧约·但以理书》中，名字的意思是“天主的人”“天神的英雄”“上帝已经显示了他的神力”或“将上帝之秘密启示的人”。他也被认为是上帝之（左）手。——编者注

② 应该是指德国化学家汉斯·约阿希姆·冯·瓦尔滕贝格（Hans Joachim von Wartenberg，1880—1960），主要研究无机化学和物理化学。他的妻子为诺贝尔生理学或医学奖得主奥托·瓦尔堡（Otto Warburg，1883—1970）的妹妹格特鲁德·瓦尔堡（Gertrud Warburg，1886—1971）。——编者注

性高兴，但女人正好与这一切相反。她们不遵守最简单的自然法则，因此我把与她们的交往视为唯一真正的休养——因为她们是那么没有规律、不可预料、无法控制——与我的职业正好相反。”

在柏林生活一年之后，能斯特终于找到了理想的房子。在卡尔斯巴德 26 号，距离舍内堡河岸不远，他购买了一幢经济繁荣时代[①]的别墅。彩色大理石柱的阳台前面有一座花园，管家可以从那里将客人领进黑色大理石客厅，客厅里布置有仿制的希腊少女青铜像。大客厅墙上贴的是印花皮墙纸，天花板用木板镶嵌，以黄金装饰。能斯特灯照亮了一切，也有几盏爱迪生灯，是供能斯特灯最终亮起来之前使用的，总体说来气氛阴森凝重。彰显能斯特特点的是大工作室里有两张巨大的办公桌，上面堆满了手稿、信件、通信报道和其他纸张，其看不透的秩序只有能斯特熟悉。

阿德隆酒店的住客和得意门生林德曼

清晨的几小时，房间里的所有人都是踮着脚尖行走的，因为通常情况下房主要一直睡到 10 点。然后他会坐在床上，花很长时间用早餐。能斯特几乎从未在 11 点前在附近的研究所里出现过。他的助手们对此也习以为常了，他们都是提早那么一点点才出现在所里。有一回，能斯特纯粹是看错了时间，10 点就现身了，他看到研究所一片冷清，于是拍电报将大家全叫来了。能斯特在实验室和研究所里是冷酷无情、充满剥削性的。据说，他从没有为学生们的进步竖过一根手指头。相反，他像克洛诺斯神（Kronos）一样“吞噬”他的孩

---

① 此处的德文原文为 Gründerzeit，直译为“创始者时代”。广义地讲，是指 19 世纪德国工业化开始后至 1873 年股市崩盘为止。狭义地讲，是指德国 1871 年统一至 1873 年。从建筑史上讲，是指 1871—1914 年间，即德国统一到“一战”开始为止。——编者注

子们。1906年，一对来自英国的两兄弟一大早就来到了研究所，从此这里的情形将发生改变。

能斯特教授这个时间当然不能接待他们。两兄弟递上他们父亲的推荐信。能斯特忆起了阿道尔夫·F.林德曼（Adolphe F.Lindemann），一位成功的工程师和企业家，能斯特曾经因为一些科学问题给他写过信。两位新生的父亲是奋发向上的柏林、特别是威廉二世的崇拜者，能斯特多才多艺，像个企业家，十分符合他的品位。其子弗里德里希·林德曼（Friedrich Lindemann）不是德国人，他持有英国护照，此时还几乎默默无闻。他是在德语学校接受教育，德语讲得与其他任何中学毕业生一样标准。

两兄弟——哥哥弗里德里希和弟弟塞普提穆斯（Septimus）——很快就成了柏林大学生的谈资。弗里德里希，瘦长笨拙的天才学生，是欧洲最成功的网球运动员之一。整个求学期间他都住在阿德隆酒店，酒店套房的壁橱里陈列着一排排酒杯。没人知道他到底在什么时间学习。弗里德里希是个夜猫子，间或也会聚精会神，虽然不是一直那样。他白天好像最喜欢和弟弟在网球场度过。能斯特不太喜欢他学生的生活方式。“一个人怎么能够整天追赶一只网球呢？”有一回他指责弗里德里希道，“要不是您父亲腰缠万贯，您会成为一名一流的物理学家！”（这句话很快就不适合塞普提穆斯了，因为他放弃了物理学，大手大脚地生活在蓝色海岸①，是个花花公子，深为他哥哥所鄙视。）

---

① 蓝色海岸（Côte d'Azur），即法国里维耶拉（French Riviera），地处地中海沿岸，属于法国东南沿海普罗旺斯－阿尔卑斯－蓝色海岸大区的一部分，为自瓦尔省土伦与意大利接壤的阿尔卑斯省芒通之间相连的大片滨海地区。蓝色海岸被认为是最奢华和最富有的地区之一，世界上众多富人、名人多会集于此。位于阿尔卑斯省的滨海小城戛纳为戛纳电影节主办地，每年一度的金棕榈奖就在此地颁发。尼斯是此地区的最大城市，也是著名的度假胜地。三面被法国环绕的摩纳哥王国也位于此处。——编者注

能斯特属于柏林最慷慨的教授之一，他的利茨骑士庄园位于特洛伊布利岑（Treubrietzen）附近，周末那里是朋友、猎友、同事、官员和艺术家们的社交聚会地，不久他也邀请了弗里德里希·林德曼，将其介绍给女儿们认识，她们暗地里取笑这位年轻的大学生。林德曼是位严格的素食者，几乎只食用法国奶酪，以及精挑细选出的油、色拉叶、蛋黄酱和蛋白，此外还滴酒不沾，也不吸烟。能斯特某种程度上感觉对这名年轻大学生负有责任，弗里德里希渐渐变得像是他的得意门生似的。反过来，能斯特在弗里德里希眼里扮演起了可敬父亲的角色，成了榜样。这一信赖关系将熬过所有的战争，直到能斯特 1941 年去世。

打完网球后，年轻的弗里德里希在阿德隆酒店的餐厅里用晚餐，鉴别各种各样的晚餐用橄榄油，品尝一叉尖新制的蛋黄酱，他可以边吃边看着行人闲逛而过。可外面的陌生世界他最多是听说过，将他隔开的不仅是一块窗户玻璃。

两个英国人相遇在德国，后果严重

差不多比弗里德里希晚两年，另一位英国大学生也抵达柏林。他就是亨利·蒂泽德（Henry Tizard），刚刚以年级最优生的成绩结束学业。不过，牛津的教育还有很大的提升空间。实验室被荒疏了，课程也不饱和。“你指给我一名研究人员，我指给你一个傻瓜。”奥里尔学院（Oriel College）的院长曾经这么对蒂泽德说过——这绝对不是安慰。

据蒂泽德讲，牛津大学的大多数讲师满足于过一种绅士生活，简单地将他人搜集的知识再传给年青的一代。当时英国不存在值得师从的高水平自然科学家。他信赖的讲师西季威克（Sidgewick）告诉他，美国没有适合他的化学学院。他最后选中了柏林，取得学位后将在那里师从能斯特一年。

蒂泽德一家不得不厉行节约，因为去柏林读一年书费用很高。牛津的马格达伦学院（Magdalen College）将一份 80 英镑的所谓“半”助学金延长了一年，另外父亲的遗产提供了 50 英镑。根据贝德克尔[①]柏林指南，蒂泽德在威廉大街 49 号一位冯·吕布措（von Lübtzow）小姐那里找到了一间廉价公寓。蒂泽德认真记录每天的支出。有一回，他乘坐马车去观看当时在柏林还能见到的各种烟火和“节日彩灯”，我们相信，在他记录下 7 个帝国马克的数目时，还能感觉到他的良心不安。（即使在升迁到最高官职时，他也会继续将最小的支出都记录下来，比如买份报纸或清洁立领的费用。但是，蒂泽德家庭数代遭受着贫穷的诅咒，这诅咒直到老年都在迫害他。）

想想年轻的林德曼心安理得地享受奢侈的生活方式，蒂泽德笔记本里的下列记录让人很难忍受。这位牛津大学杰出的大学生，1908 年在马格达伦学院以年级最优生结束了数学和化学学业，却不得不放弃去听马克斯·普朗克讲课：“我也打算注册去听普朗克的课，但因为费用问题而放弃了。后来我得知，能容纳 400 人的教室已经人满为患了。这跟牛津大学区别多大啊，我想，在那里，只要有半打人听课，一位数学物理学教授就会开心坏了。”

相反，蒂泽德只听能斯特的普通课程和他为高年级学生举办的化学热力学讲座。在能斯特的实验室里，他经常遇到同龄的林德曼，对方此时已经属于能斯特比较亲密的学生圈子了。两个英国人在德

---

① 贝德克尔（Baedeker）是德国的一家出版社，也指这家公司出版的旅行指南，这些指南均邀请专家执笔并频繁修订，开本大小方便携带，在欧美堪称旅行指南的代称。“二战”期间，德国曾对英国的城市展开空袭，而空袭的目标就是参照贝德克尔的旅行指南决定的。——编者注

国这种成功的相遇并不常见。两人的性格南辕北辙，让我们不禁对他俩兴趣盎然。他俩以后将对英国的对德战争产生决定性影响。但所有人——包括他们自己——都没能预感到，他们日后会在“二战”中轰炸德国这一问题上针锋相对。

能斯特交给学生蒂泽德的第一桩任务是将乙炔冷凝成汽油，这个任务除了科学目的还有商业目的。不幸的是，这一尝试无可挽回地失败了。

除了研究乙炔的特性，柏林还给蒂泽德提供其他经验教训。整座城市就像一座实验室，里面昼夜不停地从事着实验，诞生出新的想法和化合物。柏林在颤动，似乎永远安静不下来。到处都感觉得到并且看得到，一个特别勤勉的民族是如何谨慎地工作的。这孜孜不倦的精神让年轻的英国人蒂泽德饱含尊重和钦佩，同时也引起他的不安和畏惧。一年后的夏天，蒂泽德与一位朋友穿越黑森林漫游，那里的居民留给他的印象如此之深，事隔半年他都还在回忆，“自从那次参观之后，我再也不能把德国人想象为彻头彻尾的坏人”。

另一个观察烙在蒂泽德的记忆里：在柏林，他头一回见到科学是如何被坚定地付诸实施和应用，又以怎样的速度改变着德国在世界上的地位。

蒂泽德很快就成了能斯特教授晚餐邀请的固定客人之一。晚餐在五六点之间进行，很正式，规定要求来宾系白色领带，穿燕尾服。蒂泽德对于首次邀请十分上心，他当晚就给父母写了信。他原本担心坐在 20 个德国人中间，听不懂一句交谈的话。令他大为轻松的是还有两个美国人，他们的德语讲得比他还差。能斯特对左首位置的蒂泽德特别热情，同时还不忘将美味佳肴塞进嘴里。这情形让蒂泽德觉得十分滑稽，“真想在椅子里放声大笑”。

由于不会有作品发表，一年后，蒂泽德返回了英国。他虽感沮丧，但一想到在能斯特实验室里掌握的宝贵知识就不无感激。他与能斯特的联系从未中断过；1911 年，蒂泽德翻译的能斯特的《热力学》(*Thermodynamik*) 出版了。

如何成为一名更好的英国人？

蒂泽德家族是法国的胡格诺派教徒，他们逃到英国，在远洋和皇家海军里寻找运气。他们挑选的女人是能有助于经济崛起的。托马斯·蒂泽德 (Thomas Tizard) 娶的是玛丽·伊丽莎白·切基瓦德 (Mary Elizabeth Churchward)，一位工程师的女儿，这位工程师靠修建马耳他 (Malta) 和彭布罗克[①]的码头设施而出名。玛丽是个对宗教十分虔诚的聪明女人，虽然性格活泼，却总是忧心忡忡。

听闻儿子亨利出生的消息时，托马斯·蒂泽德正担任皇家海军"海神号"的船长。军官们听说后拿香槟与他干杯以示祝贺。蒂泽德船长此前在"挑战者号"周游世界时做过领航官，得到过嘉奖，后来成为海军部水文地理学家和皇家学会会员。1891 年，他们全家在肯特郡的瑟比顿[②]定居下来，一个半城市半乡下的安逸社区，几乎直面泰晤士河，社区的果园在河对岸，一直延伸到平原。

蒂泽德家的房子不起眼，但很宽敞，有座长条形花园。军饷和海员工资很低，但在皇家海军服役可靠且安全，有希望得到一份光

---

① 彭布罗克（Pembroke），一座位于英国威尔士西部彭布罗克郡的历史悠久的城市，拥有彭布罗克城堡等古迹。——编者注

② 瑟比顿（Surbiton）是英国伦敦西南部的一个地区，在行政区划上属于泰晤士河畔京斯顿皇家自治市（Royal Borough of Kingston upon Thames）。瑟比顿和泰晤士河相邻，位于伦敦市中心以西 17 公里处。在历史上，瑟比顿属于萨里郡而非肯特郡（Kent）。此处作者有误。——编者注

荣的报酬，甚至得到一点幸运。人们虔诚地相信上帝的预言。

亨利的童年不能说不幸福，他的零花钱主要源于一块小菜园子，他摘下园子里的蔬菜卖给母亲。孩子们没钱买玩具，就自己动手制作。假期里，他大多待在家里，有时也惬意地骑自行车出去兜风。全家的希望和努力目标只有一个，要让与四个姐妹——埃米（Aimée）、比塔（Beata）、多萝蒂（Dorothy）和埃塞尔（Ethel）——一道成长的瘦弱亨利满足全家的期许，成为家庭未来的支柱。

亨利是个文静的孩子，除了一头红发，一点也不引人注意。家里原本希望他加入海军，但在他 13 岁那年，一只小蝇子突然毁掉了全家人的希望。那个噩梦般的 6 月 5 日深深地烙在全家人的记忆里，那天，一只小昆虫掉进年轻亨利的左眼，他本能地闭上眼睛，突然间什么都看不见了，周围一片黑暗。事后，他的眼睛差点失明。一段时间后，眼疾痊愈了，但后果是视力弱得使他再也无法考虑在海军里飞黄腾达了。

这时，一份助学金帮助了他。亨利可以就读声望很好的威斯敏斯特（Westminster）公立学校。在那里，他的数学和化学能力特别强，引起了老师的注意。后来，他考上了马格达伦学院，去柏林之前他以优异成绩从那里毕业。在胡格诺派教徒被逐出法国之后，经过数代人，蒂泽德一家有的是时间成为英国人，如今他们比英国人更英国化了。对此，亨利男爵在回顾时说道：“对于一个有我这样的名字的人，这是必要的。”

亨利·蒂泽德的同学弗里德里希·亚历山大·林德曼有别的麻烦。林德曼虽然是英国人了，可他想更英国化，比如从语言开始。他跟不上蒂泽德的精英式牛津英语，那是教育和阶级的证明，同时他又意识到自己的德语口音。林德曼于是建议与这位新来的同学合租一套房子。蒂泽德想提高德语水平，便同意了，条件是轮流讲德语和英语，可林德曼同学却拒绝了。时尚的阿德隆酒店的套房和冯·吕布措小姐家带家具的公寓房之间的鸿沟无法填平。林德曼不想听蒂泽德的蹩脚德语，只想受益于他的英语。

蒂泽德家族有数代人的时间来成为英国人。德国的林德曼家一切却都始于上一代，弗里德里希·亚历山大努力摆脱德国出身带给他的一切，光是他的出生地就让他感觉是个难以忍受的缺陷，他真想隐瞒不讲，跟出生年份一样不让人知道。弗里德里希·亚历山大是在巴登巴登（Baden-Baden）出生的，他的母亲常去那里疗养，她显然很看重临床护理。

出生证明里写道："4 月 6 日，阿道尔夫·弗里德里希·林德曼，一个'来自英国锡德茅斯[①]'的法尔茨人和阿尔萨斯人，基督教信仰，在巴登巴登来到登记官面前，报告称，1886 年 4 月 5 日，他的妻子奥尔加·诺布勒（Olga Noble），天主教徒，生下一个男孩，男孩被取名为弗里德里希·亚历山大。"

母亲奥尔加·诺布勒在 17 岁那年嫁给了比她年长的伦敦银行家本杰明·戴维森（Benjamin Davidson），他给她留下一笔可观的财产。有关弗里德里希的母亲奥尔加的消息很少，只说她出生在康涅狄格州（Connecticut）新伦敦（New London）的一个工程师家庭，家里本身就很富有。第一任丈夫去世后，奥尔加在 31 岁那年带着 3 个孩子再婚。她和林德曼又生了 3 个儿子：弗里德里希·亚历山大、查尔斯和塞普提穆斯，此外还生了 1 个女儿。

弗里德里希在巴登巴登读的小学，后来在卡塞尔读高中。毕业

---

① 锡德茅斯（Sidmouth）是英国西南英格兰大区德文郡英吉利海峡的一个城镇，位于埃克塞特以东 23 千米。——编者注

前，他一直在德语学校接受教育。他身上和他传记里的一切德国式的东西，后来似乎都将他往深渊里拽拉，可那时他早就自称弗雷德里克了[①]。

林德曼的父亲原籍法尔茨，他有能力有才华，游刃有余地从事着三个职业。他先在纽伦堡被培养成工程师和精密机械师，之后有段时间为一家慕尼黑公司制造科学设备。25 岁时他前往英国，在伍尔维奇（Woolwich）为西门子兄弟公司工作，公司在那里生产海底电缆。两年后，作为部门负责人，他被派去铺设美国到爱尔兰的第一条跨大西洋电报电缆。

3 年后，已经加入英国籍的老林德曼在一次访问皮尔马森斯（Pirmasens）期间接触到了市政府的人员，市政府专门给他颁发了建造一家水厂的许可证。双方的合同规定，“皮尔马森斯水公司”承担建筑和维护工作并向城市提供收费的饮用水。他以同样的方式组建了施佩耶尔水厂，在一家股份公司的帮助下，于 1883 年向城市提供了一个 20 千米长的水管网络。今天，建筑学上很有魅力的水塔还在证明阿道尔夫·林德曼的影响。

预先出资建造崛起工业城市的供水系统，要有很多的资本，老林德曼不得不从伦敦城市银行筹集资金，从而结识了银行家本杰明·戴维森，后来娶了他的遗孀奥尔加。

弗里德里希·林德曼对他的出身故弄玄虚，导致 C.P. 斯诺（C. P. Snow）——著名的小说家和物理学家，他认识林德曼本人—— 1962 年还在写，事实上英国没人知道林德曼的父亲是谁。

难道林德曼在本质和举止上不是个德国人吗？许多人都说他

① “弗里德里希”在英语中的发音。——编者注

显得“一点不像英国人”，当他们从林德曼很难理解的呢喃和嘟囔中听出一丝德国口音时，他们感觉自己的看法得到了证实。他会不会像他母亲，成了寡妇的奥尔加·戴维森，也是个犹太人呢？估计是。

阿道尔夫·林德曼极其成功的第三个职业领域是天文学，他孩提时就对它兴趣浓厚。当他婚后搬去德文郡锡德茅斯的妻子身边时，在那里给自己建了一座私人天文台，布置了一个精密机械的作坊，用来制造计时器和天文仪器。这位在专业界得到认可的天文学家多次获得嘉奖。1916 年，终于有一颗小行星——林德曼星——以他的名字命名了。

蒂泽德和林德曼两家的经济条件不同，这不仅影响到了学习计划和听课的选择，二人的业余活动也有着明显的区别。蒂泽德会长时间散步，骑自行车出游，冬天溜冰，这些让网球明星林德曼不一定觉得是享受。拳击就更加不会是享受了。蒂泽德发现了一所拳击学校，那是一位前特轻量级英国冠军开设的，瘦削、结实的蒂泽德定期去那里训练，这同样是一个林德曼远离的世界，就像足球一样。

蒂泽德邀请身材高大的林德曼前去做客，林德曼同意和他来一场拳击。结果林德曼输了，他低估了对手的敏捷，被蒂泽德痛揍了一顿。

“他的一大缺陷是，”几十年后，蒂泽德在自传里告诉我们，“他痛恨每一个在某一方面比他优秀的同龄人。他是一个举止笨拙、没有经验的拳击手，当他发现比他矮小得多、轻得多的我手脚更敏捷时，他是那么失控，我拒绝再和他打一场。我相信，他永远不会原谅我这样。但我们还是做了不下 25 年的好朋友，直到在 1936 年之后成为死敌。”

能斯特学生之间的敌意

这些敌意升级成了无法化解的仇恨。这些敌意究竟为什么产生，只能通过揣测。两个对手在1935年互相对峙，旨在找出万一发生战争，英国用什么方法自卫最好。冲突是一场三幕舞台剧，发生在国防部某个不起眼的会议室里，那里布置有桌子、一只玻璃壶和杯子，几张破旧皮椅。这场争执的结果几年后将决定数百万德国人的命运。

返回英国后的那几年，两人都进入了科学界并青云直上，找不到怨恨的线索。他们维持着友好关系：单身汉林德曼成了蒂泽德的一个孩子的教父；当牛津大学一个物理学教席空出来之后，蒂泽德又成功地助了林德曼一臂之力。林德曼让遭冷落的克拉伦顿实验室重新得到尊重，他的榜样便是重点研究低温物理学的能斯特实验室。但林德曼的名字在科学界并不十分响亮，他的奢侈生活风格和他的劳斯莱斯车一样，都不太适合牛津的学者界。20世纪30年代中期，这两位能斯特的学生差不多同时放弃了他们的大学教职。他们明白，在纯自然科学领域，他们无法取得最高的成就。对此，蒂泽德在自传里写道：“我现在坚信，作为纯粹的自然科学家，我永远算不上最优秀的，未来的年轻人在这方面会有更大的能力。”

现在，蒂泽德根本不指望成为卢瑟福第二——这种人每300年才有一个，可他的骄傲和自信要求他至少成为他万分景仰的卢瑟福后的第二人。当他觉得这也无法实现时，便决定去做公务员。

林德曼经历了一个类似过程，但这个过程持续更久，不及蒂泽德这么果断。他比蒂泽德更坚信自己的学识，他竞争不过卢瑟福及其学生中的新一代，比如查德维克[①]、考克饶夫[②]和布莱克特，更别说数学物理学家玻尔、狄拉克、海森堡和其他十几个人了，他们像一支精锐部队在反对他的志向，令他忍无可忍。

牛肉饕餮者和素食者

蒂泽德在官场上不声不响地稳步前进，林德曼在大社交界游刃有余——当时它很大程度上还等同于政治保守派。林德曼虽然没有适当的人脉，不是在英国出生，他的社会地位却在上升。林德曼富有、虚荣且聪明，英国欢迎这种人。他很快就成了 F.A. 史密斯（F. A. Smith）的一名亲信，史密斯是丘吉尔的教子。通过史密斯——后来的伯肯赫德伯爵（Earl of Birkenhead），林德曼认识了温斯顿·丘吉尔，一段接下来将主宰林德曼生活的友谊就这样开始了。这段友谊由双方以始终不渝的忠诚保持着，直到林德曼死去才结束。他对丘吉尔的顺从是纯洁的——斯诺称之为他一生最纯洁的感情。

外表看来，无论如何他们都是相当不平等的一对。丘吉尔是个好享受的人——他痛痛快快地大嚼牛排，用大量高浓度的酒精将它冲下去，再给自己点上必不可少的雪茄——让人怎么也无法想象他会是一位狂热素食者的知己——后者既不喝酒也不吸烟，靠生菜和

---

① 詹姆斯·查德维克爵士（Sir James Chadwick，1891—1974），英国物理学家，因于 1932 年发现中子而获得 1935 年诺贝尔物理学奖。第二次世界大战期间，他担任“曼哈顿计划”英国小组的组长。因对物理学的贡献，他于 1945 年被册封为爵士。——编者注

② 约翰·道格拉斯·考克饶夫爵士（Sir John Douglas Cockcroft，1897—1967），英国物理学家，1951 年诺贝尔物理学奖获得者。1961—1965 年间，他曾担任澳洲国立大学校监。——编者注

奶酪为食。林德曼是丘吉尔不可或缺的顾问，丘吉尔每次出访国外他都陪侍在左右，丘吉尔甚至说他是自己的“脑叶”。

此时，蒂泽德经过努力获得了一个职位——负责所有科学问题的解答，在部门里最后升迁到了只对部长负责的最高官员。他从一开始就十分适应这个世界，招人喜欢。

这段时间里，公务员蒂泽德碰上了一个难得的机会，可以直接参与制定国家的战争策略。航空部影响很大的科学顾问 A. E. 温珀里斯（A. E. Wimperis）建议成立一个“空中防卫研究委员会”，由它来确定在多大程度上应用自然科学和技术领域的进步来阻止敌方空袭。他推荐蒂泽德担任主席，这个推荐被接受了。

第一幕：雷达应该保护英国

这个委员会不久后即被叫作蒂泽德委员会，1935 年 1 月 28 日，委员会首次召集会议。蒂泽德成立了一个仅由科学家组成的小团队，团队里有世界最著名的生理学家之一、1922 年的诺贝尔奖得主 A.V. 希尔（A. V. Hill），还有牛津大学物理学家帕特里克·布莱克特。蒂泽德不在乎布莱克特是众多年轻激进的左派科学家当中最著名的一位。首次集会就讨论了面对凶狠的侵略者，如何自卫最有战略意义。蒂泽德支持一种尚在开发、只有本土英国人才可以参与的秘密发明。来英国寻求避难的才华横溢的流亡者们，例如匈牙利人列奥·齐拉德（Léo Szilárd），均被排除在外。这个新式武器是用来防御的，可以远距离击中敌方的轰炸机和潜艇。

第二幕：夺取胜利的炸弹

在第二幕，秘密委员会的门打开了，一名男子走进来，此人大家都认识，但都不欢迎他，他就是弗雷德里克·亚历山大·林德曼。他虽然没有任何官方的政治身份，却无疑是那个负责反对派的所有科学问题的幕后指挥者。林德曼的任命要追溯到现任首相鲍德温（Baldwin）和反对派政治家领袖丘吉尔之间的一桩交易。丘吉尔抨击政府低估了希特勒的军备，尤其是飞机生产，他想更好地参与政府工作，以便从一手资料了解真实数据和政府判断；他要求将来也能继续公正地批评政府，设法安排他的科学顾问林德曼成为蒂泽德委员会成员。这样，两位柏林学友很快就不可避免地相互对峙起来，争执内容是应该将英国短缺的储备用于建造一个雷达系统还是建立一支轰炸机战队。

当时，两位对手都在50岁左右。林德曼始终衣冠楚楚，衣料十分考究，偏爱黑色，出门向来戴着帽子并且提着雨伞。这位杰出的网球手，在大学时代曾成功地成为温布尔登的主力，眼下身材有点发福，他表情温和，肤色白皙，软似面团，他给斯诺的印象像一名中欧商人。

一种说不清道不明的失意气息始终包围着这位传奇的机要人员，一看到他就让人不由自主地想到一种说不出拉丁文名的胃病，那是不治之症。尽管智慧超群、意志力强，但在生活中的重要事情上他恐怕都不适应。感官快乐对于他意义不大或根本没有意义。就我们所知，他从未与女性有过关系。但他的感情会很强烈，尤其是，他是个强烈的仇恨者和可怕的种族主义者。

蒂泽德呢？

斯诺认识蒂泽德，私下和他交往过无数次。在斯诺看来，蒂泽德是典型的学院派中等阶层的英国人。他不是特别英俊，有时外表像只智慧敏感的青蛙，头顶有一圈少量的发红的头发，下颌异常宽，眼珠是透明的浅蓝色，迸发着怒气和真理的火花，赋予他的脸某种精气神。蒂泽德经常感染和发烧，这与前业余拳击手的强壮身体不相配。他的家庭生活幸福，擅长广交朋友。

从委员会开始工作的第一刻、第一句话起，房间里就弥漫着一种令人不快的情绪。林德曼用他那几乎听不见的声音冷嘲热讽地攻击蒂泽德作出的或将会作出的每一个决定。蒂泽德顿时明白了，他的每个词、每句话都将破坏原先的友谊。在会上，左右林德曼判断的有可能是他心中充满的对蒂泽德的莫名仇恨，或许他也忍受不了偏偏是蒂泽德担任着主席。反正他显得趾高气扬，不可动摇，凡是蒂泽德想要和要求的一切，他都坚决反对。不管林德曼的动机何在，他坚定地、不厌其烦地在委员会面前坚持他的立场，哪怕其他人都认为它们站不住脚。而他本人钻进两个心爱的牛角尖：一个是应用红外线定位，一个是被认为无法实现的项目。他臆想的其他神奇武器是降落伞炸弹和降落伞地雷，要在敌人的飞机前面投掷它们。蒂泽德保持镇静，不为所动，他直接要求通过他的雷达决议，让人将林德曼的反对意见记录下来。

由于蒂泽德将重点只放在雷达上，1936 年 7 月，林德曼对蒂泽德进行了激烈的人身攻击。他出言不逊，粗鲁无礼，导致布莱克特和希尔要求其退出。蒂泽德明显取胜了。林德曼被 E.V. 阿普顿（E. V. Appleton）取代了，阿普顿是当时声波传播领域最重要的英国专家。

退出的成员又重新返回，蒂泽德委员会悄悄地达成了多个秘密目标。当争夺英国的战役开始时，雷达站和雷达组织的保护墙已经建好了。若非雷达来得及时，英国就得放弃。这也许是关键性的武器。英国之所以能经受住 1940 年 7—9 月的空袭，在帮助它的所有人当中，机智的蒂泽德肯定是最重要的人物之一。

第三幕：浓烟、灰烬和眼泪

1939 年，温斯顿·丘吉尔当选首相。他成了所有那些对此前的鲍德温－张伯伦政府及其不作为表示不信任的人们的偶像。弗雷德里克·亚历山大·林德曼很快就以切威尔勋爵一世（1.Viscount of Cherwell）的身份进入了丘吉尔的内阁。他马上提交了一份法案，表示他坚信必须使用炸弹。他在备忘录里用统计方式强调了在接下来的 18 个月里——大约从 1942 年 3 月中旬到 1943 年 9 月——英国发动空袭的效果。他声称如果集中全部力量生产和使用轰炸机，有可能在所有较大型城市——指人口超过 5 万的所有城市——炸毁一半房屋。

斯诺及其朋友们反对流行的对轰炸战略的信仰，一方面出于博爱，另一方面认为林德曼依据的数据资料有误导性，是错误的。蒂泽德立即研究了林德曼的轰炸计划依据的数据，得出结论：林德曼估计会炸毁的房屋数目被高估了大约 5 倍。其他独立鉴定得出的结果也类似。（战后果然发现，与林德曼的预言相反，被炸毁的房屋只有大约 1/10。）

但航空部支持林德曼，接管了蒂泽德的委员会。蒂泽德受到冷落，被明升暗降调去了哈佛。不仅舆论被空袭狂热左右了，英国的国家机器也是。反对这个项目的少数派不仅惨遭失败且被纷纷赶走了，蒂泽德被当成了悲观主义者。政府动用一切可以支配的手段来实施林德曼的轰炸计划。

原定目标是轰炸敌方的军事设施、交通枢纽、工厂等，但人们很快就明白了这是不值得的，成本超过可能取得的成功。林德曼低估了此次行动中人的因素。年轻的英国飞行员不得不献出宝贵生命，且死伤规模越来越大，这在英国点燃了抵制轰炸德国的行动。年轻飞行员的平均飞行寿命不超过 3 个月。就像德国人在空袭英国时很快就漠视军事目标转而轰炸居民区一样，英国轰炸机也在设法击中德国城市里人口密集居住区的平民。林德曼亲自宣传这个所谓的“轰炸房屋”项目。大多数英国人也坚信，这种行为毫无军事价值。

怪诞思维的神奇地点
——20世纪20年代哥廷根的玻恩别墅

20世纪20年代，哥廷根闻名世界的钟声敲响了。理论物理学知识将革新我们的世界观及对自然的认识。1924—1927年，影响了“量子力学”概念的马克斯·玻恩及其助手，以及工作人员帕斯库尔·约当（Pascual Jordan）、维尔纳·海森堡和沃尔夫冈·泡利（Wolfgang Pauli），为发展和完善所谓的量子力学作出了重要贡献。海森堡的“测不准关系”（*Unschäferelation*）概念就是那时诞生的，它变成了常被引证的名言。

当时的哥廷根十分活跃，马克斯·玻恩和海德维格·玻恩（Hedwig Born）家的别墅成了思考和聚会的中心。那里形成了一种新物理学国际大家庭的家园，科学家们可以在那里无忧无虑地饮食、演奏音乐，甚至是打情骂俏。那里常有大胆、挑衅的论点公布，有自信的天才以幽默和挖苦的大笑活跃社交晚会。

精神病院里的杰出怪人

欧洲及美国的大学生和科学家们纷纷来到这座有着牧鹅少女喷泉的小城。当时的 3 万居民中很快就有 1/3 是大学生了。尤其是对物理学家，哥廷根能够提供很多，它吸引着他们所有人，包括天才和疯子。“那些人古里古怪，天才与疯狂兼具，像是从外星球来的，与同胞相处起来极其麻烦，就像精神病院里的杰出怪人。”玻恩的一位学生马克斯·德尔布吕克（Max Delbrück）这么形容哥廷根的情形。德尔布吕克后来成了著名的生物学家，他本人也提供了一些谈资。他们全都是“天才”，这是理所当然的。他们被量子物理的最新发展迷住了，其颠覆性的理论在挑战每个人。新物理突然事事令人激动。特别是物理学神童们用他们的能量创造了一种兴奋刺激的变革性突破氛围，每个准备有新设想的人，都无法逃脱这个氛围。几乎随时随地都在讨论最新认识，带来对继续交谈的巨大需求。

因此，谁想学习理论物理，就得去哥廷根。说到重要性，只有尼尔斯·玻尔（Niels Bohr）和他的哥本哈根研究所才比得上。剑桥在 20 世纪 20 年代下半期已经跟不上了。哥廷根冲到了前头，好像它想证明德国没有输掉战争似的。1925 年，马克斯·玻恩在写给爱因斯坦的一封信里骄傲地列数了最近来访过的名人：荷兰人克拉默斯（Kramers），来自列宁格勒（Leningrad）[①] 的约瑟夫·约飞[②]，“他给了我们巨大的启发——为了美丽的工作他无所不为，却什么都没有得到出

① 列宁格勒，1991 年更名为圣彼得堡。——编者注

② 此处有误。不是约瑟夫·约飞，而是阿布拉姆·费奥多罗维奇·约飞（Abram Fjodorowitsch Joffé，俄语为 Абрам Фёдорович Иоффе，1880—1960），苏联著名的物理学家，现代物理学在俄罗斯的奠基人，他的学生中有诺贝尔奖获得者卡皮查和朗道这样卓越的物理学家。——编者注

版”。来自莱顿（Leyden）的埃伦费斯特（Ehrenfest）、来自剑桥的卡皮查（Kapiza）……有时候来的人太多了，为了躲避喧闹，教授夫人们都逃去了乡下或席尔瓦平原（Silva Plana）。特别是7月，“因为那时候大多数外国人已经放假，成群地涌到我们这里”。

但是，在哥廷根讲课的不仅有马克斯·玻恩和詹姆斯·弗兰克这样的特聘物理学家，和他们一道供职的还有世纪级别的数学家大卫·希尔伯特（David Hilbert）及埃德蒙德·朗道（Edmund Landau）、菲力克斯·克莱因、赫尔曼·外尔（Herman Weyl）、理查德·柯朗（Richard Courant）和德国最重要的女数学家艾米·诺特（Emmy Noether）。

这些年轻物理学精英的聚会地点之一是克隆－朗茨咖啡店。在那儿，每天下午都有一群年轻的物理学大学生围在维也纳人弗里茨·豪特曼斯周围，他坐在堆有计算尺、纸堆和一排空咖啡杯的三角桌旁恭候众人。所有的大理石桌很快就被涂满草图、公式和矩方程了，之后侍者们又冷静地擦掉它们。

神童和“量子之吻”

本生路9号是一座红色砖建筑的大学，以前是作军营用的，玻恩是新物理学令人钦佩的英雄，他“开放式的”别墅就在大学旁边的普朗克街21号，玻恩喜欢与学生们较为随意地交往。他的爱妻海德维格人称海蒂，是贵格会教徒，他俩定期组织学生代表、同事和城里的科学家们聚会。晚会是一个由杰出科学家、神童和优秀大学生组成的独特混合体。通常大家先用晚餐，然后过渡为轻松会谈。在（极穷的）通货膨胀年代，对大学生们来说，光是简简单单的食物都是求之不得的诱惑。

晚会的一个固定内容是音乐表演。主人习惯性地以演奏不太知名的钢琴曲开始，然后海蒂・玻恩坐到钢琴前。这位哥廷根教授家的女儿是个出色的钢琴演奏者，她通常弹奏莫扎特和肖邦的曲子；有时也自己伴奏，演唱一首舒曼的歌曲。

得益于尤利・卢默尔（Juri Rumer），我们可以看到他在玻恩别墅里的一张抓拍，附有对 20 世纪 30 年代初一场类似活动的描述。那是个充满节日气氛的夜晚，因为来宾中有伟大的欧内斯特・卢瑟福男爵（Sir Ernest Rutherford），他下午在大学礼堂里的庆祝会上作了一席演讲，获得了一件大礼服和荣誉博士的称号。玻恩的 3 名助手海特勒（Heitler）、卢默尔和诺德海姆（Nordheim）悉数在场，理查德・柯朗和詹姆・弗兰克和他们的妻子也在。卢瑟福情绪高昂。这位新西兰牧羊人的儿子蓄着胡须，身材高挑，他很喜欢说自己是个普通人——“一个普通人和一种普通的物理”，他在致谢时还说道。当他用粗大的手握住一双双手，握得那么紧，握得对方手痛时，他显得有点鲁莽。他一边握手一边诚恳地问候对方。卢默尔介绍说，卢瑟福告诉大家，他很享受晚宴，事实上他只是偶尔动动刀叉。他笑声爽朗，坦率地发表意见。当然，他的夸奖有时候也会令人有点难受。在东道主的音乐表演结束后，卢瑟福告诉他，他的演奏听起来像是在解代数难题。相反，卢瑟福使劲为海蒂・玻恩鼓掌，他觉得表演实在“棒极了”，虽然他也承认自己对音乐只略知皮毛。

次日，还有一个令人尊敬的传统在等着这位哥廷根年轻的荣誉博士：每个被授予博士头衔的人，都必须亲吻牧鹅少女——卢瑟福也一样。他现在已经 60 岁，身材魁梧，人们担心他在跨越喷泉雕塑花环装饰的保护栅栏时是否会弄伤自己或损坏雕塑。人们背后议论说，卢瑟福有许多优点，但肯定不包括时髦。第二天，许多好奇的人围聚在喷泉旁，都想见证这个历史性的瞬间，看看原子时代的首位真英雄以一个“量子之吻”致敬可爱的哥廷根女神。欧内斯特男爵绰号“鳄鱼”，他没被美女拒绝，又安全地落在了地面——所有的担忧都是杞人忧天。

马克斯·玻恩和无害怪物

玻恩家的别墅不仅成了来自美国、英国、俄罗斯、法国、印度、日本和中国等世界各地大学生和同事们相聚的地方，有时候在这里还可以直接看到正在完善量子力学的科学家四重奏演出小组。不过，人们从来都不知道具体都有谁会来，每个这样的夜晚都会带给他们惊喜。

现在，1927 年 6 月的一个星期四，就是这么个特殊日子，那是许多人都无法忘记的一天。现代物理学的重要角色几乎悉数聚齐了。除了东道主马克斯·玻恩，还有玻恩的前助手、新近受聘的莱比锡教授维尔纳·海森堡，玻恩最亲密的同事帕斯库尔·约当和被人们寄予厚望的英国人保罗·狄拉克。那些不能亲自莅临的，比如马克斯·普朗克的柏林教席接班人埃尔温·薛定谔、沃尔夫冈·泡利、欧内斯特·卢瑟福或尼尔斯·玻尔，也几乎一样知名。没有谁能够绕开他们的想法。

玻恩始终衣冠楚楚，胡子刮得精光，在可以入座准备吃饭之前，他一直在沙龙里招呼新来的客人或参与交谈，一切似乎都在表明，这是一个成功、满足甚至幸福的男人。事实上，玻恩从来就不是一个快活的孩子，他小小年纪就失去了母亲，在富裕的祖父母身边长大。这位布雷斯劳胚胎学和解剖学教授的儿子如今成了一名雄心勃勃的物理学家。

这个男人很有魅力，但从外表谁也看不出他的真实情形。他陷于一场让他崩溃的精神危机中。他感觉筋疲力尽，被利用被低估了。他只在写给莱顿的一位同事——莫斯科人帕弗尔·西格斯蒙多维奇·埃伦费斯特（Pavel Sigismundowitsch Ehrenfest）——的信中承认过他的虚弱无力，谈及他的力量正在衰竭，他的年纪越来越大——当时他才 45 岁。似乎一切都在与他作对。他的不少想法都在别处开花结果了，有的干脆被人夺走了。他的成就在幕后褪色，为世人遗忘；别人却获得了荣誉，引起关注。这方面的例子就是矩阵力学。年轻的海森堡站在门外，看上去“像个农家少年，金黄色短发，明亮、浅色的眼睛和一副迷人的表情”，他前来自荐做助手，这是 4 年前的事。不是他在数学上给予海森堡指点的吗？难道他和约当不是最早发表论文，用天才的替换律表达矩阵力学的吗？当时泡利认为玻恩的行动是个危险错误，坚信这一“无用的数学”会破坏掉海森堡的物理学思想。俄国人弗伦克尔（Frenkel）甚至认为玻恩的建议是一种“轻度疯狂”。

路易丝·德·德布罗意（Louis de Broglie）刚刚提出他的电子波动性理论，年轻的维尔纳·海森堡就发言了。他根本不想假设电子连同它的罕见行为，他更想从我们确实能观察到的东西出发。这是一个电子“跳”进另一个能量状态时所释放出的能量和频率。它留下明显的光迹和闪电，促成了分光镜的诞生，它能分析同时产生的光谱线条，将一个个元素分门别类。

当海森堡在赫耳果兰岛（Helgoland）治疗他的花粉过敏症时，他终于有时间思考电子有何特性了。不能将它简化吗？一个想法油然而生，他要开发一个不仅能解释电子，也能解释所有基本粒子的不确定行为的数学模型。通过将量子论与数学结合起来，海森堡创建了一个物理学新分支。不幸的是，他为量子论引进了很难理解的“力学”概念，因此我们讲量子力学而不说量子数学。海森堡自然感觉到，这一简化是成功地迈出了一大步。此时，海森堡对矩阵还知之甚少，他先得用他那快得难以置信的理解力来学习矩阵。但今天所有教科书谈的都是海森堡的矩阵、海森堡的交换律和狄拉克的场量子化，无一例外！

所有人都只谈玻恩曾经的助手们！玻恩感觉被忽视、被欺骗、被掠夺了。就在他刚成为教授之后没多久，海森堡曾经请求借用他的某一次的讲课笔记，因为对方没时间进行整理。后来，玻恩发现他的文章被逐字逐句译成了英文，由一名印度大学生记录和翻译……

现在，那些一心想去哥廷根的大学生们也在对玻恩步步紧逼。思维敏捷、思想大胆的无害怪物，在给他制造麻烦，以他无法对抗的穷追不舍的能量。最近才来到哥廷根的朗道是苏联领先的理论家，他才 20 岁。事情会如何发展下去呢？

无耻地坦率和旧爱

这些年轻人心情愉悦，爱开玩笑，单是他们的样子就让玻恩显得苍老了。但折磨他的不仅仅是被超越的感觉，他妻子也宣布要和他离婚，这对他犹如晴天霹雳。

海蒂爱上了数学家古斯塔夫·赫格洛茨（Gustav Herglotz），他就住在离这条街“一箭之远”的地方。他俩一起“出逃”过，在博岑（Bozen）待了几天。最后，海蒂鼓起勇气，告诉丈夫她想离婚，她要重获自由，嫁给赫格洛茨。

被选中的那位 46 岁，比对手玻恩大 1 岁——海德维格·玻恩 45 岁。赫格洛茨与玻恩不仅年龄相仿，也是一位理论家，不过是在数学的王国里。他专攻“函数理论”，他提出的“赫格洛茨方程式”被应用于微分几何。他出版了一本书，单就冯·黎曼（von Riemann）论几何的一句话就谈了整整 5 页——是不是这事给了未来的女作家海蒂启发呢？

玻恩是个看重家庭的人，他想尽一切办法挽回局面。只要能不让孩子们经历家庭的破裂，似乎怎么妥协都可以。但海蒂这时的脾气已经变得难以捉摸，她要为实现自我而抗争。通过不懈努力，她终于有了一个独立的房间。她想成为一名作家，尽管要承担社会义务和教育三个孩子——两个女儿伊蕾妮（Irene）和玛格蕾特（Margarete）以及 6 岁的儿子古斯塔夫（Gustav），但她仍然写出了第一部剧本。这部戏名叫《美国的孩子》（*Das Kind von Amerika*），是对时代的嘲讽，玻恩声称它是源自“厌恶一个迷恋精神分析的男人的自白”。爱因斯坦渐渐成了玻恩一家在各种生活情形下的家庭顾问，他还大加鼓励地给她写道：“我很享受阅读您的剧本，我想，它描写了时代的萨蒂尔（Satyre）[①]，它会很成功。”女作家希望他在阅读另外三幕时也能像在读第一幕时一样，时而开怀大笑。她告诉他，“他的回信让她开心极了，给了她很大鼓励”。无论如何，爱因斯坦想将这个剧本转交给他的连襟、日耳曼语言文学家鲁道夫·凯泽尔（Rudolf Kayser）和时任柏林国家剧院经理叶斯纳（Jessner），请他们来作恰如其分的评价。

两个女儿妨碍了海蒂·玻恩实现她的作家梦。时年 12 岁的伊蕾妮一年前就被送去了沙勒姆（Salem）上学，那里的校长库尔特·哈恩（Kurt Hahn）是玻恩的好友。1915 年出生的玛格蕾特又名格丽特里（Gritli），后来也被送去了那里。海蒂将一腔母爱和热情全倾注在 6 岁的古斯

---

① 萨蒂尔是古希腊神话中半人半兽的森林之神，是创造力、音乐、诗歌与性爱的象征，也是恐慌与噩梦的标志。——编者注

塔夫身上。

当海德维格·玻恩站在门边迎接客人时，大家都觉得她是个热情真诚、善解人意的东道主。当她若有所思地望着沙龙时，她可以看见客人们一组组站在一起，映射在两道漆黑的门翼里。她的思绪已经远走高飞了。她梦想着隐居在山林里的一座原始木屋，身旁卧着一条狗，也许屋边还有牛群和普通农民。她看到自己在聆听奶牛的蹄声，牛儿一大早就穿过露珠莹莹的草地慢腾腾地走着。她想与赫格洛茨待在这里，他仍然是“我唯一思念的人”。她真想用沉默包裹起自己，在植物般的孤独中像植物一样度过一生。可她是如此反复无常，她的情绪瞬息万变。刚刚还在思念一种简单的生活，希望帮助穷人，转眼间为了安慰自己的神经，她的眼前又浮现出一幢豪华疗养院，她置身中央，是个受人景仰的贵夫人。

一段时间以来，海德维格·玻恩有了一位导师，她的每一步都得到导师的建议和鼓励。事情是这样的，有一回散步，海德维格·玻恩经过“楼弗里德”家，那家的前院里站着一位中年妇女，她的形象立即给海德维格·玻恩留下了印象。那女人挺拔的身姿，罕见的吉卜赛人打扮，脖子上挂着的巨大项链和那一双炯炯有神的眼睛，都不容人怀疑，那一定是安德烈亚斯教授的妻子——传奇人物露·莎乐美（Lou Salomé）。这个德裔俄罗斯女人年轻漂亮，是一位沙皇将军的女儿，20岁那年她在彼得教堂（Peterskirche）邂逅尼采（Nietzsche），令他陷入爱河，一心想娶她为妻。弗洛伊德（Freud）和维也纳的精神分析学家圈子承认她是旗鼓相当的交谈伙伴。她是有关尼采、里尔克（Rilke）、性欲和心理分析图书的作者，闻名全欧洲。而这位“孤独的守护者”和她的丈夫、西亚语言学教授弗里德里希·卡尔·安德烈亚斯（Friedrich Carl Andreas）在同一幢房子里过着分居的生活。安德烈亚斯教授在传奇式的婚姻合同里接受了永不与妻子同床的条件，他是一位奇特的自然倡导者，一丝不挂地在屋内和园子里奔跑，冬天也不顾寒风，睡在几乎冰冻的床上。

海德维格·玻恩知道，露·安德烈亚斯－莎乐美从事心理分析师的工作，必须找莎乐美谈谈。她先是阅读了对方写的关于尼采的名著，然后 31 岁的海德维格致信询问那个 70 岁的女人，自己是否可以拜访她，承认自己感觉好孤独。于是有了一系列的治疗和私晤。这位女治疗师“美妙、无耻地坦率”“她什么都直呼其名”令海德维格·玻恩无比激动。露·莎乐美自称“完全不道德的女人”，不懂性爱的忠诚，承认自己有不同的情人，她重新鼓舞了海德维格·玻恩，让她有一种“新鲜”和“安全”的感觉。露·莎乐美将一种“对生活的信任”还给了她，平时她只觉得爱因斯坦才有这种信任，现在她至少有两个可以敞开心扉的知己了：一位来自莱顿的教授埃伦费斯特和露·莎乐美。

但玻恩面临的情境要更纠结。他的“忏悔神父”偏偏是一位年轻的女大学生。她就是玛丽亚·格佩特，她父亲是哥廷根医院的儿科教授，也为玻恩的孩子们治病。玻恩有一回在校园里发现了她，邀请她别理会数学学业，什么时候也去听听他讲课。这一邀请的后果出乎意料。从此以后，玛丽亚就极其认真地听他的所有课，最后成为首位获得诺贝尔物理学奖的德国女科学家，也是唯一的一位。在那次偶遇数十年之后，玻恩还这样描述他心爱的女学生玛丽亚，那个“漂亮、活泼的女孩”：“当她出现在我的听众当中时，我相当吃惊。她十分勤奋，自觉参加我所有的课程，同时还是哥廷根学会愉快风趣的会员，她喜欢大笑、跳舞和开玩笑。我们成了好朋友。”不过最后一句不足以描述这位教席教授和 21 岁女大学生之间的特殊关系。

玛丽亚是在物理学家和数学家玻恩、弗兰克和柯兰特的陪伴下成长起来的。她经常参加玻恩家庭的活动，比如一起去哈尔茨滑雪或去游泳。后来，可以更频繁地看到她和玻恩一起骑自行车。维克多·魏斯科夫（Victor Weisskopf）认为这段关系不同寻常，他本人也被玛丽亚的魅力迷住了。在写给最亲爱的玛丽亚的信中，玻恩从一开始就用表示亲密的“你”相称，几年后，他给她的信便以“旧爱”作为结束语。她成为他在婚姻问题上的知己，当他陷入困境时，他给她写思念的话语：“我希望能长久亲密地与你厮守在一起。”

有天晚上，玛丽亚带来了她的朋友，一位无忧无虑的年轻美国人。23 岁的约瑟夫·爱德华·迈尔（Joseph Edward Mayer）已经在美国获得了物理学博士学位。玛丽亚被称作“哥廷根最漂亮最聪明的女生”，他是她寡母家的二房东。他有一天将成为美国物理学会会长，但他之所以引起轰动，是因为他买得起簇新的小轿车并用现金支付。眼下他与玻恩一道研究晶格问题。这一对愉快的青年男女让玻恩这天晚上过得并不轻松。

风暴前的友谊

1927 年，人们还将物理学家们理解为一个国际大家庭，不存在边界。世界各地的同行之间建立起友谊，真诚交往。这群活泼的人貌似偶然地聚集在别墅里，如果有谁向他们预言——几年后他们会利用他们的知识相互毁灭，收获的肯定是怀疑、惊讶和诧异的目光。

24 岁的约当是玻恩此时最亲密的工作人员，他的脸部不时抽搐，椭圆形镜片像果酱瓶一样厚，当他从那后面长时间盯着谈话对象，就像要催眠对方似的。他讲话时结结巴巴，令人不由得不知所措。他是在谈他最喜欢的话题“量子力场理论”，或者他指的是某种截然不同的东西？很难猜得出来。马克斯·玻恩十分器重他。玻恩认为约当“聪颖过人、头脑锐敏，思考起来要比我快得多，有把握得多”。他告诉爱因斯坦，“其他年轻人，比如海森堡和洪德（Hund），也都很出色”。

比较年轻的奥本海默差不多是个房客，他觉得约当像个“乖戾的人”。约当性格特别，这可能导致了他受到低估。可这只是真相的一部分。因为约当的生活中有些东西被弄得一团糟。他写过一篇开拓性的论文，后来许多人都坚信，凭借这篇论文他将有资格获得诺贝尔奖。他将论文交给玻恩——玻恩却不知将它放哪儿了，找不到了；半年后，它重新钻了出来，可此时再发表已经迟了，别人已经发表了有关该课题的文章。这事折磨了玻恩很久。

有关量子力学的基本工作，斯德哥尔摩先后嘉奖了海森堡、薛定谔、狄拉克，最后也嘉奖了玻恩，唯有约当没有获奖。约当是现代物理学沮丧的骑士，“无人讴歌的量子力学英雄”，他后来被毁于纳粹时代。1933 年，臭名昭著的《专业行政工作恢复法案》失效了。马克斯·玻恩的同事詹姆斯·弗兰克及另外 5 名同事——刑法学家理查德·霍尼格（Richard Honig）、第一次世界大战期间级别很高的数学家理查德·科兰特、数学家费利克斯·伯恩斯坦（Felix Bernstein）和埃德蒙·朗道、社会教育家和心理学家库尔特·本迪（Curt Bondy）——都先后因种族原因被解雇了，校方却沉默不语。虽然大家议论纷纷，但没人愿意公开抗议并支持哥廷根的 7 位教授，大学生们也有举行火炬游行声援被开除公职者。这些人一夜之间遭到排斥，约当是少数还去他们家里探望的同事之一。他曾好几次恳求他尊敬的博导玻恩加入纳粹党，那样可以获得保护，免受攻击。

约当最初的想法是也跟别人一样流亡，但他觉得做不到，正如他后来向尼尔斯·玻尔解释的，因为他母亲年事已高，他又患有严重的语言障碍。他的老师被解雇的第二天，他就加入了纳粹党。他想通过教育影响纳粹党，是的，他要教他们皈依现代物理和遭到唾弃的爱因斯坦的相对论。但这在纳粹内部不受欢迎，不久后，他就被认为不可信赖。战争年代，他在一支海军队伍里担任气象工作者。但是，不仅纳粹怀疑他，其他局外人也都怀疑他，包括诺贝尔奖委员会。将诺贝尔奖颁给一名主动加入纳粹党、多年身穿军服为军方效劳的重要科学家，这有点太过分了。约当的妻子被认为是热烈的纳粹追随者，有传言说，她用化名为《德意志民族》(*Deutsche Volkstum*)撰写种族主义文章。他很难摆脱大家对他的怀疑了。1945 年后，约当给玻恩写了一封长信，试图解释一切，却遭玻恩拒绝回复。

在回忆 1927 年时，奥本海默证明了自己的目光更敏锐："虽然我觉得这个社会的文化程度高、温暖、乐于助人，但它被包裹在一种痛苦的德意志情绪里……苦恼、闷闷不乐，同时心怀不满，怒火填膺，充满所有这些后来会导致大灾难的成分，而且我的感觉非常强烈。"

在场的人都在竞相理解物质结构，有谁想知道这一点呢？机敏地思考和辩论一种尚未发现的基本粒子的预言，是对知识分子的一场挑战。谁会浪费时间去研究选举结果呢？

量子物理学的宫廷小丑

不管怎样，詹姆斯·弗兰克依然保持乐观，不受影响。他对奥本海默有一种很阳光的看法。对即将到来的事情，他当时似乎也毫无预感，他的座右铭是一切都会好起来的。但有个人早就有了立场。当沙龙里的交谈渐渐平息下来时，人们可以在嘈杂声中听出一口带鼻音的维也纳方言。那是 F. G. 豪特曼斯，一个典型的维也纳咖啡馆出来的人，他坐在哪里，哪里的声音就会最大。他当时即将在詹姆斯·弗兰克手下获得博士学位，与奥本海默和夏洛特·里芬斯塔尔（Charlotte Riefenstahl）一道结束学业。他是“哥廷根最开心的人”，天生的讲故事能手，他的笑话尽人皆知。之后，他秘密注册成为共产党员。豪特曼斯思想丰富，前途无量。他早期研制过电子显微镜，后来恩斯特·卢斯卡（Ernst Ruska）认为那些工作很有价值，卢斯卡因为发明电子显微镜而获得 1986 年的诺贝尔奖。1967 年，汉斯·贝特（Hans Bethe）被授予诺贝尔奖，他在致谢时同样特别提到豪特曼斯在 20 世纪 30 年代早期发表的有关星星中能量生成的论文，当时他俩都在柏林担任古斯塔夫·赫兹的助手。

年轻的保罗·狄拉克，获得博士学位不久就被授予诺贝尔奖。

狄拉克身旁 23 岁的格奥尔格·伽莫夫（George Gamov）——玻尔简称他“格格”或“乔”——是他的密友。伽莫夫是个喜欢取悦女性的男人，他吸引了狄拉克，因为他与狄拉克完全相反。他是个魁梧、肥胖、大块头的男人，特别健谈，烟不离手，是个自残的酒鬼。他喜欢恶作剧，爱开玩笑，还是一个无情的嘲讽者——在物理学里扮演着量子宫廷小丑的角色。“一个体内藏着个淘气鬼的巨人”（詹姆斯·沃森，James Watson），既活泼外向又想象力丰富。伽莫夫不仅是位天才的理论物理学家，20 世纪 50 年代初，他还闯进了分子生物学的中心。他与 DNA 结构的发现者詹姆斯·沃森发起成立了一个分子生物学不可或缺的“RNA 领带俱乐部”，继续追踪生命的组成部分。他为 20 名成员设计了一种带 DNA 主题的独特领带，还撰写了许多有关物理学的图书，它们都有着易懂好记的书名，如《从一到无穷大！》或《地球、物质和天空》，尤其是那本关于“汤普金先生”冒险的书，很受欢迎。

伽莫夫的辽阔地平线不限于地球仪。就在来哥廷根前不久，他因应用量子力学解释辐射性衰变而出名——那是之前传统力学没能做到的。伽莫夫建议相反的过程：用一颗中子或粒子来处理核辐射。他由此弄清了星星里这种元素的热核合成过程。

除了这些，伽莫夫还喜欢高雅精致的词汇游戏。他撰写了一篇有关元素形成的文章——就像他的终生课题之一原始爆炸一样——启发了他的博士研究生罗伯特·阿尔菲（Robert Alphern）① 写出一篇论文。作者中有两位让我想起希腊字母表的“阿尔法、贝塔、伽马”：伽莫夫和阿尔菲。还缺贝塔，为此必须让天文物理学家汉斯·贝特赢。最后，由阿尔菲、贝特和伽莫夫撰写的文章终于出版了，文中提出了早期宇宙元素形成的第一个理论——阿尔菲－贝特－伽莫夫理论（“αβγ”理论）。

俄罗斯人那一桌的大胆辩论

坐满俄罗斯人的那一桌喧闹吵嚷，桌旁除了伽莫夫还有一位具有异国情调的客人，他俩在列宁格勒州上大学时就认识了。当年，为了能比在故乡的阿塞拜疆大学学到更多东西，身材瘦削的列夫·达维多维奇·朗道（Lew Dawidowitsch Landau）手拎一只沉重的食物篮，乘巴库（Baku）火车抵达列宁格勒州——它当时还叫过一段时间

① 此处所述不确。应该是指美国犹太裔物理学家、天文学家拉尔夫·阿尔菲（Ralph Alpher，1921—2007）。20 世纪 40 年代，乔治·伽莫夫和拉尔夫·阿尔菲与罗伯特·赫尔曼（Robert Hermann，1914—1997）一同研究了宇宙大爆炸模型，并且预言了宇宙背景辐射的存在。直到 1964 年彭齐亚斯（Arno Penzias，1933—）和威尔逊（Robert Wilson，1936—）偶然发现了微波背景辐射，证实了他们的预言。1993 年，阿尔菲与他当年的合作者赫尔曼一同获得了亨利·德雷伯奖章（Henry Draper Medal）。——编者注

的佩特罗格拉德（Petrograd）。有关一种新型物理学的消息早就传到了俄罗斯，受到新物理学新生们的热烈讨论。他们中间弥漫着一股满怀期望的活泼气氛。不过，当时列宁格勒还压根儿没人教授“量子力学”这种东西，这门学科还不存在。来自德国和英国的引进书籍很贵，图书馆每引进一本都会引起轰动。尤利·卢默尔与朗道是朋友，1927 年他将前往哥廷根，共同经历了那个关键瞬间，见证那位 18 岁的同学拿起最新版的《物理学纪事》，内有薛定谔发表的有关量子力学的第一篇论文，名为《量子化作为本征值问题》（*Quantisierung als Eigenwertproblem*），它将“确定他的整个未来”。

这是卢默尔首次接触到相对论。他说海森堡和薛定谔的大胆思维“英勇无畏”——更不用说爱因斯坦的了。狄拉克的《量子力学定律》（*Prinzipien der Quantenmechanik*）堪称一位大师级思想家空前的作品。

年轻的列夫也经历着一个“英勇无畏”的阶段。新物理学的诞生感动了他，这些颠覆一切的思想让 18 岁的少年欣喜若狂。

朗道孜孜不倦，全神贯注，用全身的每一根纤维吸收这些作品，他一分钟都不在写字台旁待着，而是躺在沙发上处理所有工作。

朗道一直阅读到晨曦初上，那些纸页和方程式在他的脑海里萦回不去。他极其自律，禁止自己饮酒吸烟，像在为加入一个严格的教派作准备。在这觉醒的情绪之中，一切都无比新鲜且充满变革，大开本旧书显得像“过去思想的坟墓”，统统过时了。新物理学成了反对所有传统的抵抗行为。

朗道更深入地了解了薛定谔和海森堡，明白了他的道路会带他去哪里。后来他承认，他认为“量子力学和测不准关系属于人类最伟大的精神成就”。

这不正是科学取得辉煌胜利的例子吗？它们让此前所有的世界

观和宇宙观都显得苍白无力。

列夫·达维多维奇决心要为推翻熟悉和陌生之间的隔墙、为跨越认识的边界作出贡献。

1926年，他才18岁，便发表了首篇科学论文《硅藻土分子的光谱》（*Spectra der diatomischen Moleküle*），一年后又发表了一篇借助密度矩阵解决一个量子力学问题的论文。音乐界也诞生革命性的成就：几乎在同一年，肖斯塔科维奇（Schostakowitsch）演奏了他的第一交响曲，可朗道耳聋，听不到。

伽莫夫和朗道很幸运，被洛克菲勒基金会选中授予奖学金，可以去欧洲进行一次科研旅行。玻恩是新物理学的迷人英雄之一，他力挺朗道，邀请对方来哥廷根。

他们的大方举止、幽默和爽朗的大笑在社交晚会上起到了沁人心脾的作用。朗道在现场的"神童"当中也是鹤立鸡群。这个俄国人身体单薄得可怕，双腿颀长，双手很大，脸孔细长，轮廓匀称，像是用炭笔画出来的。他的弧形嘴唇细腻、感性，拥有一双耽于幻想的大眼睛和一头桀骜不驯的黑色鬈发。他的形象"清纯活泼"，充满早熟少年的气息，他刚刚满21岁。

格奥尔格·伽莫夫被年轻物理学家们唤作"格格"，他被认为是"体内藏着个捣蛋鬼的巨人"。

很快，哥廷根的所有人都只唤朗道"道"了。朗道本人是这么解释的：这来自我的姓的法语形式L'ane（驴）Dau，就是"驴道"的意思。巴库没有人愿意这么喊他，大家都习惯了"道"的简称。

在朗道的家乡，有人说他是本国领先的理论家。在哥廷根，他还默默无闻，像一颗突如其来的彗星在夜空闪烁，令人不安。不久，他将不仅在这里，在现代物理学的其他中心——比如哥本哈根、剑桥、布里斯托尔、巴黎、莱顿和苏黎世——结识最重要的科研人员，所到之处引起大量不安。

朗道在社会交往中，尤其是与女性交往时特别害羞，在科学辩论时却毫不拘谨。他年轻气盛，没有节制，不讲情面。就连朗道十分器重的狄拉克也体验到了这一点。朗道有一回去布里斯托尔，读到了期待许久的狄拉克的最新论文，随即给玻尔拍去电报，报文只有一个德语单词“废话”，然后就与伽莫夫合骑一辆摩托去乡下驰骋了。

这么年轻就这么默默无闻?

所有这些神童、这些得意扬扬的年轻人，他们的能量和权力貌似无限，他们推动着量子革命，同时又惴惴不安，担心自己会成为这一划时代发展的牺牲品。有没有可能，只经历了短暂的瞬间快感，契机就又消失了，还没来得及真正地发挥，一夜之间就又被遗忘了呢？派尔斯（Peierls）描述了这样一个场景，当时朗道流露出一种下意识的、不仅折磨他一个人的担忧。说是有一回讨论，提到一位物理学家，朗道此前从未听说过此人。“他是谁？”他问道，“他是哪里人？多大了？”当有人插话“噢，28 岁”时，朗道喊道：“什么？这么年轻就已经这么默默无闻？”

伽莫夫、豪特曼斯和朗道目空一切地坐在桌旁，他们的生命线还将经常相交，就像这个物理学家大家庭里的一切都互有联系一样。这三人还意识不到，几年后斯大林将如何深刻地影响他们的生活。伽莫夫最幸运，他曾经两次设法带妻子罗奥逃出苏联，但都白费力气，最后一次逃亡是驾驶一艘帆船穿越黑海，但也失败了。他运气好，当他在公海被拦住时，人家相信了他是在准备一场竞赛，偏离了目标。像是喜从天降似的，后来他和妻子还获准参加 1933 年在荷兰召开的著名的索尔维国际大会。他溜之大吉，逃去英国，后定居美国，在那里从事写作，在不同的大学里担任讲师。

豪特曼斯来英国是为逃避纳粹，他是个虔诚的共产主义者，他想参加革命建设。1935 年，他受聘为哈尔科夫（Charkow）大学理论物理学教授。

列夫·朗道的命运不同。1937 年，朗道放弃了在哈尔科夫大学的职位，听从后来的“原子沙皇”皮特·卡皮查（Pjotr Kapitza）的召唤，前往莫斯科，加入他领导的物理学问题研究所。卡皮查委托朗道领导那里的理论物理学科，朗道成了卡皮查最亲密的工作人员。1938 年“大清洗”运动，朗道与同事尤利·“格奥尔格”·卢默尔（Juri “Georg” Rumer）和莫伊塞·科莱兹（Moisei Korez）一起被情报机构逮捕，因为“莫须有”的间谍罪被送进臭名昭著的卢布扬卡（Lubjanka）监狱受审。关押一年后，他的身体变得十分虚弱。

格奥尔格·卢默尔也属于哥廷根的量子一代。1927—1932 年，他在玻恩身边生活和工作了整整 5 年，与“氢弹之父”爱德华·泰勒（Edward Teller）共事，从此就与朗道一直是好友。1934 年，他返回莫斯科。

不幸的是，卢默尔没有“硬”的后台。他被关押了好多年，1944 年还被关进一所特殊监狱，那里的科学家们被允许从事对战争重要的研究。20 世纪 50 年代，他又被流放到西伯利亚 5 年。当赫鲁晓夫最终为他平反时，他已经度过了 20 年囚犯生活。

数学之美和反物质

6 月的夜晚，在玻恩的别墅，来自世界各地的物理学家当中，主导思想还是认为一切皆有可能。可今晚洗牌的是谁呢？在场的有两个年轻人，维尔纳·海森堡和保罗·狄拉克，两人都将在 31 岁获得诺贝尔奖。如果还想先完成博士论文，狄拉克必须抓紧时间了，反正他到现在都一直没空。当朗道描述“广义相对论（ART）难以置信的美”如何征服他，谈到写满公式的黑板带给他的美学享受时，狄拉克立即清醒了过来。是年轻的奥本海默带他来这里的，几个月来他俩作为转租客，一起住在卡利奥（Cario）夫妇家。保罗·狄拉克年长两岁，显得比约当还要古怪，他似乎是游走在疯狂和天才之间令人眩晕的狭窄山梁上。与结结巴巴的约当不同，高挑、瘦削，显得笨手笨脚的狄拉克以寡言少语著称。世上恐怕没人能有他这么沉默寡言，同时又那么知识渊博。此前他只是不讲英语，近来却两种语言都不讲。他父亲是个暴君似的法语教师，强迫一家人只讲、只写法语，自从父亲去世后，这门语言对他而言就不存在了——几年后，他将三种语言都不讲。在德国参战后，德语也成了他的禁忌。来哥廷根之前，他曾经师从尼尔斯·玻尔学习过一段时间，玻尔认为他“大概是可预见时间里最出色的科学人才”“一个完全不言而喻的天才”。这一异常能力是要付出代价的。“正常的”人类感受和活动他不熟悉，也不理解。

玻尔总是在驳斥“狄拉克故事”。比如，狄拉克特别喜欢一幅画，玻尔问他喜爱的原因，得到的回答是：“我认为它有价值，因为不准确的程度到处都一样。”

可是，每当狄拉克开口讲话，谁也不能不听。玻恩站在他身前，不得不抬头仰视他，因为狄拉克比每个人都高出一头。他竭尽全力，肩膀不再耷拉着了，似乎骤然变成了巨人。有客人注意到，玻恩一直惊愕地瞪着他，再也合不上嘴巴。那一刹那狄拉克就是新时代的预言家。他比别人看得远，他眼里没有上帝，可现在他讲得绝对正确。他是率先介绍存在一种反物质想法的人。他预言存在一种正电子，两年后人们可以白纸黑字地读到正电子。

狄拉克对文学不感兴趣，对哲学问题也兴趣寡淡，反过来，他在寻找物理学里的“美”。有一回讲完课，莫斯科大学请他在黑板上留下他的座右铭，他承认：“一道物理学定律必须有数学之美。”他认为上帝是个天才数学家，按深奥、敏感的数学规律创造了宇宙。爱因斯坦和哥廷根数学家赫尔曼·外尔启发了狄拉克去寻找物理学里的美。狄拉克认为“数学之美”是一种大自然的内在特性，当它完美无缺时，就特别醒目。于是，“美学家”狄拉克也认为，一个“美的数学原理比一个符合某些实验结果的丑原理更正确”。一代人之前，人们还开口闭口爱讲“本能”，说它最有可能发自潜意识深处或源自梦，带来新的认识和方程式。物理学家和数学家现在很少谈论梦寐以求的知识，而是不言而喻地谈论他们的公式和思维方式的美丽优雅。爱因斯坦于1911年提出的广义相对论被视为无法超越的范例。它结构清晰，发轫于几个基础见解，特点是说服力强，目标明确，符合普通的美感。像一座主教座堂一样，拆除每一个承重部分，尤其是一个基本原则，都会导致整座建筑倒塌。有一回，爱因斯坦放弃他通常的谦虚，自称他的原理“美轮美奂”。这个大胆、虚荣和高水平的理论试图描述宇宙物质，它的了不起难道不能媲美最伟大的艺术品吗？它符合时代风格，被比作莫扎特的《朱庇特交响曲》（*Jupitersymphonie*）、伦勃朗（Rembrandt）的自画像或弥尔顿（Milton）的十四行诗。

那海森堡呢？这位年轻教授用他的喷涌泉思感染大家。两年前他才下了个“沉甸甸的量子蛋”，爱因斯坦一开始这么叫它，直到他反感起来，现在谁也绕不过他的测不准关系了。

当海森堡和狄拉克说“美”怎么讲也不及数学记录下的认识与

实验吻合重要时，作为美的捍卫者，狄拉克迫使他转攻为守。

海森堡说：“我同意，方程式之美是很重要的一点，方程式之美就已经能带来大量信任。另一方面，我们必须审查它合适与否。只有当它真正与自然吻合，它才是物理。可是，也许要很久之后才会得到证实。”

狄拉克：“如果不合适，你会推迟发表，是不是？就跟薛定谔一样？”

海森堡：“我不肯定我是否会这么做，至少有一次我没有这么做。”

然后他挪正琴凳；当他弹响贝多芬《第五钢琴协奏曲》的第一个和弦时，别墅里立马就会安静下来。

物理学家们的暗夜

在沙龙里热烈交谈的众人中有三位，“二战”开始时他们受各自的国家委托设计原子弹。他们分别是奥本海默、海森堡和俄罗斯人库恰托夫（Kurtschatow）。库恰托夫留在哥廷根记忆里的，是他的大胡子，它们分成三绺儿，像是从下巴流淌下来似的。他的绰号就叫“胡子”，1932 年，他将在苏联建造第一个回旋加速器，6 年后斯大林任命他为苏联核武器项目领导人，萨哈洛夫（Sacharow）做了 20 年他的助手。

第四位正有点费劲地从座位上站起，好像他也想要求被接纳进这个委员会似的。那是泰勒，海森堡的一位博士研究生，他拄着根拐杖，因为他有条假腿——慕尼黑的一条轻轨辗去了他的一只脚。他觉得铀弹和钚弹还不够，他要推动制造氢弹。

伊蕾妮·玻恩（Irene Born）是这家的长女，她 18 岁时曾经描述过泰勒留给她的印象。她觉得泰勒像是梅菲斯特（Mephisto）的化身——深肤色，浓眉下的黑眼睛神秘莫测、目光如炬。

除了奥本海默，在哥廷根学习的杰出学生当中，有多少人参与了美国原子弹的设计呢？费米（Fermi）吗？这位意大利物理学明星，他一获得诺贝尔奖就逃去了美国，1942 年与列奥·斯齐拉德一道让第一台核反应堆运转了起来。还是玻恩的博士研究生维克多·魏斯科夫、尤根·维格纳（Eugene Wigner）？就连哥廷根人玛丽娅·格佩特也被牵扯进了她的大学同学罗伯特·奥本海默领导的美国原子弹项目。战争期间，她是哈洛德·乌雷（Harold Urey）小组的成员，在“曼哈顿计划”框架内研究分裂铀同位素的方法。她的主要贡献是对各种铀合成物光谱的理论分析。

不过，东道主马克斯·玻恩属于极罕见的科学家，他反对滥用物理制造第一颗原子武器。逃出德国后，他终于在 1936 年来到爱丁堡当教授，抵制了所有参与“曼哈顿计划”的诱人条件。他不想参与炮制数百万人的死亡。

现在海森堡必须出发，去赶前往莱比锡的火车了。

晚会散场了。有的学生还要去哥廷根的酒吧，豪特曼斯送他的女同学夏洛特·里芬斯塔尔回家。他是最早发现星星为何闪烁的两三个人之一。在 6 月的这个美丽的夜晚，他在回家途中没有给她解说这个。

豪特曼斯的遗嘱

1933年，伦敦。在帕丁顿火车站下车的旅客当中，有一对较年轻的夫妻引起了人们的关注。女子的打扮符合纽约的最新时尚，在20世纪30年代的伦敦显得超凡脱俗。夏洛特·里芬斯塔尔妩媚、年轻、笑容迷人，你完全可以想象，如果她出现在一张扉页上，谁会想到这是一位世间罕见的物理学女博士呢？她的同伴瘦长而笨拙，像巨人一样高大，五官鲜明，乌发浓密，让人想到卡洛斯·汤普森（Carlos Thompson）之类的南美演员——他俩活脱脱一对魅力夫妻。她身旁的男士烟不离口，他俩新婚不久，他的新雇主百代公司工厂已经在翘首以待他的到来了。

百代公司是电视技术发展的领头羊。它的标志作品《主人的声音》（*His Master's Voice*）已经让公司变得家喻户晓了，作品表现的是一只小狗，兴奋地倾听唱片里主人的声音。这家企业很有创新意识，前不久在哈耶斯（Hayes）的中央科研实验室开发出了立体声录音技术。领导百代公司的是精力旺盛、想象力丰富的伊萨克·肖恩贝格（Isaac Shoenberg，1880—1963），他出生于俄罗斯，是工程师、数学家和无线电专家，1914年流亡到了英国。现在弗里德里希（弗里茨）·乔治·奥托·豪特曼斯博士的任务是继续他的激光辐射研究，看样子大有希望将它用于播放设备。

豪特曼斯在火车站四处张望，寻找报纸，因为他不仅是老烟枪，还是个“书虫”——两者将让他陷进更大的麻烦——他29岁，认为他在德国的学术人生不会再有机会了。他和妻子带着一岁的女儿乔万娜（Giovanna）及时离开了德国。警告信号已经够明显的了。

几星期之前，4月1日，柏林的犹太人被禁止上大学，豪特曼斯在理论物理学研究所里工作，他就住在对面。5月，一个保安队在没有真凭实据的情况下闯进他的住处，寻找他信奉共产主义思想的证据。

豪特曼斯拒绝行“希特勒礼”，这早就引起了狂热的纳粹大学生们的注意，他那种冷嘲热讽、漫不经心的样子不合时宜。豪特曼斯学识渊博，除了专业书籍和许多音乐、哲学作品，他还有一本马克思的《资本论》（*Kapitals*），但书橱里同样也有一排《圣经》。时局艰难，这时一位闯入者从书堆里抽出一本沉重的皮面精装本——它解了他的围。那里面什么也没有，全是整整齐齐钉在一起的上等葡萄酒订货单，收货人是一位豪特曼斯博士。这些酒是豪特曼斯的父亲订购的，一位靠炒地皮富起来的享乐主义者，他靠财产生活在东普鲁士的措珀特（Zoppot），即今天波兰的索帕特（Sopot）。这是没落，但与共产主义无关！保安队撤走了，但他们的怀疑没有错。1926年，还在哥廷根读大学时，豪特曼斯就加入了共产党，不过极其保密，就连他的朋友们他都没有告诉。

马克思很早就唤醒了年轻的豪特曼斯的正义感。15 岁那年的 5 月 1 日，他在维也纳的一所学校公开朗读《共产党宣言》（*Kommunistische Manifest*）。教师们无法容忍这桩挑衅行径，这迫使豪特曼斯在毕业前一年离开学校，去图林根教育先进的韦克斯多夫（Wickersdorf）乡村寄宿学校就读。“自由教育小组”是古斯塔夫·威尼肯（Gustav Wyneken）于 1906 年牵头创建的，其方案让人想起 4 年后成立的奥登林校。豪特曼斯在那里结识了同学阿尔弗雷德·库雷拉（Alfred Kurella）——后来的《红旗》（*Rote Fahne*）出版人，认识了亚历山大·魏斯贝格（Alexander Weissberg）。魏斯贝格是正统的马克思主义者和权威的里尔克专家，豪特曼斯最后还将与他一起在苏联监狱里度过生命中最可怕的几年。

让人捉摸不透的科学跨界者

豪特曼斯抵达英国时，专业界同事都很熟悉他。1927 年，在哥廷根，他以优异成绩从詹姆斯·弗兰克手里获得博士学位。詹姆斯·弗兰克是最优秀的实验物理学家之一、1925 年的诺贝尔奖得主，几乎没有比他更好的推荐人了。志趣相投的沃尔夫冈·泡利和豪特曼斯也是朋友，紧张地关注着他的实验。玻尔邀请他去哥本哈根，卢瑟福则被他发表的原子核论文所打动。

豪特曼斯是天文物理学的创建者之一。他在一篇开拓性论文中描述了巨大星体里的热核过程，解释了这些过程是如何释放出这一巨大能量的。他不仅对物理具有天才的感觉，对理论也怀有浓厚的兴趣，这在一位实验物理学家身上是很罕见的。他率先将量子物理学的新认识和新方法应用于实践，开发和制造了一台电子显微镜样机。每个学科都足够研究一生，但他是一个法力无边的跨界者，能够不断地变换角色，不断地发明创新。豪特曼斯一次次惊人地更换他亮相的舞台，以新的角色出现。1958 年，身为伯尔尼大学教授，他驾驶轻骑，穿过这座城市，驶向他创办的地球物理学研究所，去更准确地测定地球的年龄。豪特曼斯显然拥有不止一条命。他的私生活也是如此。他结过四次婚，组建了三个家庭，其中有两次是与他的首任妻子夏洛特。他过着一种极端充实的生活，但也不乏矛盾。物理学家亨德里克·卡西米尔（Hendrik Casimir）形容他道："他是个让人捉摸不透的人——那么捉摸不透，让人有时会忘记他也是个杰出的科学家。"

这里将要讲的故事介绍了豪特曼斯必须扮演的最艰难角色，也是最孤独、最危险的角色。这个角色没有观众，舞台由四面满是烟炱的墙壁、一张双层铁床和一盏日夜亮着的白炽灯泡组成。演出本身持续了 1080 天。这也是一则达到一个人忍受极限的有关生死的故事。

失落的视角

豪特曼斯有着一流科学家的声誉，他要在英国找个工作并不难。他的介绍人是精明能干的皮约特·卡皮查，此人什么都知道，什么人都认识，还在剑桥成立了"卡皮查俱乐部"——量子物理的所有创始人都在那里介绍过他们的论点。卡皮查——斯大林后来的"原子沙皇"——给百代公司提供咨询，推荐了豪特曼斯。卡皮查去过无数次哥廷根，已经认识这位柏林助手了，两人在英国也进行思想交流。战争结束后，恰恰是卡皮查不遗余力地要求绞死豪特曼斯，这属于未来灾难的悲剧性错误。卡皮查 84 岁时获得诺贝尔奖，就连这也没能减轻他的迫害狂热。

在哈耶斯就职前，豪特曼斯还在剑桥发生过一件小插曲，其间他与著名的“左倾”主义者帕特利克·布莱克特建立了友谊。豪特曼斯在那里还遇到了大概同属于德国共产党的物理学家弗里茨·朗格（Fritz Lange）和许多来自苏联的科学家，他们在英国也来拜访他。他与朗格一起从事着开路先锋式的反叛活动，这对纳粹政权而言不过是小打小闹。比如，《泰晤士报》（*Times*）的一页被拍成邮票大小的微缩图片后寄到德国。密谋气氛让人想起原子间谍克劳斯·富克斯（Klaus Fuchs）的案子。这位无私的信仰案犯是牧师之子，也是德国共产党员，国会纵火案后他逃去英国，在爱丁堡获得理论物理学博士学位。随后他与马克斯·玻恩一道发表了一系列科学论文，玻恩逃出德国后便在爱丁堡授课。最后，豪特曼斯的证婚人佩尔斯将才高八斗的富克斯招进了一开始还很简陋的英国原子弹项目，项目负责人贝特对他赞不绝口。在贝特团队中，富克斯终于在洛斯阿拉莫斯（Los Alamos）找到了他那影响世界历史的角色。

哈耶斯这个地方并没有让豪特曼斯一家感到幸福。这座市侩小城，工人居住区街景阴郁。豪特曼斯在剑桥的生活提醒他——这里永远不能给他们任何东西。豪特曼斯觉得自己与大学的氛围格格不入。乔治·奥威尔（George Orwell）与豪特曼斯同龄，1932—1933 年在那里一所很小的学校教书。他对这座小城一定也有类似的感觉，因为他称哈耶斯是“我碰到过的最偏僻荒凉的地方之一”。

豪特曼斯这位最可爱的健谈者，他的话常被人偷偷记作名言，此时正身陷困境。柏林回忆的影响是多么强烈、多么难忘啊，那座欧洲最年轻、最刺激、最现代的都市！意识到柏林岁月无可挽回地一去不复返了，夏洛特·里芬斯塔尔后来忧伤地回忆道：“1929 至 1933 年在柏林的生活令人难忘。这座城市的所有领域都充满了新思想。新的戏剧、电影和音乐会让选帝侯大街生机勃勃，那是柏林的享乐中心，知识分子们相聚在无数的咖啡馆里。社会生活异常活跃，娱乐活动要比我此前和此后经历过的更有档次。我们的朋友很多，弗里茨很吸引人，主意层出不穷，会讲段子，用风趣的笑话让我们开心。他兴趣广泛，从音乐跳到物理、经济，再跳到政治。泡利曾在某个圣诞节来访过，伽莫夫和朗道也常待在柏林。还有对经济和政治都很感兴趣的波兰尼（Polanyi）及其侄女埃娃·施特莱克尔（Eva Striker）——一位有才华的制陶女工，她后来嫁给了魏斯贝格。还有马尼斯·施佩贝尔（Manès Sperber，1905—1981），曾经是阿尔弗雷德·阿德勒（Alfred Adler，1870—1937）的学生。物理学家和工程师魏斯贝格－齐布克尔斯基（Weissberg-Cybuklski）通晓历史、政治，对马克思主义有着深入的理解，还能随时随地引用和背诵里尔克的诗。我们的小屋外有个小小的院子，每回都人头攒动，35 个人过来喝茶是很寻常的事。”豪特曼斯这位年轻的物理学家（大家都喊他的绰号“荚果”），每星期另有一个固定日子，是留给他的朋友和同事进行“物理学夜谈”的。

1935 年：致命决定

在哈耶斯，来宾中还有来自哈尔科夫的亚历山大·莱彭斯基（Alexander Leipunski，1903—1972），他是那里的物理学研究所教授。哈尔科夫拥有最先进的设备，是全欧洲最重要的物理学研究所之一。这位聊天伙伴风趣随和，想让豪特曼斯去研究所，并为他开出了诱人的条件：一半薪水用美元支付，住宅宽敞，研究自由等。

豪特曼斯对哈尔科夫并不陌生，他最后一次去这座城市是在 1931 年。他应该在哈耶斯这里消沉下去吗？已经过去整整一年了，他都没时间哪怕是发表一篇文章。另外，他觉得很难将他的工作节奏与寻常的办公室生活协调起来。当他想对一样东西刨根问底时，他习惯了废寝忘食，连轴转地工作，必要时连续几天。但上午9点准时出现在办公室里，这是在苛求他。他的资金在逐月萎缩，这也是明摆着的事。因为他依赖流亡科学家援助金的帮助，现在，由于需要的人数增加了，资金不得不被大家分享。

他的朋友伽莫夫，下决心不再返回苏联；几乎与此同时，豪特曼斯决定接受邀请。听说此事后，沃尔夫冈·泡利徒劳地一次次试图说服“荚果”改变决定，但他无法让朋友不去犯下一生中最大的错误。

坐火车去乌克兰的旅程漫长。这一对夫妇想努力学习俄语，再在哈尔科夫定居。两人都有语言天赋，勤奋好学。豪特曼斯的行李里仅《圣经》就有7种语言版本，将在入境时引起很大怀疑。

夏洛特已经打开语法书，想从“桌子”一词的变格开始一起学习。“荚果”不喜欢这样的开始。他怏怏不乐，开始出乎意料地悲叹起来。每种新语言都从“桌子”一词的变格开始，他实在感到腻味。“Der Tisch，des Tisches，dem Tisch……”他不想这样练习到死。“荚果”越来越恼火，课程不得不中止。

平静下来后，他和解地建议，不用“桌子”而用“大象”这个词来练习变格。夏洛特还在考虑他的建议，一列有巨大耳朵的火车驶过他们身旁。那是长长的马戏团火车，它紧接着就停在了空轨道上。前往哈尔科夫的列车司机不想错过此次相遇，也停下了。几乎所有乘客都走下车来，观看这些装有动物、涂画得五颜六色的马戏团车辆——运来的大象最受关注。看热闹的人群乱哄哄的，嘈杂声也钻进了两名物理学家的车厢。“他们在喊什么呀？”最后夏洛特问道，“荚果”回答：“der Elefant，des Elefanten，dem Elefanten……”

寒冰就此打破，可以开始上课了。通过这个故事，豪特曼斯也证明了自己和朋友沃尔夫冈·泡利志趣相投，泡利一生中都伴随着奇怪的巧合和现象。入境苏联时，豪特曼斯必须填一张表格，里面询问了他的宗教。豪特曼斯绝对没有宗教信仰——不可能有人比他更世俗了——他父亲是个基督教徒，他现在却支持他的母亲，她是犹太出身，为了与她团结一致，他填写了“犹太人”。后来问他原因时，他用典型的豪特曼斯风格回答说：“我想按孟德尔学说将自己遗传出来。”

没有母亲的影响就不可能有豪特曼斯。年轻的维也纳女人艾尔莎·瓦尼克（Elsa Wanek）是获得过博士学位的女化学家，女权主义者——她的维也纳犹太亲戚是著名的《维也纳日报》（*Wiener Tagblatt*）的出版人。她嫁给了年龄比自己大的奥托·豪特曼斯（Otto Houtermans），一位非常富有的银行家和房地产投机商。嫁进这样一个世界，物质富裕一开始让她欢喜，后来便觉得无法忍受，最后她牵着孩子的手逃走了。

1937：哈尔科夫，恐惧之城

当年轻的豪特曼斯夫妇10月抵达哈尔科夫时，他们的希望没有落空。住房很大，附近的研究所设施齐全，聘请了许多其他领域的科学家们。豪特曼斯在维也纳时的老同学魏斯贝格也在那里，这位风趣的伙伴，在柏林时他俩曾经形影不离。魏斯贝格的任务是帮助乌克兰建设氮气工业。

1935年11月，一位研究所的同事意外被捕，在强烈抗议后又被“解放”出来了。一场误会，还是即将发生的事件的前兆？1937年5月1日，亚历克斯·魏斯贝格（Alex Weissberg）被捕了；此前不久，他的妻子爱娃，一位制陶女艺术家，也被捕了，据说她偷偷地在陶制品上画上了“卐”字主题。8 月 5 日，两名研究所的同事被捕，不久后瓦迪姆·戈斯基（Wadim Gorski）也被抓了起来，他是一位受人尊敬的实验物理学家，领导着研究所的一个实验室。11 月初，3 人全被处决了。这些事件令恐慌扩散，引起莫名的恐惧，因为逮捕原因显然是出自一颗患妄想症的大脑。

豪特曼斯很快注意到，同事和朋友们开始对他避之唯恐不及，关系好的熟人一见到他也离开人行道，换到街对面行走，就连他走进的店堂里也突然变空了。他早就是人人回避的有标记的人了，只是没人告诉他他额头上写着什么。在所谓的“清洗”“大恐怖”运动开始时，豪特曼斯处境绝望——他显然是染上了一种传染性很强的神秘“病毒”，它会毁掉每个接触他或与他有过接触的人，哪怕是街角的烟商。如果他被捕了，轻而易举地就可以将 20 个他周围的人拖进深渊。在瘟疫爆发后的第一年，就有 200 万人被弄进和赶进了监狱——看不见尽头。仅在哈尔科夫就统计到了 1.2 万名敌方间谍。监狱里塞满了人，专门派遣的 300 名“公民预审法官”早就控制不了了。

这些混乱迹象让豪特曼斯产生了心理压力，再也无法安睡；夏洛特·豪特曼斯的情形也相似。她在日记里印象深刻地描述了 1937 年灾祸降临的气氛：

> 8 月底开始大型公审，谣言和猜测满天飞。最初我们像是与这个世界无关似的。随着冬季临近，恐惧日渐增长。政治形势动荡不安，我们巴不得可以尽快离开，不幸的是，我们不知道如何才能办到。我们在国外没钱没工作……这

下我们最终作出了离开的决定。

但是，神秘而危险的恐惧无孔不入，下一桩事件让它露出了真相。有一天，两名警察来到技术物理研究所，想找豪特曼斯的私人助手维克多·福明（Victor Fomin）谈话。福明被告知，他的兄弟，高加索的一位滑雪老师被捕了，他们请福明一道去秘密警察局澄清一些问题。福明被允许回楼上房间里收拾几本书和一些私人物品。趁此机会，他从研究所实验室里弄到一瓶硫酸，一口喝光，然后从窗户跳了出去。他摔成重伤，被捕了，几天后死在了监狱里。

这桩事让豪特曼斯再也安静不下来了。他彻底糊涂了，连续数小时大声念叨。几天后的夜里，3 名警察按响他住处的门铃，他预料自己会被捕，但警方只想要福明的公寓地址。不过，这场深夜来访让豪特曼斯噩梦连连，醒来后坚信自己是身在监狱里。

> “我们生活在恐惧之中。”夏洛特在日记里写道，“我们住房里的深色窗帘遮盖了我们的过去，蒙住了我们的未来。当时对发生的事情谈得很少，一切都过去后谈得更少……恐惧紧紧地攫住了我，驱走了其他的所有感觉，控制了我全部的行为，让我多年后都无法摆脱。我感觉是处在一场暴风雨前夕，黑暗即将笼罩一切。”

哈尔科夫的压力日增，为了躲避，豪特曼斯带着家人逃去了莫斯科。那里的科学家们，尤其是科学院院士们，似乎都还安全。此刻，豪特曼斯早就在莫斯科申请了携带家人和全部家当出国。去莫斯科海关大楼成了豪特曼斯每天唯一的活动，但没有成效。就连回答最简单的问题他都觉得越来越困难。他的家当里有数百本书，每本都会引来问题，他迷失在他想携带出境的书籍的迷宫里。当豪特曼斯于1937年12月1日再次来到海关时，他被逮捕了。

“太阳西沉，夕阳落在一个人的身上”①

“1937年12月1日，我在莫斯科海关被捕了。”几年后，豪特曼斯写道，“当时我正在整理财物，我要离开俄罗斯，财物得接受检查。紧接着我就被运去卢布扬卡监狱，那里出示了11月27日在哈尔科夫按28条（‘政治原因’）开具的逮捕令。然后，一刻钟之后，我就被安排进了布特尔卡大监狱，被关进一个24人的牢房。牢房渐渐地越来越满，最后有140人挤在那里。”这间牢房的床铺只有光溜溜的水泥地板，这是即将到来的一切的最初印象。

没有具体起诉，而是拿给他一封苏联和外国研究所同事的名单，包括魏斯贝格－齐布克尔斯基、朗道和福明这些人。说他们全都是一个地下组织的成员，长期致力于推翻苏联政权，想谋杀斯大林和赫鲁晓夫。他只要彻底坦白就可以立马出境。豪特曼斯拒绝接受；他不想被指控做过任何反对苏联的活动。

不幸的是，被送进监狱时，豪特曼斯身上还带着他妻子的护照。安娅和皮奥特·卡皮查再次表现得非常乐于助人：安娅安排了一个酒店房间，让夏洛特和孩子们住在那里，不必麻烦朋友们和熟人，皮奥特又设法将夏洛特·豪特曼斯生命攸关的护照从卢布扬卡的物证室弄了出来。

重新得到护照当然是好事，但夏洛特还需要得到批准，才能

① 埃兹拉·庞德（Ezra Pound）。

在莫斯科待上几天。她从一排房间的一个柜台赶去另一个柜台，房间里满是警察和女秘书们、桌子和打字机。她从一层楼赶往下一层楼，从一个过道赶往下一个过道，但她所敲房间的门没完没了。每敲开一扇门，她都预期会被逮捕。直到凌晨时分，她才筋疲力尽地返回酒店。她惊慌失措，在两个孩子的贴身内衣里用英语和俄语绣上他们的名字、帕特利克·布莱克特的名字和逃去了美国的奶奶艾尔莎·豪特曼斯博士（Dr. Elsa Houtermans）的地址。德国大使馆向她和弗里茨提供帮助，她在那里表现得笨头笨脑，因为她不想与德意志帝国有任何关系。她得到一份前往提尔西特（Tilsit）的签证，但她打定主意要带着孩子们逃去里加（Riga）。在莫斯科的最后一天，她还为自己和弗里茨开了个银行户头，用最后的卢布购买了一件毛皮大衣，她想去国外卖掉它，挣点利润。惊骇和恐惧写在脸上，她在莫斯科活动时尽可能做到不惹人注意。由于害怕招来怀疑被逮捕，她不敢在公园长椅上就座。最后，她怪兮兮地身穿一件超大的皮大衣，大衣衣袖拖在地面，连同 18 件行李和两个分别背着浅蓝色和红色背包的孩子，站在了终于要将他们带出莫斯科的火车前。那时她 38 岁，已经再也没有眼泪可以流淌了。

夏洛特想带孩子们立即逃往里加，她险些就成功了。临近拉脱维亚边境时她被带出火车，被安置在一个铁路员工之家里整整 10 天。那是白雪皑皑的苍凉平原上唯一的建筑。她没能了解到她为什么被拘，作为独身旅行的女人她引来了怀疑，对方一再询问她的丈夫。如果当局此时得知豪特曼斯被捕了，夏洛特无疑也会被捕的。她就这样最终保护了她的孩子们，按照苏联法律，他们——至少还有一段时间——是不可侵犯的。12 月 16 日，她可以继续旅行了，当晚就带着孩子们抵达了里加。她缝在孩子们绒帽流苏里的 100 瑞士法郎和100比利时法郎至关重要。尼尔斯·玻尔给她搞到一个丹麦签证，她马上就可以向聚集在他的研究所里的持怀疑态度的科学家们，讲述苏联的最新发展和弗里茨、魏斯贝格、朗道及其他人的命运了。

最后，她终于在1939年带着孩子们取道伦敦抵达了美国，在那里与豪特曼斯的母亲艾尔莎相聚了。她可以靠瓦莎尔学院的一份微薄的科研奖学金勉强维持生活。要过上20多年，她才会再见到“荚果”。

她和艾尔莎给弗里茨写信，寄到所有可能的苏联监狱，但都得不到回音，不确定他是否还活着。最后还是埃莉诺·罗斯福（Eleanor Roosevelt）通过美国大使打听出弗里茨还活着。

可是，不仅家属们想尽办法不让豪特曼斯被遗忘；在法国，有3名诺贝尔奖得主联名给斯大林写信。除了一位前副部长弗朗西斯·佩林（Francis Perrin），还有同样也是前副部长的伊蕾妮·约里奥－居里（Irène Joliot-Curie），以及她的丈夫、法兰西学院教授弗里德里克·约里奥－居里（Fréderic Joliot-Curie）。约里奥－居里夫妇两年前曾是法国共产党员，希望这能让他们的呼吁具有特别的分量，但他们也没有收到答复。

冷山的世界

1938年1月4日，就在被捕几天之后，豪特曼斯终于被装进一节监狱车厢里用火车运去了哈尔科夫臭名昭著的冷山监狱。监狱建有一堵外墙和一堵内墙。两堵墙之间的绿化带住着看守人员，在那里，他们生活在一道虚假的常态布景里，住小屋，种植蔬菜，过着家庭生活，有时候也能听到手风琴声，人们和着琴声唱歌跳舞。

外墙上有道大铁门，供运输犯人的车辆进出。然后内墙上的一扇小门打开，通向真正的“犯人山”或“冷山”，俄语：Kholodnaja Gora。

冷山的“小”牢房规格为2米×4米，还是沙皇时代修建的，折叠小铁床被固定在墙上，用作单人牢房。现在它们被用来接纳源源不断的新犯人。共有4张土色折叠床和一个上下铺可供支配。经常发生那样的场面，它们是对被虐人类本性最后的挑战。加上新来的豪特曼斯，牢房里已经安排了23个人。可是，当小门终于打开时，又塞进来10名犯人。现在33个人站在8平方米的空间里。众人选出的得到大家信赖的“牢头”必须完成这个分配任务。魏斯贝格被选中了，没人反抗他的决定。“牢头”必须设法以最合适的方式充分利用可以支配的每一厘米。为了让6个人轮流使用一张床铺，必须每2小时换一次位置。但谁都没有表，很难公正地分配睡觉时间。最后魏斯贝格选中一种“拉链”方式，下铺面对面躺着的两具身体交叉起来。他也可以这样将其他人安排在床铺下面，不过由于床架占了一些位置，只能安排7个而不是8个人。窗户附近安排了6人，但为了节约位置，他们只能侧睡而不能仰睡。这一双腿弯曲的姿势，睡上一段时间就会臀骨疼痛，无法忍受，必须服从命令交换位置。为了不会因此丧失许多位置，3人面朝窗3人面朝门。两组人将腿叠放在一起，每个人的双脚都放在对方的胸上。这样一来就又在门旁安排了4人。29个人以这样的方式找到了位置，还剩下4个人没办法解决。但没人想去睡上面的床铺，因为小牢房只到穹隆状天花板下一米的地方。铁床上面是个死空间，那儿的空气热乎乎的。

半夜时分，有3人被从牢房里提出去审讯，魏斯贝格决定光着身子躺到热得要沸腾的钢床上去，以换来一点点活动自由，虽然只要他一动，汗水就会滴落地面，流淌开来。两天后，整个牢房地面就覆盖了一厘米厚的汗渍层。空气里弥漫着辛辣的氨气味，之后所有人才注意到，他们可以省去上厕所了，身体将全部液体通过皮肤排出来了。

早晨，床铺被高高折叠起来，所有人挤作一团，犯人们可以曲起双腿坐在他们的衣服卷上。上午 10 点前还可以呼吸，然后天就热起来了，窗户的铁皮开始烧红。人们拎来水桶，往上面泼水。这能带来一点清凉，但水迅速蒸发，水蒸气飘进牢房。指挥官见后大为光火，怒声恫吓不再给牢房供水。

要是马的话，早就翘辫子了，一位马贩不无钦佩地议论人类的韧性说。犯人们绝食罢工两天后，指挥官恫吓说，如果不停止罢工，就开枪打死一半犯人，罢工只不过是一场“反苏示威”。

犯人们又坚持了 3 天，到了第 5 天，他们已经变得虚弱不堪，于是决定中止罢工。只有一位年轻的白俄罗斯人，一位部门秘书，反对停止，他不无庄严地声称，现在每个人必须对自己的行动负责。当魏斯贝格和另一组去上厕所时，看守冲进来，要求他赶紧返回牢房——那里的一切漂在血泊里。那位年轻秘书踹碎了一扇窗户，抓起一块一头尖的楔形碎块，深深地捅进了心窝。他还能很低声地讲话。他经常讲他的小妹妹，他俩是孤儿，他和她相依为命，一块儿长大。现在他示意细菌学家巴丘库（Batiuk）走近，请求巴丘库转告他妹妹，他一直对党忠诚，从未与人民为敌；她也应该对党和国家保持忠诚。10 分钟后，一名医生赶了过来，他将成功地缝合心包。巴丘库对这番周折感到惊奇，劳改营和监狱里每天都有数千人在悄无声息地灭亡。

在“无情的”的帝国里

20 世纪 20 年代，苏联的监狱算是世界上最先进的，当时监狱的宗旨还是教育和改造犯人。可是，后来矮个子叶若夫（Jeschow）接替声名狼藉的前任亚戈达（Jagoda）担任人民委员主管监狱后，监狱里就刮起了一股更冷的风。这位斯大林的宠儿想向所有人证明，他能够实现他的口号“Turma Turmoi”——让监狱重新变回监狱。叶若夫的名字即代表着大清洗，一场通常被称为“清洗”的炼狱，它像黑死病一样在全苏联蔓延开来。他的恐怖统治只持续了 3 年，却给数百万犯人带来了无尽痛苦。他的接班人、亲自参与处决前任的贝利亚，同样声名狼藉。

大牢房最多可容纳 200 人，那里有时会举办大型艺术活动。因为无书可读——装备齐全的监狱图书室不再开放——犯人们讲故事的技艺达到了大多数人不识字的那个时代的高度。

许多世界文学作品被复述和朗读。大多数作品犯人们最多听说过，但从没有读过。豪特曼斯和魏斯贝格后来补读原文，发现口头复述的艺术效果有些地方比原文更感人。这或许也因为，在牢房里向紧张聆听的听众们朗诵的作品里含有原著里不存在的其他作品。不仅朗诵世界文学杰作的片段，真正的能手也朗诵亲身经历过的故事。有些艺术家能够用面团塑造惟妙惟肖的感人形象、面包和其他东西。不过，大多时候是饥饿战胜了艺术家，于是他吃掉他的杰作。

按照狱规，犯人们每天放风一次，通常持续 10—15 分钟，大多是在四面高墙围绕的监狱小院子里。由于牢房人满为患，有时也在夜里放风。有几次，看守们持枪站在院子四面，枪上了刺刀。这些夜晚的情景有一幕给豪特曼斯留下了不可磨灭的印象：犯人们在灯光刺眼、大雪覆盖的院子里默默地转圈，让他想起凡·高的一幅名画。

集体牢房里的条件虽然可能恐怖、有生命危险，但也带给许多人一种再也没有经历过的集体感。这个蜗居和洞穴灰暗、肮脏，后来想起它就唤起魏斯贝格多愁善感的回忆。

一星期后，豪特曼斯被从那里送去基辅内务人民委员会总部。苏联的每座中型城市除了城郊建有大型监狱，每个牢房可容纳二三百人，还有较小的所谓“内务部监狱”，它设在秘密警察局的中央大楼里，通常位于市中心。

在“冷山”这样的大型监狱里关押着大约1.2万名犯人，“内务部监狱”里也许只有几百人。

欧几里得和孤独

豪特曼斯刚回到牢房就又不得不离开。他被转移到“隔离室”的地下建筑里，这次转移的原因只能揣测。这是间单人牢房，里面散发出烂甘蓝叶球、潮湿地下室空气和冷烟的气味，豪特曼斯将在这里度过两年。

“内务部监狱”的管理比集体监狱要严，“隔离室”则是更高一级的惩罚。那里笼罩着坟墓一样的寂静，犯人完全自生自灭。

在叶若夫的恐怖统治下，犯人们甚至都不准向外望。所有窗户上都安装了挡板，只看得见一块正方形的小天空。从前监狱大院里种有植物，周围还有树木，后来树木被砍伐了，花草被移走了，院子里铺上了沥青，四周的墙壁被砌高并粉刷成了白色。现在禁止所有游戏，尤其是下棋。必须严格遵守狱规。夜里11点到早晨6点可以躺在床上，白天只允许坐在床上，不许倚着靠着。看守们穿着毛拖鞋，每隔几分钟就偷偷走近窥视孔，监视狱规的遵守情况。犯人们只能低声耳语，看守们也是。

所有监狱里不仅坚决地将犯人与世界隔离，也让他们压根儿不知道世界上正在发生什么事，更不让犯人们知道狱里还关着谁。当看守带犯人去审讯或带其回牢房时，他们就叮叮当当地摇响钥匙串或拍门提醒注意。自从叶若夫统治以来，每当此时，过道里的所有犯人都必须脸朝墙，以免被认出来。

“隔离室”孤独，但也更卫生，空间更大，而它的代价要高于一个人本来能够付出的。没有书籍，没有游戏，没纸，没笔，要等到好几年之后，钢琴手豪特曼斯才能再听到他心爱乐器的琴键声。他从没有收到过信，盼望消息真是折磨人。有时他能从厕所便盆里成功地捞出一张某位看守留下的报纸撕页，从中推断政治形势。就像与看守打交道一样，这方面豪特曼斯也吃亏，因为他只能讲一口结结巴巴的俄语。

单人牢房里的无聊很难忍受，对判决没有把握让人麻木地听天由命。明天就可能作出判决，或者要等到两三年之后。而外面，牢房外面，古拉格（Gulag）的世界在继续扩大——它已经比欧洲大了——等着补充进新犯人。

只要判决能让他们摆脱冷漠的牢房生活，不少人都如释重负。通常会被判 8 年的强制劳动，有些时候同样的小事也可能会判 25 年。人们麻木冷淡地接受所有这些判决，反抗的力气早就耗尽了。

豪特曼斯很快就明白，出路只有一条。犯人们想出许多办法来熬过牢狱生活。有些人在他们的四方形牢房里来回踱步，脑海里却已经漫游了半个世界；另一些人努力背书或自学一种奇怪语言。但这不适合犯人豪特曼斯。没有图书，他必须想出什么躲过看守人员干涉和监视的东西来。禁止下棋后，还是有几个犯人能够不用棋盘和棋子下“盲”棋。豪特曼斯在寻找一个给他支撑、让他的思想保持清醒的精神挑战。他选择了一个对物理学家来说“全新的领域”：

> 自从入狱以来，我决定无论如何都要工作，我能做的唯一领域就是一道数论难题。我从 1937 年年底就开始思考它，而我唯一知道的就是欧几里得的证明，质数的数目是无限的。

“质数多于每个前置质数的总数”，大约 2200 年前，希腊数学家欧几里得提出了这个论点，他同时也提供了该论点的数学证明。

根据欧几里得的论点，1、3、5、7、11、13、17 等只能通过 1 或自身相除的数字可以永恒地延续下去。那是来自我们的物理现实之外的某个世界的永恒数字。从那以后，一代代数学家都无法抵御这些神秘质数的诱惑。他们倾其敏锐和生命，不断寻找有关这个“算术原子”的新东西，其他的所有数字都由这些原子组成。它们早在我们人类诞生之前就存在了，进化才让我们能够认识它们。

可爱的救命恩人质数

质数是数学里最神秘的数字，许多人坚信，就算我们的银河系毁灭了，它还将存在，不可动摇。

质数的顺序无法预见，最伟大的质数专家马库斯·杜索托伊（Marcus de Sautoy）称它是“数学基础里不规则的心跳”，一种必须被全宇宙理解的节奏或擂鼓声。偶尔有报刊报道，又发现了数百万位未知数字原子中的一个。数字宇宙的世界漫无边际，孜孜不倦地在其中寻找一个质数珠宝听起来就像一场目的不明的玻璃球游戏。但这种情况将有所改变。20 世纪 70 年代初，质数被用于今天的各种程度的加密技术。从那以后，信用卡转账和超市里无现金支付没有质数就不可想象，情报机构也保护着他们最喜欢的数字。

> “于是我开始思考这个难题。”豪特曼斯继续说道，“会不会有一个 $6x+1$ 和 $4x+1$ 类型的无穷数字。（虽然也有小小的偏差，我用欧几里得证明来证明 $6x-1$ 和 $4x-1$。）帕斯卡尔（Pascal）是个牧羊人，他发明了欧几里得几何学，就像他那样，我也一步一步、一段一段地设计我的小建筑。可他有阳光、新鲜空气和写作必需的一切……我相信，在我之前，没人在这种条件下——在监狱里——从事过数学研究。”

比起缺少阳光和新鲜空气，最折磨豪特曼斯的是缺少纸和笔。狱中严禁画图和做笔记。豪特曼斯一开始是用一截断火柴将思考的前几步刻在肥皂光滑的一面。如果不能这么做，就将一行行数字刻进牢房墙壁里隐藏的位置。一旦被发现，重罚是难免的。

魏斯贝格曾经将剃须室的一张小纸片藏在身上，想给中央委员会写一封申请书，被发现后他不得不光着脚，只穿衬衫和短裤，在禁闭室光溜溜的地面上过了 5 天，口粮减半。地面湿漉漉的，谁睡着了，很快就会丧命。

每次如厕前他都必须先擦去用断火柴画在牢房墙上的微小数字和数学符号，将它们贮存在记忆里。每天这样擦去思考结果，让人想起俄底修斯（Odysseus）的妻子佩内洛普（Penelope），她每天夜里必须重新解开白天编织的尸袍，以免落进最卑鄙的求婚者们手里。就连分发的两张卫生纸，不使用也得被收走。

豪特曼斯研究的质数，其特点是有点混乱、难以捉摸。每个想接近它们的人，都必须遵守一定的数学规则，就像一位象棋手，必须遵守一定的规则，又不能预言棋的结局。至今都没有找到一种能计算出下一个未知质数的方法。最后发现的“质数”有千万位。谁也无法预言，下一个质数何时到来。

黎曼山的呼唤

有一位天赋异禀的数学家，一位高斯（Gauß）的接班人，哥廷根的伯恩哈德·黎曼教授（Bernhard Riemann，1826—1866），却认出复杂的无序背后存在一个模式。混乱的数字顿时变得有序了，形成一种内在和谐。这就是著名的“黎曼猜想”。一代又一代数学家曾经试图证明这一猜想，统统失败了。但是，随着时间的推移，人们习惯信赖黎曼的直觉，几乎没人会怀疑它。今天，证明哥廷根天才的这一猜想是最基本的数论问题，质数是最神秘的数学课题。

质数王国本身是一座无限广阔的大陆，有着紧密相连、地理位置确定的地区，它们有纵横的沟壑和高耸的数字山脉。黎曼猜想的“关键”轴穿过大陆，所有质数与它都有密切联系。为了更准确地解释它，更别说证明这根猜想轴了，游客必须装备精良。

就像少不了优质鞋一样，此次远征也少不了熟谙地形的向导，他们熟悉每条拥有数百年历史的道路和每一座桥梁，因为踏进这些地区的新手会意外迷路，不得不耗时费力地走弯路。此行前往黎曼山，一座光滑的铜山，早在人们走近之前，它早已在远方等待很久了。有时候，人们相信黎曼山就在眼前，是的，似乎触手可及，可转眼它就又从视线里消失了。

最后，大家幸运地抵达第一座营地，也可能是第二座。经验丰富的攀岩者能在高耸陡峭的岩壁上发现几个前人留在岩壁上的抓手，但它们也可能引你入歧路。现在你要完全依靠自己了，你必须独自征服那条路，它蜿蜒向上，通往倨傲的铜山山顶。攀爬黎曼山的尝试有可能持续几年，不少人要耗上一生，但还是徒劳。有些人声称他们到达山顶了，可这不是真的。

有些人像迷上一种甜滋滋的毒药一样迷上了质数。如果这座山承认他们充满献身精神的努力，满足他们的话，许多人真愿意献出他们的生命。高德菲·哈罗德·哈代（G.H.Hardy，1877—1947），牛津数学教授，小时候做祷告时就设法将合唱团的数量分解成质数，他将自己的终身献给了质数研究。他决定证明黎曼猜想，这决定最终控制了他的生活，他站在了悬崖边缘，试图自杀。（在一次波涛汹涌的航行之前，他特意装起一张写有一位朋友地址的明信片，上面写着虚假消息："我已经证明了黎曼猜想！"这样，万一死在了海上，他可以被人家当作可悲的发现者，在最后一秒成功地找到了答案。另一方面，对于他来说，这是某种生命保障，因为暗地里他也坚信，上帝不会允许这样卑鄙的欺骗，会保护船只，不让它沉没的。）

世上最孤独男人的无声欢呼

意外不停，谜底未揭。在其中一个数字区间忽然出现了像11、13这样堆在一起的质数"孪生兄弟"，它们在几十万个数字之后又再次消失，然后又神秘地增多了。更奇怪的是质数"三胞胎"的出现，它们在某些地区能像蘑菇一样从地下冒出，但在接下来的数百万个数字里又不见了。

数月过去了。令人窒息的酷热夏天让窗前挡板的铁皮滚烫滚烫的，随后风在院子里来回卷起枯叶，让人想起秋天已然来临，接着黑暗的冬月到了——那几个月潮湿爬进牢房。豪特曼斯被这个世界遗弃了，他是世界上最孤独的人。一年多来，这个剃着光头的男人脑袋里一直翻滚着一道道数字难题。他脸色灰暗，眼睛疲倦呆滞。还有人在惦念他吗？是什么在维系着他的生命？

第一缕春风吹进了牢房。第一束阳光在牢房地面上画出小圆圈。那是基辅的3月。他在3月的最初几天里找到了渴望的答案。他能够证明，每种 x^2+xy+y^2 类型的方程式以x和y做相对质数，不可能含有与6x+1或3类型的质数不同的因素，这些相对质数的平方数的总数只含有4x+1或2类型的质数。解答了这个问题后，他开始走向下一步，意外地发现了一个酶的原理。据他回忆，1939年8月6日，他发现了酶的著名难题n=3的基本证明。这超出了豪特曼斯的预期，他永远不会忘记这一天。所有营地里一定掠过一阵窃窃私语，但一切都保持着沉默，谁也没有发出这无声的欢呼。［豪特曼斯后来发现，这个证明与巴塞尔神童、数学家和物理学家莱昂哈德·欧拉（Leonhard Euler，1707—1783）的证明是一样的。］

自然，没有数学史知识的豪特曼斯无法评估他成功地发现了什么。他是现实主义者，认为自己上千个日日夜夜在牢房墙壁上涂写和刻画又经常擦去的大概全都众所周知。

但豪特曼斯不怀疑自己独立成功地迈出了一大步。其他人或许在他之前已经知道，但这与他的胜利无关。他说：“什么也夺不走我那主观的创造乐趣，它一次次赋予我力量。只因为有它，我才幸存了下来。”

创造力和不屈意志力的证明

揭开数学谜底的感觉让他兴奋。依次排列的证明步骤一次次闪过他的脑海，只有不断重复才能保留住那些想法。要是能写下这一切那该多好啊！要记录这一切的强烈想法要求他的注意力和精力越来越集中。他经受了生命的考验，他的自控力开始抵抗。他烦躁、激动地给乌克兰人民委员长写信，申请纸张和铅笔。他请求给他两三页纸，为了强调这一请求的意义，他声称想修改一种放射方法，这方法具有很大的经济意义。豪特曼斯力争至少能将他的思维成果遗留给他的两个孩子乔万娜和扬。另外，他也想用这些记录向世人证明最艰难条件下的创造力和意志力。

申请没有得到回复。

豪特曼斯便绝食抗议。这是自杀威胁之外一个犯人拥有的最后、最锋利的武器，但这样做是有生命危险的。豪特曼斯的生命早就悬于一线了。每天的伙食量只有500—600克粗黑面包和20克糠，面包经常潮乎乎的，此外还分发两次没有肉、没有营养价值的蔬菜汤。有的监狱里还有一汤匙用大麦熬的粥和热水，即所谓的“代用茶”。

被关押数月后，豪特曼斯的体重锐减22千克，结局可想而知，更何况他不能享受每个犯人应有的特权。犯人们每月有一次机会，可以在特定的日期从监狱商店里购买20卢布的东西，有肥肉、面包干、水果干、黄油、高级面包和糖这些对生命至关重要的东西，也有烟。他被捕时口袋里本来还有100卢布，但早就花光了。夏洛特的汇款信他一封也没收到，他在哈尔科夫的银行户头上还有1万卢布，不知何因他一分钱也无法提取。

现在，豪特曼斯已经8天没有进食固体食物了，只喝水。当他得到一支铅笔和几页纸时，他的身体已经濒临崩溃的边缘。在单人牢房里被关上一段时间，犯人的知觉和感受会像在放大镜里一样增大。每一个脚步声，越来越近的钥匙串的叮当声，微弱的敲墙声，飘进的片言只语，推开镶金属木挡板的嚓嚓声——一切都被贪婪地吸收和放大百倍。在这种环境下，新犯人会引起无法预见的震动。

豪特曼斯独自在牢房里度过了一万个小时，有关这期间遭受的折磨，他没有透露多少。当他终于弄到纸和笔时，马上就有个犯人被关进了他的牢房：迈拉马特（Melamat）教授，他在敖德萨（Odessa）大学教哲学。这则好消息帮助很大，可以保留纸张的豪特曼斯能够“在数论研究上取得更大进步了”。

救出危险区域

这只是一个过渡阶段。迈拉马特很快就不得不“带着东西”离开牢房，豪特曼斯涂满字的纸又被取走了。黑暗的牢房里又变得一片空虚荒凉！时间似乎停滞不前，豪特曼斯度日如年，他的生存勇气几乎消耗殆尽了。接下来的几星期，他走向一个危险阶段，将远离生命，走近死亡。他瘦成骷髅，昏昏欲睡，被判决者听天由命的心理攫住了他。他变得那么轻，仿佛已经注定要到另一个世界，一阵风就能吹倒他，留在床上的只是个空壳。豪特曼斯变成了一具僵尸，像个想熬过冬天的冷血动物。也许谵妄中他还在梦想去维也纳蓝色、紫罗兰色的夏日草地郊游，去他孩提时代经常与母亲穿过的果园，那里生长着李子树和苹果树，也许这位酷爱音乐的钢琴演奏者听到了马勒第三交响曲里牛铃的天籁之音。

豪特曼斯的脸僵化成了铅灰色。他与死亡的距离只有一根细线，比头发丝还细。就在这时，牢门被打开，一名男子走了进来，他将救下豪特曼斯的性命。那人描述了这场奇遇：

“我走进的苏联监狱的那间牢房里仅有一件家具：一张双人床。我惊呆了：上铺似乎躺着一具没有生命的身体。那人脸色灰白，皮肤薄得可以看得见皮下的每根骨头。我

吓了一跳。他们竟然如此蔑视人类，如此嘲讽、残酷，竟将死人和活人关在一起，这可能吗？这是我见到那张脸之后脑海里掠过的第一个念头。片刻之后，他张开了眼睛，盯着我，目光里充满期望，好像我会带来他正绝望地期盼的所有消息似的。

“你是新来的？”他问道，又用不连贯的俄语解释说，“我这是从你走路和左右张望的方式认出来的。”他坐起身，向我伸出细长的手：

“我叫弗里茨·豪特曼斯……是德国人……物理学家……曾经是社会党党员……从法西斯德国逃出的前流亡者……哈尔科夫科学研究所前所长……曾经是一颗人类生命……你是谁呢？”

我才在监狱里待了几个星期，还没有忘记如何微笑。我握住他的手，规规矩矩地自我介绍道：

“康斯坦丁·费奥多索维奇·施特帕（Konstantin Feodossowitsch Schteppa），基辅大学的历史教授。”

“很高兴见到您。豪特曼斯回答，“我相信，我们有许多共同的地方。您吸烟吗？”

“不吸，可惜不……”

“真可惜。如果您吸烟，那我就有希望偶尔也能吸吸您的烟屁股了。您得知道，我根本没钱从外面得到东西。我妻子在国外，我曾经多次绝食，但他们不在乎，我放弃了。您看，这是绝食的唯一结果。”他说，指指瘦得皮包骨头的腿和胳膊，“我也试过拿食物交换香烟。”他愁眉苦脸地说。我回答：

“我妻子可以每月寄钱。我不知道还能寄多久，但只要我有钱，我们就分着用。”

“您疯了！这儿没人这么做。这儿每个人只关心一件事：活下去！光靠我们得到的东西，我们无法活下去……算了吧！您给我讲讲您知道的一切吧。您为什么被捕？西方有什么新闻吗？”

奥布瑞莫夫和消灭一个人

9月，一则令人无法相信的消息穿透了所有的牢房墙壁。“冷山”的一名犯人从厕所里捞出了一片报纸，从中辨认出了有关希特勒－斯大林条约的一些零碎的暗示。这是一件令人愤慨的事，在所有人当中引起了震动。豪特曼斯的老友和同事魏斯贝格被转移去了内务部监狱。魏斯贝格估计朋友也可能被关在同一楼，他已经有3年没见豪特曼斯了，他用粉笔将豪特曼斯的绰号“荚果”写在公厕墙上的一个隐蔽位置。这样做是草率的，甚至很危险。魏斯贝格此刻没有考虑他现在是在内务部监狱，那里的一切都处于无情的监视之下。没过多久，一名看守冲进牢房来，要挟说如果不供出案犯是谁，就取消两天的面包。魏斯贝格被出卖了，他深感震惊。这种出卖在“冷山”监狱里是不可想象的。他当即被带去指挥官那里，指挥官严词训斥他，想知道这个名字背后隐藏的秘密。他威胁魏斯贝格，如果不说出那个名字，就关他10天禁闭，关进老鼠洞里。魏斯贝格声称，长期关押使他变迷信了。这5个字母是他的幸运字母，他到处都写，用来保护自己。指挥官此时已经查看了所有犯人的名单，没能找到一个叫“荚果”的，慢慢地也就相信魏斯贝格的话了，但还是将他痛骂了一顿，骂他迷信。“这种货色竟然曾经是位真正的科学家！”

有一天，魏斯贝格被带进预审法官卡塞因（Kasein）的房间，看见那儿的角落里坐着个灰头土脸、缩作一团的小个子，那人无声地蠕动着嘴唇，盯视着地面。一见那双毛茸茸的手和有结节的手指，他就相信见过它们。这时，魏斯贝格听到预审法官命令那人重复他的供词。当无牙的老人张开嘴来时，魏斯贝格一下子认出了他是谁。那不是别人，而是奥布雷莫夫（Obreimov）——曾经的研究所所长、一位教师、科学院通信院士。魏斯贝格和他曾经是朋友。奥布雷莫夫是魏斯贝格的首任所长，他毫无疑问是个智慧超群、受过全面教育的人，一颗脑袋虽然有点乖僻，却富有独创性，他曾经每天晚上与对方讨论研究所存在的问题。“这曾经是个拥有独特意志和独特人格的人！”魏斯贝格脱口而出，还有，“他都变成什么了？一尊会讲话的蜡像！”那模样和那张像垂死者一样蠕动的无牙的嘴，令魏斯贝格十分震惊，当时根本听不清什么。魏斯贝格请求再为他朗读一遍供词，那堆无意义的供述。

1930年年底或1931年年初，在动身去苏联之前，豪特曼斯介绍魏斯贝格与奥布雷莫夫在柏林相识。在安哈特火车站候车室里碰头时，奥布雷莫夫邀请技术型物理学家魏斯贝格去他的研究所。不过，按照奥布雷莫夫的招供，此次会晤另有目的：他本人是德国秘密警察成员，豪特曼斯和魏斯贝格也是，他们当时讨论了如何能够最不引人注意地进入苏联，去那里加强他们的反苏工作。当魏斯贝格用德语向他吼叫，让他撤回疯狂的供词，告诉他不会再受殴打时，不懂德语的预审法官扇了魏斯贝格好几个耳光。转折还要等上一段时间才会到来。

不久，豪特曼斯被叫去与奥布雷莫夫进行交叉审讯，他太虚弱了，无法抵抗。“我证明了他的所有供述，”他后来写道，“因为我的健康状况如此虚弱，承受不了威胁迫害。”（奥布雷莫夫，结晶学专家，坐牢让他成了一个废人，但最终结果还是好于他的接班人：他被关了10年，他的研究所接班人于1936年被捕，几个月后就被枪毙了。）

热水澡和重获自由的希望

1939年9月30日，魏斯贝格终于被装进一辆密封的犯人运输车运送去火车站（为了伪装，车上常写有“肉类”或“面包”的字样），继续乘火车前往莫斯科，又从那里被运去布特尔卡（Butyrka）监狱。布特尔卡是彼得大帝时代的一座要塞，当时是苏联的模范监狱，其时尚和设施堪比莫斯科最好的酒店，接待大厅令人咂舌，大厅左右两侧有数十间水泥电话间，用于临时看管犯人。

在水泥隔间里待了数小时后，魏斯贝格听到相邻隔间被打开来，有人在询问那里犯人的私人情况。魏斯贝格将耳朵贴到墙上，听到看守在问：“您叫什么名字，公民？”当听到“弗里茨·豪特曼斯”几个字时，他一阵惊喜。轮到魏斯贝格本人时，他抬高声音，简直是大声地喊出了他的名字，好让“荚果”注意到自己。但他没有得到反应，看守警告他——只允许低语。所有接触尝试——有一回他们甚至是邻居——都一一失败了。后来，豪特曼斯解释说，由于长期被单独关押，他都听不懂话了。有一次，豪特曼斯正在淋浴时就被叫去受审，他被带进一个装修豪华的房间，里面坐着一位身穿内务人民委员会将军制服的人，旁边担任主审的那人穿着便服，看起来很聪明。此人轻声细语地请豪特曼斯就座，问他感觉自己有什么罪。“您是想听我在什么供词上签字了呢，还是想听事实？”

“当然是事实！”

豪特曼斯便告诉他，自己唯一感觉有罪的是偷过几条内裤。为此，一年前他在哈尔科夫监狱里使用氯化钙去除了厕所上的监狱印戳。别的没啥可以忏悔的了。说到这里，豪特曼斯又挖苦了一句，可以将在布拉赫洛夫卡（Brachlowka）遭受殴打和夜审逼出的自我控诉和坦白招供算作笑料吗？

当豪特曼斯受审时，魏斯贝格可以享受洗澡的幸福。“真舒服。”他写道，“我让热水流过我的身体，打上肥皂，像浣衣女一样搓我的皮肤。洗完后，我得到了干净的内衣。”

回到牢房里，魏斯贝格感觉到一股出乎意料的幸福感。他已经看到自己衣冠齐整，坐在瓦斯卡佳（Twarskaja）街角的民族咖啡馆里，喝着上好的现磨咖啡，吃着蛋糕。脑海里，他在列宁格勒闲逛，眼前浮现出隐士居所和这座皇城的全部美丽。某个时候，他会去国外，获得自由，彻底的自由……

这位人民和国家的敌人，他一直缺少的东西现在一下子全有了。监狱长打听他的身体状况，理所当然地可以书面记录。为此，他每周可以使用一次摆有写字用品的专门房间。

这里强制要求保持清洁，甚至都不容许牢房里有蜡没打好的位置。双手弄脏不怕，至少地板要亮锃锃的。布特尔卡准备的最大惊喜之一是取之不尽的监狱图书室。图书都没有目录，照图书室负责人的话来讲，那是多余的，因为每本书都在。魏斯贝格是第一个尝试的，他订了5本书。第二天，这些书就被送进了牢房。下一个星期，他又重复了这一游戏。他现在想知道具体知识，订阅了有关瑞典神学家、楔形文字解密、物种起源论这些越来越冷僻的书。他从没有失望过。

豪特曼斯不仅得到了足够的食物，每天还有一盒香烟、纸和笔被送进牢房里。在基辅绝食之后，他用细小的笔迹写满公式和证明的那些纸不知道哪里去了。他没有拿回它们。现在，他又有机会在牢房里不受打扰地重新演示证明。他像蜘蛛一次次织补被毁的蛛网一样坚韧地工作，开始研究数论的其他问题。后来他将得知，他所研究的是“佩尔问题”。

直到12月1日，豪特曼斯都未受打扰，随后一位官员重新讯问他。豪特曼斯回答了对方的问题，如他所写的，是尽了最大的努力。他请求批准他给妻子拍封电报，提到她还在英国，但此时他被告知——不久他就可以出去了。

豪特曼斯强烈地请求不要将自己遣送去德国，官员记录了下来。

一星期后，豪特曼斯得到了新衣服，被带到布特尔卡监狱的一间集体牢房里，他一开始就被关在集体牢房里。这回不是人满为患，但令人吃惊的是，被关的全是德国人，包括许多技术工人、工程师和专家，有些直接来自西伯利亚劳改营或遥远的北方。不少前共产党人聚集在一起，其中有列宁和李卜克内西（Liebknecht）的朋友、在普鲁士议会长期担任共产党议会党团主席的雨果·埃贝赖恩（Hugo Eberlein）——像在座的大多数人一样，他也遭受了严刑拷打。对魏斯贝格来说，被遣返回德国前的那几天宛如置身在童话里。布特尔卡的地下室有个大型洗浴场，“那些房间真漂亮，大理石的地下墓穴，地下的整个柱式大厅，满满的热水温泉。我们陶醉于其中，互相搓澡，直搓得皮肤闪闪发亮”。然后是刮胡子。

要被驱逐的德国女人们也相聚在布特尔卡。她们与男性犯人被隔离了开来，魏斯贝格却根据她们的声音辨认出了几个人，其中有埃里希·米萨姆的妻子曾泽尔和克拉邦德的遗孀卡洛拉·内尔。这些犯人已经连续多年没见过女人或听过她们的声音了。当运输犯人的封闭式火车车厢里传出女人的声音时，所有人都很激动。那些女人们讲着他们的母语，与他们遭受过同样的命运。

1940：返回危险的柏林

1940年3月1日，有人喊着豪特曼斯的名字，要求他在一封文件上签字，同意对在俄国监狱里见到的一切保持沉默，另外声明愿意在国外为苏维埃共和国工作。像其他许多人一样，为了不影响出境，他形式上同意了，签了字，条件是不被驱逐去德国。对方答应了。

4月底，全体犯人都被集合起来点名，听取对每个人的判决宣读，内务人民委员会的一个特别法庭宣判允许他们离开苏联。随后，所有人都被运去布列斯特－立陶夫斯克（Brest-Litowsk）的一座监狱。那里的布格河（Bug）大桥连接着两个极权制度，它们的情报机构早在希特勒－斯大林协约之前就开展合作了。

不将豪特曼斯引渡给德国的承诺没有得到遵守，他被交给了盖世太保的军官们。

5月25日，命运列车运载着这些受打击、被出卖、遭驱逐的德国人抵达柏林。大约有70人在弗里德里希车站下了车。他们在两个国家都无家可归！

有几个下车后进了一座“纳粹－归侨之家”，几天后就被释放了。豪特曼斯跟其他人一起被移交给亚历山大广场旁的警察局监狱。令他吃惊的是，他在那儿的牢房里头回碰到了虱子。一星期后，他来到阿尔布莱希特王子大街一座盖世太保的小监狱里，在那里被讯问他去苏联的原因、他的经历和1933年前他在德国的共产党朋友。

通过其他相识的犯人，豪特曼斯成功地通知了朋友们他在柏林。一名即将获释的犯人承诺帮他找到一个叫罗伯特·龙佩（Robert Rompe）的人，给龙佩打电话，转告"'莱果'又回来了"这句话。龙佩，后来的民主德国物理学会主席、中央委员会成员和民主德国经济的幕后策划者，立即通知了马克斯·冯·劳厄，劳厄来到监狱里探望豪特曼斯，还给他带了钱，全力以赴地让他能够尽快重获自由。7月1日，豪特曼斯终于获释。旅行结束于他开始逃亡的地方，仿佛什么也没有发生过似的，他又搬进了奥尔良街那荒废了6年的住房里。他的家当也包括那堆纸，纸上写得密密麻麻，在证明他那特殊的质数公式。

这不仅是豪特曼斯留给子女的一份遗赠，也是一份资料，它使我们懂得，对人类应当钦佩而不是蔑视。

尾　声

弗里茨·豪特曼斯

被释放出来后，通过马克斯·冯·劳厄的介绍，弗里茨·豪特曼斯作为科学家被曼弗雷德·阿登尼（Manfred von Ardenne）私人研究所聘用。他在那儿发现了适合用作核炸药的钚，这一发现引起了轰动。1943年，他意外地申请离婚，自从在莫斯科突然分离之后，他再也没见过妻子夏洛特和两个孩子——他们如今生活在美国。第三次婚姻是他在分别22年后又再次娶了夏洛特。1953年，他以伯尔尼联邦理工大学教授的身份创建了一个地质物理学研究所，该研究所很快享誉国际。

亚历山大·魏斯贝格

魏斯贝格被德国人送去了华沙集中营，后来他在地下组织的精心策划和帮助下成功逃脱。齐布克尔斯基伯爵的遗孀为他提供了帮助。魏斯贝格穿上伯爵的衣服，使用伯爵的护照和身份，用这个名字在一个德占区成为大木材商，赚得钵满盆满。1945 年以后，他在蒙特卡罗（Monte Carlo）赌场里输掉了一大笔钱。再后来，他搬去巴黎，计划修建一条穿越南美的大型铁道线路，但该项目最终功亏一篑。

康斯坦丁·施特帕

施特帕教授曾是豪特曼斯的牢友，在豪特曼斯被长期单独关押后救了他。德国人占领哈尔科夫之后，施特帕被任命为那里的大学校长。为躲避苏联人，他逃到了哥廷根，在那儿的街头遇见了豪特曼斯，后者帮助他站稳了脚跟。

布特尔卡的女人们

曾泽尔·米萨姆是其中最有名的人物，她是无政府主义者、文学家和诗人，纳粹于 1933 年刚一上台就被投入监狱的埃里希·米萨姆的妻子。米萨姆——这个人的存在本身就是对纳粹的一种挑衅——有一天被发现吊死在牢房窗框上，具体情形一直没有得到澄清。曾泽尔·米萨姆随后逃去莫斯科，1936 年，这位勇敢无畏、不怕批评的巴伐利亚女人在那儿被捕。

卡洛拉·内尔是由截然不同的“材料”做成的。她就像一只温柔的蓝色蝴蝶，飞错了地方，当一只翅膀触碰到淤泥时，她被踩碎了。她是个自学成才的女人，曾在出生地慕尼黑参与过室内剧演出，首次成功演出是在克拉邦德（Klabund）的《粉笔圈》（*Kreidekreis*）里，然后一次次与贝尔特·布莱希特（Bert Brecht）合作——他为她量身定做写角色。令人难忘的是她在布莱希特的《三毛钱歌剧》（*Dreigroschenoper*）里饰演的波莉·皮丘姆（Polly Peachum）一角色。她的丈夫阿尔弗雷德·亨希克（Alfred Henschke）以笔名克拉邦德出道，年轻妻子美若天仙、才艺绝伦，正处于事业的开端，他去世时请求她不要穿丧服，无论如何不要中断她的舞台事业。当年她26岁，这位女演员没有政治经验，“不关心政治”。20世纪30年代初，她被社会主义思想吸引，参加了柏林的一所马克思主义工人学校。在马克思主义工人学校里，她结识了作报告的人、俄国出身的贝克尔（Becker）同志，并于1932年嫁给了他，随他去了莫斯科。在那里，等着她的苦难超出了她的想象。贝克尔没有能力安排一个哪怕是十分简陋的住处。当怀孕的内尔分娩后出院时，这对夫妇仍然居无定所，两人最终分道扬镳。她曾与编剧古斯塔夫·冯·旺根海姆（Gustav von Wangenheim）在莫斯科的一个德国剧组里共事，1936年，她突然被捕，之后来到“隔离者”监狱，被判10年，险些饿死，但侥幸熬过了霍乱后被驱逐出境。

据魏斯贝格讲，内尔拒绝了“三圣”的要求，这是内务人民委员会军官的一个三人委员会，他们要她获释后为内务人民委员会当间谍。许多人都表面上同意，只有这样才能离开苏联，但她断然拒绝了。她不想被驱逐回希特勒的德国，而是想去哥本哈根找她的朋友布莱希特。她的拒绝导致了暂缓驱逐，最后她死在一家苏联劳改营里。

精力过剩、极其任性的暴脾气
——列夫·朗道

列夫·朗道出生于巴库（Baku）的一个犹太学者家庭，13 岁时就高中毕业了。这位高中毕业生求知欲旺盛，恨不得马上就去上大学，但父母遏制了他的热情。他的母亲柳波·哈卡维－朗道（Ljubow Harkavy-Landau）是位药物学家，认为他还太年轻，不适合上大学；他的父亲是位工程师，在石油行业工作，希望儿子去听预备课程，将来好走行政管理或法学家的人生道路。

年轻的朗道无法忍受这样的规划！14 岁时，这位精神的负重冲刺者终于可以放手大干了。他开始在巴库国立大学同时攻读物理、数学和化学学位。1929 年，当他抵达哥廷根时，已经通过了考试，结束了学习多年，也已经发表过最初的科学论文。他讲德语和法语，英语也凑合。为了更接近尼尔斯·玻尔，他正准备学习丹麦语，玻尔在他的生命中将扮演一个父亲角色。

“我们所有人都靠朗道桌上的面包屑生活”

哥本哈根的玻尔研究所成了朗道的第二故乡。当他头一回在玻尔研究所所在的布勒格达姆路 15 号按响门铃时，玻尔以为他是邮差。这个暴脾气的年轻人身穿红得诱人的夹克，至少能让玻尔预感到来者不可小觑。

这位年轻的无神论者最想将苏联吹刮的革命暴风带进量子物理界，在玻尔研究所里他感觉如鱼得水。这儿有最激动人心的讨论，它们吸干所有在场的人，让他们筋疲力尽。当朗道用纺锤一样细的胳膊和超大的手掌像乐队指挥一般打手势陈述他的论据时，全场都被他镇住了。如果他之后还手拿粉笔走近黑板，用数学方法解释他的系列思想，玻尔的脸上便会浮现出殉道者的受难表情。他的朋友鲁道夫·派尔斯（Rudolf Peierls）是柏林人，受过纳粹迫害，后在英国被晋升为骑士。这位多次获奖的牛津教授曾帮助推动了英国的原子弹项目，他后来回忆过在这么一场持续 21 天的马拉松讨论中，自己如何在 4 天半后就累得疲惫不堪、不得不放弃。通常是朗道为这些讨论提出所有本质的东西。“我们所有人都靠朗道桌上的面包屑生活。”派尔斯回顾时写道。伟大的玻尔不得不锻炼耐心，因为这个年轻人的论据准备得实在太充分了，让你找不到一个破绽。不仅白天里所有人都围着朗道，晚上朋友们还喜欢跟他去研究所附近的电影院去观看左轮手枪英雄汤姆·米克斯（Tom Mix）主演的英雄片，玻尔有时也会加入他们的行列。之后，朗道会对情节作有趣、深刻的诠释。

哥本哈根生涯对朗道至关重要，有一个原因是这里让他情感上感到安全、舒适。这位言语尖刻的冷嘲热讽者外表看起来凛然不可侵犯，卖弄炫耀他的独立性，其实却需要亲切关怀才能实现他的自我和能力。朗道所敬仰的导师的妻子玛格蕾特·玻尔（Margarethe Bohr）这样形容他："尼尔斯对他的评价很高，从第一天起就很喜欢他。他理解他的天性。他（朗道）……无法忍受，打断尼尔斯，笑话年长的人，表现得像个粗鲁的街头流浪儿——一个冒失鬼，就像人们说的：可他多有才华、多么诚实啊！""他孜孜不倦地寻找真理，具有好斗的坚定不移的精神"，这需要很多理解，经常让人很难忍受。他又偏偏喜欢搞恶作剧吓唬别人。在哈尔科夫，朗道的办公室里挂着一个警告牌："小心！咬人！"

在与对手辩论时，有时他也会表现出一种不怀好意的伤人口气。

事实上，朗道腼腆而敏感。他的朋友罗森菲尔德（Rosenfeld）刚好在困难时期懂得欣赏他，比大多数人都更理解他。罗森菲尔德说："冷嘲热讽，没有教养，只是他的保护衣，在它们背后……是一个十分善良、正派的人。"罗森菲尔德认为朗道是他所遇见过的最好的战友之一。

优质裤子和敏锐头脑

当时朗道就已经养成一个执念，要将所有的事物、发表的作品、姑娘、熟人和电影划分成"很好""好""差"和"很差"。他开发出了创造性的个别评价，比如，将同事分成下列小组，相应地评价：

——思维敏锐伶俐

——伶俐，但懒惰

——伶俐的笨蛋

——懒惰的笨蛋

他的清单中最著名的是对几位最重要的物理学家的评价。他采用一根对数曲线，始于0，先是缓缓上升，然后陡直上升。牛顿得到了最高分 0 分，爱因斯坦是 0.5 分。玻尔、狄拉克、海森堡和薛定谔这些量子物理学创始者都是 1 分，朗道给自己打了 2.5 分——但几年后，他将自己的状态改进成了 2.0 分。

1933 年，荷兰自然科学家亨德里克·卡西米尔与朗道和伽莫夫在哥本哈根哈韦女士的公寓里合住过一段时间。弗吕肯·哈韦（Fröken Have）疼爱“她的物理学家们”。深夜讨论时，她不仅给他们准备茶，也参与讨论。她的图书室还说得过去，那里是朗道的一座宝库。卡西米尔认为朗道是他遇见过的“最杰出、最敏捷的思想家”。他给我们留下了这位 25 岁朋友的一些富有启发的生活花絮：

有一天，年轻的法国物理学家雅克·所罗门（Jacques Solomon）在妻子的陪同下来到这座城市。朗道看了一眼就无缘无故地将他评为 4 分，很可能甚至是 5 分。他妻子留下的印象要好得多，被评为 3 分偏上一点。朗道本人与女人交往有些困难，却建议卡西米尔去做一个极端疗法：“卡西米尔，破坏这段婚姻，再引诱这个女人——只为学习。”玻尔喜欢用“只为学习”这一句引导大家提出深刻的问题。听了这个要求，卡西米尔感觉自己必须与重量级丹麦冠军比赛似的。

朗道不尊重头衔、职称和没有实际贡献的特权。“有教养”这样的概念对他来说是个刺激性词汇。他喜欢失敬地将年龄较大的专业同事比喻为已灭绝物种欧洲野牛。他不懂音乐，声称“一只熊踩了我的耳朵”。他更喜欢诗歌，后来常引用民谣和普希金（Puschkin）、莱蒙托夫（Lermontow）、海涅（Heine）和西蒙诺夫（Simonow）的诗歌，阅读 T.S. 艾略特（T.S.Eliot）的《老负鼠的猫经》（*Old Possum's Katzenbuch*）和拉迪亚德·吉卜林（Rudyard Kipling）的作品。

有一回在柏林，朗道邂逅了老同学尤利·“格奥尔格”·卢默尔，他们一道参加了一个会议，爱因斯坦也在会上发表了讲话。两人在礼堂的高处找到了座位。

当爱因斯坦转向与会者时，朗道不安起来，在椅子上蹭来蹭去。“噢，这都是什么废话啊！全是错的，尤利，你在听吗？我们下去吧，我一定得说服这位老先生放弃他的统一场论！”卢默尔震惊了，他看到“这个小家伙”果然在一次休息时走下阶梯去找爱因斯坦。然而，他继续写道，没有人会勇敢到打破由坐在第一排的那些人组成的尊严栅栏。没人有这份胆量，连朗道也没有。他仔细地打量了一下爱因斯坦，又返回了座位。

后来的岁月里，朗道在哈尔科夫做教授时娶了孔多迪娅·“考拉”·特伦蒂耶夫娜（Concordia “Cora” Terentijewna），她是一位女工程师，在一家甜品厂工作并且——不完全是出于一时的热情——宣传自由爱情。朗道则会让所有那些“庸俗的市侩”——他用德语这么称他们——感觉到他的蔑视。他不想成为什么“主义者”，但想做个革新者，他用辛辣的话语攻击资产阶级的传统价值，比如勇气、正直和仁慈。即使当尼尔斯·玻尔向他透露说自己很喜欢读席勒的《孔夫子的箴言》（*Spruch des Konfuzius*）时，在朗道看来，这只是证明了玻尔的资产阶级守旧性。玻尔实际上非常重视哲学。

卡西米尔描述了 1933 年他们一起在苏黎世时，朗道如何天真地相信法国大革命带来的好处。他们参观了一家很有名的图书馆，那里展出了馆藏法国科学院旧出版物，全是数学物理学经典文献。“我们去看看吧。”朗道建议。去看看“那些老傻瓜当时都写了什么废话”会很有意思的。朗道从架子上取下一本又一本书，沉默片刻，然后脸庞亮堂起来：“这表明，法国大革命为科学进步作出了多少贡献啊！”（朗道显然没想到，恰恰是法国最有名的化学家拉瓦锡成了革命的牺牲品。人们说，法国花千年时间培养出了一个像拉瓦锡那样的天才，但革命只用 5 秒钟就在断头铡刀下结果了他。）

尺寸罕见、奇美无比的宝石

朗道于1939年“被释放”，接下来的几年里，他经历了从卢布扬卡地下牢房直到多枚列宁和斯大林奖得主的神话般飞跃。他同时研究核物理学、固体物理学和基本粒子物理学。一位同事曾将这位多才多艺的实验物理学家的伟大发现比作“尺寸罕见、奇美无比的宝石”。

朗道与他的权威数学家小组支持苏联研制原子弹和氢弹。他为此两次获得了斯大林奖和“社会主义劳动英雄”称号，有一座月面环形山和一颗小行星是以他的名字命名的。他不仅有专门的研究所，还是被评价很高甚至受到崇拜的高校教师。

24岁时，他决定要阐释整个物理学基础，10册巨著《理论物理学教程》(*Lehrgang der theoretischen Physik*)就此诞生——是他与同事和朋友叶甫盖尼·栗弗席兹(Jewgeni Lifschitz)合作编写的，直到他去世都在不断更新。除了玻尔，还有许多其他学者纷纷要求诺贝尔奖委员会颁给朗道诺贝尔奖，因为“他的独创性思想和他在核物理领域的杰出工作”。

最后，朗道因为流态氮性能原理荣获诺贝尔奖。在–270.98℃的温度时，略高于绝对冰冻点(–273.16℃)，除了已知状态，如固态、液态或气态，液态氮会进入一种所谓的“第四物态”，具有极其异常的特性。

朗道不可以死

1962年，朗道被授予诺贝尔奖，就像《一千零一夜》的故事一样，现在运气似乎好得无以复加，命运要来插手干涉了。由于道路结冰，研究所和车队拒绝向朗道提供公务车和司机，但他不顾警告，说服了一位要好的物理学家，连夜送他前往原子小城杜布纳（Dubna）——一对夫妻朋友发生了争吵，他要去调解。途中，司机为了避开一个小女孩，伏尔加车打滑横在了路中央，这时，一辆卡车从正面向副驾驶一侧驶来。朗道颅骨骨折，脑挫伤，耳出血，肋骨几乎全部碎裂，胸腔积满了血，体内组织被扯伤，髂骨和左大腿骨折，耻骨粉碎性骨折，左肺萎陷，呼吸微虚、不规则。每一道伤都可能致命。朗道脸色苍白如灰，眼睛呆滞混浊，身体浸泡在鲜血里，谁见了都不可能说别的，只会说苏联"最杰出的大脑"正在死去。朗道被送进提米耶塞乌斯基区（Timirjasewski）第50号医院。

那是星期六晚上。消息在全莫斯科传开，又从那里传到了这个大国最偏远的地区，传到了重伤者曾经的所有学生那里。许多学生放下一切，出发赶来医院。他们从舞厅、茶室、机关或家里赶来；他们想至少待在他身边。当越来越多的人拥向医院时，被召集而来的医生和朋友们的伏尔加轿车已经堵塞在那里了。一股同情的浪潮冲击着医院大门。这个极其风趣的人正在死去，这种想法比其他的一切都让人无法忍受，一场无与伦比的抢救行动开始了。

许多人眼里泪光闪闪。所有人都想提供帮助，都想亲自作点小贡献。无私的感情攫住了所有人，平时从不可能相识的各色人等团结一致。这场经历将烙刻在许多人的记忆里无法忘记。他们组织接送团队，走廊上集聚着好多人，他们就这样打着盹或在那里睡了一夜。

为了减压，朗道的颅骨被打开。病人全身被用一块白布包裹着，像木乃伊一样僵硬地躺在手术台上，只能看见头颅上邮票大小的被剃光的位置。该领域公认的权威、莫斯科神经病学家格拉切钦科夫

（Graschtschenkow）开始锯开用一支蓝笔画好的圆圈；4名从不同医院请来的主任医生在一旁协助他。那是一个异常紧张的瞬间，好像要抢救的不再是朗道的大脑，而是苏联自己的大脑。所有人都屏住呼吸，安静到门外聆听的护士能听到轻细的嗡嗡钻锯声。没有血肿，没有出血，这信息让所有人一时松了口气。

环钻术后最重要的是拉一根电话线。卡皮查的儿子谢尔盖负责此事，他本身也是物理学大学生，人们只信任他能解决这个难题。不到一小时，谢尔盖就带着一部野战电话、一圈电线和一名机械工赶到了现场。电话被安置在朗道的房间里，然后用第三根棍子将一根电缆沿外墙放下来，连接到一个电话间。这一切本是严格禁止的，但没有时间可以浪费。现在他们可以打电话给总机，说服对方让这根线保持畅通，优先使用。

一时间，主任神经病学家格拉切钦科夫周围就聚集了一队高水平的同事。包括矫形外科医生、血液专家、内科医生、肾病专家、营养科学家、泌尿学家和药理学家。这些专家几乎来自所有的医学领域，全都作好了准备。格拉切钦科夫不相信，什么时候有过这么强的一支队伍。多名医生夜里像守护天使一样守在朗道身边。一个人听到呼吸突然停止，看到苍白发黄的脸迅速变紫，数秒钟之后，气管就被切开，管子被插了进去。一滴深色血液阻塞了气管，被清除掉之后，失去知觉的病人脸上又慢慢恢复了一点血色。病情有希望继续稳定下来，也许一切都会好起来。事故后的第三四天，医生们至少每小时在朗道的床畔会诊一次。他的颅内压一直在上升，可能会影响到供应大脑的血管。将尿素和葡萄糖化合物类降压制剂直接注射进大脑，可以取得有效的预防效果。在莫斯科，哪里也弄不到所需化合物中的尿素。事情紧急，但还是可以寄希望于物理学家国际大家庭的。卡皮查给剑桥的帕特里克·布莱克特打电话，可他不在。布莱克特的女秘书立即给伦敦的核物理学家和诺贝尔奖得主约翰·考克饶夫打电话，他又求助于英国医学研究委员会秘书，后者匆匆搞到了新研制的药剂 Ureaphil（尿素注射剂）。飞往莫斯科的航班已经没有了，药剂被交托给一位旅客，他登上了飞往华沙的飞机。已经有苏联官员等在华沙，地址写着"朗道，莫斯科"的小包裹立即被送进飞往莫斯科的飞机。莫斯科海关停止例行工作，直到小包裹出现，被交到一位等候的物理学家手里。卡皮查的求救电话打出几小时之后，尿素药剂就被送到了医生们手里。

下一个麻烦接踵而至。病人对任何抗生素都没有反应。医生发现朗道曾经瘾君子似的服用过抗生素。这需要 6 种不同的新药。这回负责此事的是朗道的伦敦出版商罗伯特·麦克斯韦（Robert Maxwell），他几乎能搞到需要的所有药物，缺少的两种从纽约直飞莫斯科。

第 4 天，列夫·达维多维奇·朗道的体温攀升到 41.9℃，按照医疗术的所有规则，他已经死了。这是朗道的第一次死亡。

可列夫·达维多维奇·朗道不可以死，这是赫鲁晓夫的命令。对苏联来说，他太宝贵了。这下轮到尼戈乌斯基博士（Dr.Negowski）显露身手了，他是莫斯科有机体复苏实验室的负责人。谁对死亡的研究都没有他那么透彻，某种程度上他成了一位复活专家。他的研究所在动物身上研究过让死者复活的标准方法。这方法已经在苏联的数百家医院和数千个病人身上使用过。尼戈乌斯基认为，临床死亡是"死亡的最终阶段，但还可以逆转"——前提条件是大脑还活着，即大脑还能靠糖和蛋白质维持运转一小会儿，不会烧光氧气。这个糖酵解阶段持续时间几乎不超过 6 分钟。一旦超过这个时间段，大脑中枢死亡，就回天乏术了。已死的脑细胞会被损坏得无法修复。

因此，唯一的途径就是重新恢复活动，好在大脑被损坏之前，将新鲜血液重新输入。由于临床死亡后的这个阶段心脏不再工作，必须立即向动脉里输入加进了氧气的血液，给心脏周围的血管供应氧气，这反过来又刺激心肌重新活动。随后心脏开始起搏，向身体和大脑供应新鲜氧气。尼戈乌斯基解释说，之所以可以这么做，是因为心肌不用大脑发出命令就能自发地工作。在临床死亡的这个阶段，大脑本身当然是不能再下命令的。

一切都已准备就绪。一根粗针被毫不犹豫地推进朗道左小臂的动脉，拿一根管子扎紧，捐赠者的血被通过那根软管压向心脏方向。血压立即上升到普通值的两倍；再注射肾上腺素。手拿听诊器检查心脏的医生打了个手势，心脏又开始搏动了，血流进了僵硬的躯体。死亡被战胜了——暂时地。

第一下自主呼吸表明间脑又开始工作了。如果在临床死亡出现5—10分钟后，间脑不恢复这个功能的话，让身体复活的尝试就失败了，因此整个过程中还必须实施人工呼吸。

“他还活着”——第二天，研究所黑板上的每日新闻这么写道。莫斯科的《知识分子报》(*Die Intelligentsia*)时刻关注着病床边的戏剧性事件。

1月12日，在意外事故5天之后，朗道依然活着。“这不可能，他不可能活着。”一位捷克专家评论说。瑞典的《瑞典日报》(*Svenska Dagbladet*)称这是一场轰动世界的医学事件，是医学史上绝无仅有的一例。朗道躺在病房里，身体上连接着五根软管，没有知觉，感觉不到疼痛。可他活过来了，到目前为止。

一场史诗般的死亡和复活剧还在继续上演。肺炎、黄疸、人工饲喂困难与肾脏问题轮番出现，有时不得不日夜不停地每小时检查血液。朗道总共被复苏了4回。奇迹出现了：随后的几星期里，那具受尽折磨的躯体恢复了，担心肉体活不下来让位给如何让他的精神保持健康的问题，他的大脑对外界完全无感了。就这样在不确定中度过了40天，直到一位护士在给病人注射时感觉到他几乎察觉不到地轻轻颤动了一下。这是意识在苏醒的第一迹象吗？另一位护士无法证明。

但几天后，朗道的妻子不再怀疑，当她温柔地对他讲话时，他的眼睛盯着她。她请求他闭上眼睛，表示他听懂了她的话，他照做了。朗道会重新获得他的精神力量吗？

又过去了几天，4月8日，一个星期六上午，一位护士拿着一只婴儿奶瓶让朗道喝一口。她问够不够。他点头，她对他说“您现在应该对我说‘谢谢’”，并多次说给他听：“谢——谢，谢——谢，谢——谢。”这时，她听到一个从喉管深处发出的轻细声音在说“谢谢”。这是许多天后朗道讲出的第一个单词，全莫斯科都听到了。

“我变得相当滑稽”

语言能力以惊人的速度得到了恢复。当一位医生在病床旁朗诵《叶甫盖尼·奥涅金》(*Eugen Onegin*)里的诗句时，朗道抬抬手，将心爱的诗人接下来的两节背完了。他能毫不费力地切换到英语，回忆也断断续续、越来越多。当他在镜子里认出自己时，他很高兴，深为他的记忆力骄傲。截至此时，朗道恢复得比人们期望的要好。这，就像人们说的，医生、物理学家和朗道本人的功劳差不多各占1/3，剩余的一点要归功于上帝。

朋友们高兴地发现，从前的真诚、礼貌，还有幽默，一下子又在朗道身上重新出现了。一位熟悉的护士在5月16日记录到，朗道将一次次意识到他在许多事情上的无能为力，然后他说出了下列句子："我变得相当滑稽了……当然不能要求太多。"不过，他否认遭遇过车祸，"不知何故，我就是无法相信，我曾经遭遇过这场滑稽的意外事故。"

还要艰难地再等两年，朗道才能回到家里，可他再也不是曾经的那个他了。

他还将生活 6 年，按照栗弗席兹的说法，这 6 年"只是一段被延长的苦难和疼痛的历史"。

1968 年 4 月 1 日，列夫·达维多维奇·朗道去世，享年 60 岁。

去世前一天，他接受了手术，希望极其渺茫。医院简短地通知了他的朋友栗弗席兹和卡拉特尼科夫（Isaak Khalatnikov），他俩很快就赶到了。卡拉特尼科夫描述了脸朝墙躺着的朗道如何认出了他的声音，说："救救我，卡拉特……"这是他说的最后一句话。

次日早晨，朗道就离世了。

年轻的炸弹制造者
——罗伯特·奥本海默

1926年1月，罗伯特·奥本海默来到英国求学。他22岁，以最优成绩结束了哈佛的化学学业。整整3年，他8点钟准时出现在实验室，其坚韧不拔的性格给教授们留下了深刻印象。他想在3年内完成学业，而不是通常的4年。他夜以继日地精读过5—10本科学教材，自己深以为豪。这段时间里，同学们谁也没见过他与女孩子在校园里闲逛。他那苦行僧般的努力获得了回报：10个学科里有9个他拿到了最优分数，有一个学科的评价是次优。一节热力学课在他心里唤醒了放弃化学、选择更加惊人的现代物理学的愿望。

现代物理学王国里的无冕之王是欧内斯特·卢瑟福男爵。他领导着卡文迪什实验室，点燃了许多希望。毕竟，他的学生中有20多人将获得诺贝尔奖。年轻的罗伯特·奥本海默也想师从他搞研究。他刚刚还写信告诉一位从前的老师，他认为只有最伟大者的意见和行为才对他有用。哈佛的胜利历程为什么就不能在剑桥继续下去呢？然而，奥本海默情绪高昂的期望骤然被毁了——卢瑟福断然拒绝了这个长着娃娃脸、瘦高而笨拙的学生。

卢瑟福是新西兰人，父母以牧羊为生。他有着特别高的实践天赋，在他的实验室里，参与工作的所有科学家都自己动手制造仪器——想想世界著名的盖革计数器吧，那是他的工作人员德国人鲁道夫·盖革[①]用最简单的工具设计制造的！卢瑟福欢迎奥本海默的方式是将两根铜丝塞进对方的手里，要求他将它们焊接到一起。奥本海默可怜地失败了，卢瑟福打发他去找 J. J. 汤姆森（J.J.Thomson，1856—1940），一位著名的电子发现者，现在已经年过七旬，有些落伍了。汤姆森已经半退休了，他的任务是照顾被淘汰的学生。这一出乎意料的拒绝给了自信的奥本海默当头一棒，同时他不得不承认，他确实不是当实验物理学家的料。

汤姆森偏偏将奥本海默分派给了一个手工特别灵巧的辅导员。这位辅导员曾经编写过一本小册子，罗列了实验室具体工作的要求——在 20 世纪 20 年代，实验室工作通常占到每日课程的 3/4。一位真正的物理学家不仅必须是灵巧的机械师，也得是个玻璃吹制工、电工、木匠，是的，还得是一名摄影师，绝不可笨手笨脚。那些心灵手巧的实验物理学家们自己吹制玻璃烧瓶，同时还能解开微分方程式，一想到他们，笨拙的奥本海默就长叹了一口气。

---

① 此处有误。应该是汉斯·盖革［Johannes（Hans）Wilhelm Geiger，1882—1945］，德国物理学家，盖革计数器的发明者。鲁道夫·盖革（Rudolf Geiger，1894—1981）是德国气象学家、气候学家，汉斯·盖革的弟弟。他们的父亲是德国东方学专家威廉·盖革（Wilhelm Geiger，1856—1943）。——编者注

醒悟而已

辅导员布莱克特不仅在实验室里远胜过奥本海默，他还有一些其他优势，它们折磨着不安的年轻人。布莱克特安静俊美，身材挺拔修长，浓密乌黑的鬈发覆盖在额头上，会让英国诗人想到年轻的俄狄浦斯。他后来娶了妩媚可爱的语言家帕特为妻，两人是“剑桥最漂亮、最愉快、最幸福的一对儿”。他们的家成了左派先驱者渴望的聚会地点。现在，不仅在实验室里，整个社会似乎也对布莱克特佩服得五体投地。第一次世界大战期间，布莱克特曾是年轻的海军军官，在一艘战舰上服过役，当时就得到了人们的热爱，远早于他后来成为布莱克特男爵和诺贝尔奖得主。他似乎拥有奥本海默在生活中十分企望的一切。

奥本海默曾希望能继续哈佛的科学翱翔，现在他深深醒悟了。卢瑟福的拒绝将他推离了成功的梯子，他不得不与新生一道听课，学习实验物理学基础课程，通向博士学位的道路显得艰辛漫长。剑桥的要求完全不同于美国的大学，奥本海默写信告诉一位朋友，如果在哈佛引进剑桥的科学标准，第二天哈佛就会走掉一半人。这位新生没有与卢瑟福一起搞研究，没有与其他学生和教师进行交流，也没有为攻读博士作准备，他感觉自己被孤立了，甚至连一个同专业的同学都不认识。

剑桥对这个年轻人不管不顾。他对剑桥等待他的一切没有心理准备。低调是剑桥的品德之一，奥本海默的出色显得咄咄逼人。英国同学听了他在哈佛掌握的法语只是毫不在乎地耸耸肩——就连他们的低薪家庭女教师讲得都比他好。他朗诵马拉美（Mallarmé）、魏尔伦（Verlaine）或其他法国诗人的诗歌，样子显得自命不凡、矫揉造作，也无法唤醒别人的好感。

奥本海默对待知识的方法，也不能给他带来朋友。因为每当他开始提问，大家都得特别留神——他特别喜欢在相信自己比被问者懂得更多时才提问，也喜欢在关键瞬间一剑让善良的受害者丧失战斗力。在哈佛的最后一年，他的教授布里奇曼（Bridgeman）曾邀请他去过家里一回。当年轻的客人与布里奇曼谈起挂在墙上的一张古老的希腊神庙风景图片时，布里奇曼主动介绍了神庙的产生、修建历史，最后根据柱子类型和典型的柱头确定这座建筑的日期。默默聆听的奥本海默在介绍结束后简单地回答："有意思。我认为柱头的时间要早50年。"希腊建筑学是奥本海默可以炫耀的学科之一。

奥本海默的衣着也不完全符合剑桥的风格。像他父亲一样，罗伯特·奥本海默穿最精致布料量身定做的三排扣上衣。即便是最新的款式，他穿着也显得像个暴发户，他也从没听说过穿旧衣服的时尚。相反，布莱克特的着装乍一看那么不起眼、不引人注意，却很耐看，被视作最会穿衣打扮的人。布莱克特在各种场合下的随意优雅被认为无人能够超越。

那几个月里，没有一个英国同学邀请罗伯特·奥本海默，他对剑桥大学生活的看法也是"呆板的科学俱乐部""糟糕的讲课"和"可怜的贫民窟"。他在《回忆》（*Recollections*）一书里写到剑桥的其他美国学生，他们的生活相似，"真正是在轻视、气候和约克郡布丁的压力下慢慢死去"。他的情绪越来越阴郁、古怪。有一天，卢瑟福发现奥本海默在一个门厅的地板上滚来滚去。他的举止令人不安。他会在一座无人的教室里手持粉笔连续数小时站在空白黑板前，口里念念有词，反复说着同一句话："事情是……事情是……"好像他想推动自己被阻塞的创造力。

妄想和冰冷床铺上的谎言喜剧

布莱克特生活乐观、富有魅力、积极向上，见到他就让奥本海默意识到自身的不足。最后，奥本海默甚至怀疑起自己的长相来，这可是此前从未有过的事。

在牛津求学的美国密友弗朗西斯·弗格森（Francis Fergusson）诊断奥本海默得了“典型的抑郁症”。他的父母接到了电报，满怀担心地搭船来到南汉普敦（Southhampton）。罗伯特·奥本海默要去那儿接他们，乘火车去南汉普敦时他的妄想症发作了。后来，他给弗格森描述了他如何坐在一节破旧的三等车厢里，一对陌生伴侣当着他的面交媾，而他在阅读一本热力学书籍。他没能全神贯注。当男人霎时消失之后，他亲吻了那个女人，而她一点也没显出过度吃惊，但他立马感到了良心不安，泪流满面地跪着恳求她原谅。下车时，他又见到了那个女人，她走在火车站的下层台阶上。他抡起箱子掷向她，但没有击中。

随后的几小时里实际发生的事情，动机就藏在这个妄想里。奥本海默的母亲艾拉十分担心儿子，有意邀请了伊内兹·波列克（Inez Pollek）同行——她想给罗伯特一个惊喜。伊内兹与罗伯特·奥本海默一起就读过伦理文化私立学校，但二人之间从未形成特殊友谊。这两人遇到一起，将有助于治疗抑郁。艾拉还会不厌其烦地向每个人解释，伊内兹实在“荒诞”，配不上她儿子。然而，她还是毫无顾忌地将这只小羔羊拴紧在绳子上，将它留给了狼。

罗伯特也许是想实现那些不言自明的期望，也许是想试试新角色，至少他装得好像在谈恋爱了。他向伊内兹献殷勤，扮演恋人。她同样给予花言巧语式的回应，最后，他们晚上在一个供暖很差的酒店房间里上了同一张床，冷得瑟瑟发抖，成了他们扮演角色的囚犯——不知道如何再演下去。这部谎言喜剧的结局很悲哀——罗伯特无法得到他所寻找的，她也得不到她想要的。

他们陷入痛苦的无助中，伊内兹啜泣起来，然后能听到罗伯特的声音。编写剧本的艾拉一直贴在门外倾听。她使劲拍打门，大喊："伊内兹，开门，你为什么不想放我进去？我知道罗伯特在里面！"不久后，伊内兹去了意大利，行李中带着罗伯特的临别赠礼——陀思妥耶夫斯基（Dostojewski）的《群魔》（*Die Besessenen*）。

凯特和另一种生活

这算什么疗法，这是怎样一出闹剧！罗伯特感觉不到思念这种东西，他为此难受。是的，他在受折磨，更别说热恋了。剑桥生活之前的两三年，他差一点就爱上了一个人。那时他与哈佛的几个同学去新墨西哥山区旅游，认识了年龄比他稍大的凯特，她似乎是他所寻找、在幽闭恐惧的家里无法发现的一切的化身。

远离压抑的纽约豪宅，他感觉自由，终于可以松口气了。他看重这山区的孤独、简单的生活和与大自然的亲近。妩媚漂亮的凯特经营着他们所入住的牧场。他俩一块儿骑马外出，在佩科斯山谷（Pecos Valley）闲逛，这是霍皮印第安人（Hopi-Indianer）的地带。有一天，他们横穿大峡谷，骑马上山，来到洛斯阿拉莫斯牧场学校（Los Alamos Ranch School）。奥本海默不会忘记这个偏僻山区，几十年后，在那里安置了一大批绝顶聪明的人[①]来制造第一颗原子弹。年轻的大学生欣赏凯特，因为她让他感到自己是这个世界的一部分——与精于做生意的上城犹太人的孤立形成对比，他本人正是来自那个孤立世界。凯特

① 此处的原文为Denkfabrik，直译为“思想工厂、智库”，这里根据上下文意译。——编者注

的家庭里有某种金钱无法取代的东西：它是美国历史中富有浪漫色彩的一部分，被美国的建国神话所包围。出于同样的原因，奥本海默也依赖他的朋友弗朗西斯·弗格森，什么都向他吐露。弗朗西斯也属于古老的盎格鲁－撒克逊精英。为了治疗，艾拉·奥本海默曾想将她的儿子与伊内兹·波列克凑合到一起，她出身于高盛背景的银行精英家庭，此事只表明奥本海默的家庭多么不理解这位敏感而执拗的年轻人啊。

“罗伯特差点就坠入爱河了。”后来，一位同伴评价这段不幸的尝试。事情的影响更深，罗伯特是一场失败爱情的受害者。他的母亲过度虚荣，估计她的教育没能成功，让他没有献身精神。学友们也都感觉到，奥本海默的敏锐头脑与他的感情世界不协调。比如，罗伯特忍受不了音乐，尤其是受不了歌剧。大学期间，他的朋友们曾想一年至少一起看一次歌剧，但罗伯特一幕都无法看完——大多数时候，他一个人早早地离开了剧场。

毒苹果和情绪紊乱

12 月了，奥本海默的父母还待在剑桥。他们的存在似乎让他的状况一天天恶化。十分不幸的是，他对帕特里克·布莱克特越来越妒忌。最后，绝望的他试图干掉这个光辉形象。这所大学里每天都在研究最现代的方法和最富有开拓性的科研成果，他却使用了格林兄弟武器库里一种童话般的谋杀武器。奥本海默用毒药浸泡了一只苹果，将苹果放进布莱克特的讲台抽屉里。谋杀败露了，白雪公主不必死去。

幸好父母有能力解决此事。奥本海默的父亲有资金和手腕处理这桩不愉快的事件。通过提供丰厚的赞助，他们使大学大发慈悲，放弃了对奥本海默进行刑事追究，也没有开除他的学籍。奥本海默甚至可以继续学业，条件是定期接受心理治疗。

想用一只毒苹果杀死教授的妒忌大学生的故事被掩饰掉了，直到几十年后，奥本海默才草草地说起此事。当被问及当年是用什么浸泡苹果时，这位化学专业生勉强地回答："氰化物。"

奥本海默先在剑桥、后在伦敦接受了心理治疗。诊断结果为"早发性痴呆"（dementia praecox）——他那个时代还没有"精神分裂症"（Schizophrenie）的概念。看过哈雷街一位精神科医生之后，他与好友弗朗西斯·弗格森告别。他给人一种恍惚的印象，衣着随便，帽子歪戴在头上。他还拿医生开玩笑，说医生对他的疾病懂得远远没有他自己懂得多。由于诊断结果不明，这个危害自己和他人的麻烦阶段还要持续很久。

奥本海默随后与父母在巴黎过圣诞节，朋友弗朗西斯·弗格森碰巧也在城里。第二次病情发作来得很突然。弗格森去酒店房间里探望奥本海默，对方讲了毒苹果的事，承认自己不确定还会不会被允许继续留在剑桥学习。弗格森听说过奥本海默患有抑郁症，他是个善解人意的听众，相信既然朋友能够如此坦率地讲出来，那么一切都已经过去了。但他搞错了。走进酒店房间时，他就发觉奥本海默又一次"情绪高亢"。弗格森将他女友写的诗拿给奥本海默看，透露她现在算是未婚妻。当弗格森弯腰拿一本书时，奥本海默用行李箱安全带从背后袭击了弗格森，用带子勒住对方的脖子。"有一瞬间我真的很害怕。我们一定弄出了响声……我终于成功地侧转过身去，他抽抽搭搭地跌倒在地。"

不久后，奥本海默又对母亲施以类似的行为，将她关在酒店房间里。之后，他不得不服从她的命令去拜访一位巴黎的精神科医生。

医生将奥本海默的行为归因于“情感紊乱”和性冷淡，开的处方是让他去找卖淫女。

圣诞节后，父母动身返回美国，罗伯特的病情意外好转了。他对理论物理学的日益迷恋助其逐步克服了巨大的心理危机，这比所有值得怀疑的疗法都更管用。罗伯特·奥本海默终于回到了剑桥。

“卡皮查俱乐部”和男孩物理学

现在，奥本海默在他一开始觉得十分无聊的剑桥俱乐部里被委托从事理论物理学的颠覆性研究，最重要的就是“卡皮查俱乐部”。它是彼得·卡皮查——一位沙皇将军的儿子——在1921年成立的。俱乐部是一个国际论坛，吸引着所有重要的物理学家。在那里，奥本海默亲耳聆听了保罗·狄拉克在英国领土上举办的第一场量子力学报告。狄拉克比奥本海默大1岁多，尚未获得博士学位，但他已经算是重要的物理学理论家了，有些人甚至认为他是大学培养出的自牛顿以来最伟大的天才。狄拉克在“卡皮查俱乐部”宣读了他未发表论文里的论点，奥本海默是在场的少数大学生之一。这些论点随即引发了漫长的争论。

整整一代的年轻物理学家，其中不少人二十一二岁就拿到了博士学位，到处设计创新的现实数学模型，开启了所谓“男孩物理学”的时代。这是自现代物理学于17世纪诞生以来前所未有的事情，也是令人激动的时代。该如何理解物理的现实呢？它会是由3种不同的理论均匀组成吗？数学到底反映什么？电子究竟是什么？是粒子还是波，或像德布罗意（Broglie）认为的，两者都不是？有没有可能同时是两者呢？一个波物质，或者一个物质波？到底该如何想象电子及其运动呢？波显示的是粒子存在概率的扩散吗？

所有这些问题都悬而未决。从此，奥本海默再也无法摆脱正在接近一个崭新世界的兴奋感。他现在终于知道他的使命是什么了，他感觉理论物理学确实正在等着他，几根无法焊接的铜丝再也不能让他绝望了。

在兴奋情绪的鼓舞下，他开始撰写第一篇有关量子物理学内容的文章。就这样写着写着，他走进了最进步、最现代化的理论中心。他描述两个原子组成的元素的性能，比如 H_2 或 O_2，它们的旋转产生了电磁辐射最典型的光谱线条。论文发表后，他突然也属于前途远大的“男孩”了，被介绍给尼尔斯·玻尔这样的来访者。后来，他会对自己首篇论文里的错误摇头，可那是一个巨大进步。他请朋友弗格森原谅自己，紧接着又是书面悔过。他察觉了自己的错误行为，既不能理解弗格森慷慨大度的谅解也不能理解对方的同情，他写到，强调自己将永远不会忘记这两者。两个月后，他的口吻又变了，能够卖俏地拿这件事开玩笑了。“我对于没有勒死你的遗憾现在更多是理智的，而非感情的”。他邀请弗格森来剑桥看他。弗格森有些顾虑，但奥本海默鼓励他，坚持说自己已经忘却“那件事”了。弗格森终于来剑桥了，奥本海默将他安置在自己房间的隔壁，夜里弗格森还是拿一张椅子顶住了门，但什么也没有发生。

大转折

时隔不久，罗伯特·奥本海默与两名哈佛朋友一道去科西嘉岛“徒步旅行”。他与维斯曼（Wysman）和艾德萨尔（Eddsall）漫游了全岛。他们住普通客栈或睡在露天地，只用了 10 天就横穿了科西嘉，最终抵达博尼法西奥（Bonifacio）。每天的劳累、朝夕相处和推心置腹的交谈似乎有助于奥本海默彻底摆脱长期的抑郁。我们不知道具体发生了什么。奥本海默后来多次提到这些天的意义，毫不犹豫地称这些日子是大转折。

发生了什么事呢？他最早的传记作者之一猜测，在奥本海默明显的变化之后（隐藏着）一段与一个不能嫁给他的“欧洲姑娘”的爱情故事。可多年之后，奥本海默本人讲给朋友哈昆·薛瓦利埃（Hakoon Chevalier）的故事的可能性更大。你越接近奥本海默，越是捉摸不透他的心理。这则故事像他的许多事情一样，听起来也离奇古怪。在一次谈论残酷时，奥本海默逐字逐句地背诵了马塞尔·普鲁斯特（Marcel Proust）的长篇小说《追忆似水年华》（*Auf der Suche nach der verlorenen Zeit*）里较长的一节，让薛瓦利埃惊呆了。这一节选自第一部《斯万的爱情》（*Eine Liebe von Swann*），梵德伊小姐（Mlle Vinteuil）说服同性恋女友朝她去世不久的父亲的照片上吐痰。普鲁斯特说，在梵德伊小姐的“施虐狂行为”里存在着某种十分戏剧性的东西。她并非真坏，而是觉得这样做性感。事实上，普鲁斯特写到，她正是这样从情妇的荒诞表现中获得肉体享受，她并非真的可耻。然后，奥本海默背诵道：

> 也许她没有想到，恶是一种十分罕见、非同寻常、稀奇古怪的状况，进入这种状况，你流亡也会感到非常惬意，但她无法察觉到自己和众人对别人造成痛苦时的冷漠，这种冷漠不管还有什么别的名称，仍然是残酷、可怕而又持久的表现形式。

为什么普鲁斯特书中偏偏这一节给年轻的奥本海默留下了如此持久的印象？他将它背得滚瓜烂熟，这是个谜。它成了他生活中的一个重要体验和转折。他的传记作者瑞·蒙克（Ray Monk）曾经引用奥本海默向委员会作的一篇演讲——奥本海默要求，我们必须成为我们内心中邪恶的专家、品质最恶劣的专家。奥本海默承认，年轻时他不管做什么——无论是写一篇科学论文、上一堂课或读一本书，是谈恋爱还是与朋友谈话——都会唤醒和催生“一种很强的厌恶感和某种错误的东西。我先得意识到，我对所做事情的担忧并非没有理由而且很重要，但这不是事情的全部。必须用互补的眼光看待它，因为其他人对它的看法与我的完全不同，而我需要他们及其看待这些事情的方式”。

这么说来，是马塞尔·普鲁斯特的文字帮助罗伯特·奥本海默摆脱了痛苦吗？反正他的状况在日益改善。当他和两位哈佛朋友最终来到小岛尽头的小城博尼法西奥时，似乎没有什么会阻止他们继续旅行前往撒丁群岛（Sardinien）。然而，晚饭时分，奥本海默的伙伴们发觉侍者私下提醒他，去大陆的船即将离港了。旅伴们感到诧异，要求一个解释，罗伯特·奥本海默的答复既坦白又包含着某种礼节性的谎言。他向旅伴们解释，他必须回去，因为他将一只浸过毒的苹果放在了布莱克特的抽屉里，必须立即弄明情况。但他隐瞒未说的是，他忏悔的这件事已经过去7个月了。

不久，罗伯特·奥本海默满怀信心、精神抖擞地抵达了剑桥。他似乎变了个人。他的文章在剑桥大学学报上发表了——在被侮辱性地放逐到实验物理学初级班之后，这是怎样的满足啊。

奥本海默深受鼓舞，他已经开始撰写下一篇论文了。这回是论亚原子世界里两个物体无法预测的行为，受到了狄拉克和薛定谔的启发，这篇论文将被发表在著名的《自然》（*Nature*）杂志上。

悄然恶化的蜘蛛毒

这篇论文引起了量子力学最早的先驱者之一马克斯·玻恩的注

意，他在论文里也思考过碰撞物体的行为。玻恩邀请这位值得关注的大学生去哥廷根读他的博士。奥本海默不必作长久考虑。以他的处境而言，最令人高兴的莫过于此了，而且眼下没有比在哥廷根读博士学位更令人尊重的了。玻恩当时正在修改他最重要的论文《碰撞过程的量子力学论》（*Zur Quantenmechanik der Stoßvorgänge*），以备付梓。论文发表前，玻恩就来到剑桥，在“卡皮查俱乐部”里介绍他的划时代思想。

玻恩认为，量子力学里再也没有什么是可以事先预测的，最多可以在统计学的帮助下考虑概率。每个结果都有可能。不能准确说明一个电子在某时某刻位于某个地点，不是因为我们的知识无能，而是因为物理学现实无法决定、无法确定的本性。该理论受到了广泛接纳，但没有得到爱因斯坦的承认。不仅在物理上，在哲学上爱因斯坦也全盘否定了量子力学。这一随随便便的不确定性！玻恩的统计学方法会是物理最后的基础吗？不！在相信“一个被一束光照射着的电子，自主决定地选择时机和它想跳走的方向”之前，他宁愿是“鞋匠或一家赌场的职员”。

爱因斯坦没有提出论据，量子力学于他早已成为信仰问题。一个“内心的声音”在对他说，这事不合适。他写信给失望的玻恩，说量子论虽然很有价值，但几乎没有让我们更接近老头子的秘密，这里指的是上帝。“无论如何，我坚信他（上帝）不掷骰子。”爱因斯坦的声明将把他与年青的一代永远隔开，他们认为他大错特错，令人伤心。

造访剑桥时，玻恩也认识了他未来的博士生，这次短暂会晤留下了深刻的印象。站在 43 岁的玻恩面前的是一个有着明亮的蓝眼睛的年轻人，他比 22 岁的真实年龄显得年轻。某种怪事，简直是奇事发生了。几星期前还袭击过奥本海默的自我怀疑被挑战性自信取代了。从一开始，玻恩就仿佛被他未来的年轻博士生唬住了，后者知识特别渊博，头脑快如闪电。剑桥面晤后，玻恩将他最重要论文的校样委托给这位学生，请他审查文中的纯数学内容。众所周知，玻恩不是唯一在数学演算中粗心大意、出过错误的物理学家。奥本海默检查了论文，交回时怀疑地问道："我没有发现任何错误，它真是您独自创作的吗？"玻恩没有被年轻大学生的粗暴和僭越口吻"伤害"，他写道，"这件事让我更加敬佩他的鲜明人格"。

伟大的玻恩，哥廷根的理论物理学教授，已经深深迷上了年轻的奥本海默的魅力及其闪光的才华。他没有察觉蜘蛛咬的第一口，可这只蜘蛛已经用它极细的腿毛触摸了落在它面前的友好蛾子，让蛾子瘫痪了。它会慢慢地继续向蛾子体内注进毒液，从内向外慢慢蚕食这毫无知觉的牺牲品。玻恩只注意到，他的年轻博士生彬彬有礼，乐于助人，声音十分柔和悦耳。直到几个月后，他才会诅咒，奥本海默内心是多么傲慢，可那时候一切都已经太迟了。玻恩应该庆幸，他至少还能幸免于难。

奥本海默审读过玻恩文章的校样，当它最终发表时，玻恩在一则编者注里提到了奥本海默论两个物体的文章的意义。研究新量子物理的文章还寥寥无几，得到本专业的其中一个最伟大的人的夸奖和认可，这可谓重要的嘉奖。

哥廷根不受欢迎的明星

奥本海默在哥廷根活跃起来。他数十年后回忆到，在这里，通过与维尔纳·海森堡、格雷戈尔·文策尔（Gregor Wentzel）和沃尔夫冈·泡利等人交谈，他渐渐"对物理学产生了一定的兴趣，否则我恐怕永远不会有这种兴趣”。

他没有为离开有着严格的修道院建筑的中世纪剑桥和有着奇怪的礼仪与导师的大学而惋惜。他很高兴摆脱了“辅导员们和伯爵们”。剑桥拒绝了他，向世界开放的哥廷根却接纳了他。另外，哥廷根能给予他某种东西，这是剑桥不能给予、哈佛也不能给予的：在这儿，他成了“一个小集体的一部分，那些人拥有共同的爱好、相同的品位，对物理学都兴趣浓厚。我对这些的回忆要多过对听课和讲座的回忆”。在量子力学打开了有关原子和辐射行为的新视角之后，到处都在寻找如何更准确、更成功、更有希望地应用这个新理论，它的极限还没有被测定出来。奥本海默认为，这是一个“严肃的通信联系，匆匆召集的大会，不停地辩论、批评和精彩的数学即兴演说”的时代。

奥本海默现在 23 岁了，已经发表过两篇论文。他的名字间或会被提起，与马克斯·玻恩的亲密关系让他突显了出来。他身材瘦长，显得近乎瘦骨嶙峋，鬈发浓密乌黑，显著的浓眉，明亮的蓝眼睛，除了物理学他还在哈佛学完了化学，进出过卢瑟福著名的卡文迪什实验室，讲一口流利的英语、德语和法语，被认为是一个老于世故的人。

美元的汇率远远高于德国马克，罗伯特·奥本海默毫不掩饰他有大笔资金可供支配的事实。谁也不能否认，他不吝啬，甚至慷慨大方。在第一次世界大战和通货膨胀过去 8 年之后，大多数学生都穷得依赖食堂里的一餐热饭菜，每本书都得靠节衣缩食买来。奥本海默订购的书籍却摆满了书橱，全照他的愿望捆扎了起来。他的一切，包括鞋、西服、文具、行李看上去都与众不同。他的果断令人折服，脸上常掠过一种自负的微笑。有可能谈话伙伴刚刚起头，他就已经洞悉了对方的思想，对自己的回答也颇为得意。但是，当他感到别人讲话冗长或愚蠢时，他会粗鲁地打断对方。奥本海默丝毫感觉不到这会造成什么后果。

这位奋发向上的年轻人租住在卡利奥博士（Dr. Cario）的房子里，是个二房客，博士刚在通货膨胀中损失了钱财，又弄丢了开业许可证。不久，古怪的保罗·狄拉克也搬进来了，他虽然还没有拿到博士学位，4 年后却将获得诺贝尔物理学奖，他将成为奥本海默在哥廷根最要好的朋友。奥本海默钦佩狄拉克的大脑，他俩心性相通。科学家当中他只对尼尔斯·玻尔评价这么高。其他方面呢？狄拉克是个局外人。狄拉克比所有人都高出一头，是个天才的左撇子，寡言少语，常常站在那里不知所措，他迷恋数学，对政治和讨人喜欢的谈话一窍不通。奥本海默养成的文学、诗歌、艺术和建筑学爱好对狄拉克一点诱惑都没有。这个法国教师的儿子是个理想的朋友，他不会妨碍谁，你可以和他分享如何接近一名年轻女性的难题，无须转弯抹角，也无须客套。

现在，奥本海默与玻恩一起在课堂和研讨会上度过许多时间，玻恩也经常邀请他去马克斯·普朗克大街 21 号自家的别墅。曾有一队 20 人左右的美国大学生，其中有个同学因为未能成功地接近自己的偶像玻恩而失望地去了慕尼黑，奥本海默却受到了宠爱。不久，玻恩就建议奥本海默与自己合写一篇文章。奥本海默顿时感觉自己是玻恩教授平等的合作伙伴，如果同学们的论文或玻恩的解释让他觉得不够有说服力，他也不怕在玻恩的研讨会上发言。他会跑到黑板前，拿起粉笔，演示更简单更优化的论证方式。有时候他甚至直接拒绝论证：“这是错的！不该这么做！用下列方法解答会好得多。”有一位同学觉得，奥本海默就像一位迷失在世俗人间的奥林匹斯山居民，会竭力表现得自己也只是个普通人似的。玻恩越来越多地遇到这种不礼貌的尴尬方式，奥本海默就这样让同学们感受到他的优越性。玻恩不予干预，因为下午的研讨会与讲课不同，它一直就是热烈辩论的场合。有一回，莱顿的教授保尔·埃伦费斯特甚至带来一只锡兰鹦鹉，它不停地吐出这句话："可是先生们，这不是物理"——奥本海默的打扰甚至比这只鹦鹉还厉害。其他同学找到玻恩，抱怨奥本海默控制研讨会的方式。玻恩在自传里承认，他当时不敢叫奥本海默遵守秩序："我有点害怕奥本海默，我曾经敷衍地尝试着告诫他收敛一点，但没有成功。"

有一天，一篇以中世纪羊皮卷形式写就的文章摆在了玻恩的讲台上。文中用古典手写体威胁说，再有干扰就抵制他讲课。领导大学生们反抗奥本海默行为的是20岁的玛丽亚·格佩特，威胁信也是她写的，后来她将成为继玛丽·居里之后又一个获得诺贝尔物理学奖的女人。玻恩认真对待威胁，又不敢直接找奥本海默谈话，他不得不耍个花招。下次奥本海默来玻恩家里做客时，他留下奥本海默单独待着，又像是不经意地将羊皮卷留在了桌子上，他本人则假装被一个电话叫了出去。当他片刻之后返回时，他注意到客人的脸色显得比平时苍白，若有所思似的，从此打断研讨会的事再也没有发生过。

痛苦的回忆又会重新被勾起吗？对14岁那年假期里父母送他去野营的回忆？小学时从来不能与同龄孩子们玩到一块儿。他是个孤独的孩子，他宁愿一个人玩上几小时积木或摆弄哈瑙（Hanau）的本杰明祖父送他的矿物收藏，现在他却要体验在同龄人集体里的生活。尝试结束于一场灾难。这位受到庇护的少年，他的优雅语言和举止已经引人注目了，"同学们"以残酷的方式让他感觉到了自己的与众不同。他们剥光他的衣服，在他的生殖器和屁股上涂上绿颜料，将他关进“冰屋”里过夜。年轻的奥本海默默默地忍受了这些虐待，也没有指控任何人。他宁可吞下他遭受的屈辱，也不想将它公开。哈佛不也无声地排挤了他吗，剑桥不是对他冷淡吗？尽管他优秀，有些人还是不喜欢他，他还是很难适应这一点。

对爱麻木、狂热、无法忍受

年轻的玛丽亚·格佩特不是奥本海默在哥廷根那一年结识的唯一的德国女同学。当一组“弗兰克弟子”和“玻恩弟子”——即詹姆斯·弗兰克和马克斯·玻恩的学生们——坐车去汉堡，去参观那里的大学时，站台上的箱子全都破破旧旧的，其中有一件特殊行李引起了美若天仙的夏洛特·里芬斯塔尔的注意。那是一只用整张猪皮制作的旅行包，它不仅引起了她的关注，她还打听了包的主人。所有人都知道，包是“那个奥本海默”的，她后来在车厢里找到他搭话。在决定读大学之前，漂亮的“夏洛特”曾在劳恩福德（Lauenförde）一所私人学校做过两年教师。她是“物理化学家”，是这个圈子里相应地受到追捧的唯一女性。她的父亲是报社编辑古斯塔夫·里芬斯塔尔，在她上大学前就已经去世了。她比豪特曼斯和奥本海默分别年长 4 岁及 3 岁。再过几个月，奥本海默、夏洛特·里芬斯塔尔和她的老友豪特曼斯都将被授予博士学位。

这位富裕的同学有个可爱的特点，哪位同学夸奖或赏识他什么东西，他就大方地将其赠送给对方。大学生圈子里很快就打起赌来，这只皮包是不是已经属于夏洛特了。夏洛特还有另一个崇拜者。奥本海默慷慨大方，他博览群书，能够轻松地讨人欢心，他正努力地揣测和满足夏洛特的每一个细小愿望，是一位老派的十全十美的骑士，但他没有付出感情，他对爱麻木不仁。

与此同时，玻恩感觉到，要在他的这位年轻工作人员面前坚持下来不败阵，实在是太费劲了。对方的狂热、敏捷、急躁和一种安宁不下来的知识活力让他受罪。玻恩感觉身体衰弱了，被掏空了。罗伯特·奥本海默吸收每一种思想，把握它，据为己有；抛弃它，让其他人不再思考。其他人还未形成想法，它们已经被揉作一团扔在角落里了。双方出现对立，气氛越来越紧张，最后导致决裂。

玻恩委托他的合作者撰写合著论文的初稿。一段时间后，奥本海默只勉强写满了 5 页纸拿给玻恩。奥本海默一向话少，书面表达显然比口头表达更不灵活。玻恩一见之下火冒三丈。他要求奥本海默重写，他认为这篇论文太敷衍了。奥本海默在信件中直接取笑此事，他很不情愿地作出让步，只因为合作者玻恩比他年长。他的博士论文主要依据的是他的第二篇论文，那是他用 6 个星期写完的。一切都很顺利，玻恩相信他摆脱自己的模范学生的日子已经屈指可数了，这时他才发现，奥本海默忘记注册入学了。

这份疏忽带给玻恩的烦恼要远远多于带给那位博士研究生的。玻恩想方设法排除障碍。他向国防部提出——奥本海默因为贫困不能再在哥廷根待下去了。他一小时都不能再忍受此人了。他的请求得到了准许，最后一切顺利。玻恩给奥本海默的论文打了“优等”，这只是“铜奖”，实际上是一种侮辱。詹姆斯·弗兰克两年前获得了诺贝尔奖，现在是考官之一，在博士学位答辩结束后他声称，自己很高兴能够解脱了。后来，詹姆斯·弗兰克——第一次世界大战中曾经与奥托·哈恩一道参加过毒气战并受到过嘉奖——同奥本海默一起，在洛斯阿拉莫斯为原子弹研制发挥了重要作用。

“奥本海默 - 玻恩近似”和“分道扬镳”

7月，新晋物理学博士离开了哥廷根，玻恩可以松口气了。与年轻的奥本海默的合作超出了他的体力，似乎夺走了他的自信。他的内心受伤了。他会用这些句子和抱怨来指责那个24岁的年轻人：“我的灵魂几乎被这个人摧毁了。”他在致同事埃伦费斯特的信中写道，这个人的存在夺走了他残余的科学能力。“他无所不知，你给他的每个想法他马上都会继续延伸下去，他的这种举止让我们所有人瘫痪了三个季度之久。”（可是，那只长有八条敏捷长腿的蜘蛛此时已经匆匆离开了。奥本海默已经在路上了，他要去莱顿跟随爱因斯坦的朋友埃伦费斯特继续学习，很快，在返回纽约之前，他将在那里用荷兰语作一场报告。）

玻恩写下那些苦涩话语时正好45岁，他一下子显得苍老了，在无法刹车的奥本海默面前显得被吸空了。身边才华横溢的博士研究生们的密集队伍也让他感觉到，他无以对抗他们的巨大能量，这能量推动他们不断地提出新问题。他感觉他的希望正在破灭。“我感觉，我这样一个中年人（45岁），很难跟上年轻人的步伐，虽然我很努力；这导致1928年我的神经崩溃，强迫我将教学和研究中断一年左右，放慢工作节奏。”他也坚信，美国没有寄给他邀请函是奥本海默指使的，但对方留下了一个分手礼物：玻恩和奥本海默完成了一篇永久性论文，它的论点不可能更讽刺了。他们的“分子量子论”被视为量子化学的经典之作，没有它的基本论点——以“奥本海默 - 玻恩 - 近似值”命名——就不会有教科书。

告别哥廷根大学生活时，罗伯特·奥本海默邀请了许多科学家和学生，其中有夏洛特·里芬斯塔尔，她得到了曾经让他们相识的那只皮旅行包。奥本海默也邀请了F.G.豪特曼斯，对方捧着百朵红

玫瑰来与夏洛特告别。夏洛特接到了瓦萨学院（Vassar College）的聘请，去那里授课一年，她接受了，不久就将乘船前往纽约。在船上，她将遇到荷兰物理学家萨谬尔·古德斯米特（Samuel Goudsmit）——奥本海默在莱顿时的学友，他也是听从了一家美国大学的召唤。（这就是那个古德斯米特，战争结束后，他将身穿美军制服，心情压抑地与犯人海森堡相遇，作为审讯专家走到他面前。）

一双鹿皮手套的秘密

他们抵达时，奥本海默已经等在码头了。古德斯米特记录道："接我们的是一辆带司机的超大轿车，它载着我们驶进市中心，去了一家酒店，那是奥本海默在格林尼治村（Greenwich Village）挑选的。然后他请我们去乔治王子酒店用晚餐，向我们介绍他认为的典型的美国美食——新鲜玉米棒之类的。随后我们坐在一间我再也没第二次去过的饭店里，观看曼哈顿的灯光，这一天极其值得纪念。"

此外还有献给夏洛特的花束，约定了其他邀请等。

罗伯特是一位十分尽心、细致周到的东道主。在去瓦萨学院授课之前，夏洛特还有时间享受在纽约的这段时光。几乎每天晚上都是结束于贵得要命的利兹酒店，她忍不住问她的东道主，难道纽约没有其他饭店吗？最后罗伯特·奥本海默邀请她去家里，想将她介绍给他的父母。夏洛特在门口就得到罗伯特母亲极其热情的欢迎，他的弟弟弗兰克害羞地站在母亲身旁。住房装修得富丽堂皇，整整占了一层楼，可以眺望哈德逊河（Hudson River），让人印象深刻。罗伯特的父母收藏欧洲油画，四面墙壁挂得满满的，其中有一幅是毕加索的，还有凡·高和马蒂斯的几幅，这也许要归功于罗伯特的母亲，她是在巴黎被培养成女画家，从事艺术教育工作。整个家庭聚齐了，都来看这位德国来的年轻女博士。

笼罩着这个家庭的气氛让夏洛特感觉不舒服。她像是被一群发过誓的人包围着，他们一个个努力不泄露精心保护的秘密。比如说谁也不可以提到女主人生下的第三个孩子，就连想到罗伯特和弗兰克的那位兄弟只活了 45 天都是不可原谅的。这些房间里塞满了难以言说、令人窒息的故事。

夏洛特透不过气来。这些人内心里似乎冻僵了，待在他们中间让她感觉冷，她也许因此才挑起了一场小小的争执。晚餐时，罗伯特的母亲戴着一只麂皮手套，一直遮到左上臂。当夏洛特打听时，回答她的是冷冰冰的沉默。她触到了全家人的一个痛点，最大的秘密就是有关它的。罗伯特的母亲生下来就缺少左手，左臂位置安排了一只机械夹子，让她可以完成一些简单功能，而左上臂的麂皮手套是要让人们忘记这残疾。这一缺陷被视为无比痛苦、无法形容的瑕疵。目光绝不可以在被遮掩的假臂上多待一会儿，最隐约地暗示也是绝对禁忌。结果就是交谈中间出现不快和压抑的沉默。

夏洛特的提问未得到回答，这也结束了她与学友的关系，她真正考虑过嫁给他。但是，就像她不能从他口中得知有关他家的事情一样，他同样不能暴露一点他自己的秘密。夏洛特与奥本海默的关系不幸结束了，就像他与其他女性的关系一样。1929 年，夏洛特·里芬斯塔尔返回了德国。直到几十年后，罗伯特·奥本海默临终前，她才在辞别时再次见到他。

致 谢

我想感谢93岁的乔贡达（Gioconda），她每天在厨房里忙碌，从花园里摘来香喷喷的药草，为我准备独一无二的浓菜汤，然后端着它小步走出厨房，狡黠地冲我莞尔一笑。每当我写作不顺或者被一段故事缠住时，她一次次给我勇气。她在伊斯基亚岛（Ischia）上经营着一家小公寓，她一句德语也不会讲，她永远不会读我写的书，但她帮助我完成了这本书。

我也想起极不寻常的萨布丽娜·穆尼亚伊尼（Sabrina Mugnaini），一位在冷饮店里结识的女化学家。有一天，她言之凿凿地对我说，她只对侦探故事感兴趣。不过我最终说服她读一读我写的一则故事。她成了给我提意见的编辑，我也想象不到比她更认真的读者了。当她写道："你可以写得更好！"这对我既是打击又是夸奖。当她小心翼翼地夸上一句，说明："我喜欢这个！"我就差不多一整个星期都有得救的感觉。

整整两年，我陆陆续续地寄给她其他书稿，耐心地等候她的宣判。

我也很感激三位物理学家，施密特博士、福泽尔博士和格拉斯博士，他们牺牲了自己的业余时间，将慕尼黑艾夫纳中学的物理厅装饰一新。当我们单独坐在物理厅里，慢慢移动固定在墙上用来测定万有引力的指针，然后轻轻颤抖着守候时，我甚至觉得，也许牛顿不久前刚刚来过。测量十分精确，连房主穿过房间都让指针陷进了迷惘。

感谢我忠实的读者齐格莉德·罗伊特（Sigrid Reuther），阿尔卑斯山以北最具好奇心的女人，她一直以极大的兴趣鞭策我。也感谢对我关怀备至的侄子斐迪南（Ferdinand）和诺利斯（Norris），他们给我送来了柴火和新电脑。我还心怀感激地想到了安妮玛丽·薛定谔（Annemarie Schrödinger），我是在一家奶酪店里认识她的，她是个诙谐风趣、知识丰富的临时工。那 100 多种奶酪中的每一种她都能讲上一大堆。我偶然获悉，她不久前修完了数学和化学专业课程，多么令人惊喜啊！昨天还是奶酪专家的她，今天就成了热情洋溢的数学家了。通过她，我学会了更好地理解豪特曼斯在质数游戏上的成就。我很乐于回想起早晨在这所奶酪猎人大学用早餐时暖人心扉的交谈。

真心感谢我儿子本尼迪特（Benedict），他拥有本能的预知能力，每当要删去或摒弃什么时，他就会出现。也衷心感谢埃娃·罗森克朗茨（Eva Rosenkranz），这位编辑十分专业，将所有线索牵在手里，目标明确地帮助我，为我领航，穿过丰盛的历史。我也感谢慕尼黑州立图书馆及其工作人员，他们不声不响地帮我找到所有需要的图书，让我有一种宾至如归的感觉。我甚至可以在那里的阅览室一直待到万籁俱寂的深夜。看到被打开的图书和不同兴趣领域的材料包围时，让人感觉仿佛看到了世界之脑的脉动区域。最后我还想向我的经纪人托马斯·许泽尔（Thomas Hölzl）致谢。

参考书目

Edoardo Amalfi The Adventurous Life of Friedrich Georg Houtermans, Physicist (1903–1966), 1998.

Kai Bird, Martin J. Sherwin J. Robert Oppenheimer, 2010.

The Earl of Birkenhead (W. O.Smith) The Prof in two words, 1961.

Max Born Mein Leben: die Erinnerungen des Nobelpreisträgers, 1975.

Ronald W. Clark Tizard, 1965.

Klaus Danzer Robert W. Bunsen und Gustav R. Kirchhoff, o. J..

Alexander Dorozynski Der Mann, der nicht sterben durfte: Das Leben des Nobelpreisträgers Lew Landau, 1966.

Graham Farmelo The Strangest Man. The hidden life of Paul Dirac, 2009.

Richard P. Feynman QED–Die seltsame Theorie des Lichts und der Materie, 1989.

Fraunhofer in Benediktbeuern, Glashütte und Werkstatt Hg. von der Fraunhofer-Gesellschaft, 2008.

Viktor J. Frenkel Professor Friedrich Houtermans–Arbeit, Leben, Schicksal. Biographie eines Physikers des zwanzigsten Jahrhunderts, 2011.

Giovanni Gallavotti, Wolfgang L. Reither, Jakob Yngvason (Hg.) Boltzmann's Legacy, 2008.

George Gamov Eins, zwei, drei ... Unendlichkeit: Grenzen der modernen Wissenschaft, 1956.

Peter Goodchild J. Robert Oppenheimer: ›Shatterer of the World‹, 1980.

Andrea Gramm »Geognosie, Geologie, Mineralogie und Angehöriges«. Goethe als Erforscher der Erdgeschichte, o. J..

Nancy Thorndike Greenspan Max Born-Baumeister der Quantenwelt, 2005.

Arthur Harris Bomber Offensive, 1947.

Hans Hartmann Max Planck, 1983.

Anna von Helmholtz Ein Leben in Briefen. Hg. Ellen von Siemens-Helmholtz, 1929.

Alan Hirshfeld Starlight Detectives, 2014.

Klaus Hübner Gustav Robert Kirchhoff: das gewöhnliche Leben eines außergewöhnlichen Mannes, 2010.

Christa Jungnickel, Russell McCormmach Cavendish-The Experimental Life, 1966.

Isaak M. Khalatnikov Landau the physicist and the man: recollections of L. D. Landau, 1989.

Alice Kimball Smith, Charles Weiner Robert Oppenheimer Letters and Recollections, 1980.

Russell McCormmach Nachtgedanken eines klassischen Physikers, 1982.

Russell McCormmach Speculative Truth, 2004.

Russell McCormmach Weighing the World: the reverend John Michell of Thornhill, 2012.

Simon Sebag Montefiore Der junge Stalin, 2008.

Madhusree Mukerjee Churchills Secret War, 2010.

Max Planck Vorträge und Ausstellung zum 50. Todestag Hg. Max-Planck-Gesellschaft zur Förderung der Wissenschaften e. V., 1997.

Astrid von Pufendorf Die Plancks Eine Familie zwischen Patriotismus und Widerstand, 2006.

Carlo Rovelli Sieben kurze Lektionen über Physik, 2013.

Erwin Schrödinger Mein Leben, meine Weltsicht, 2014.

William Stuart Stern Three prefaces on Linnaeus and Robert Brown, o. J..

Daniel Tammet Die Poesie der Primzahlen, 2012.

Alexander Weissberg-Cybuklski Hexensabbat, 1977.

Thomas Wilson Churchill and the Prof, 1995.